普通高等教育“十一五”国家级规划教材

分析化学实验

（第6版）上册

武汉大学
吉林大学　编
中山大学

武汉大学　主编

高等教育出版社·北京

内容提要

《分析化学实验》(第六版,上册)是在《分析化学实验》(第五版,上册)的基础上修订而成的。全书包括十一章:分析化学实验的基础知识、常见离子的定性分析实验、定量分析仪器与操作方法、定量分析基本操作实验、酸碱滴定实验、配位滴定实验、氧化还原滴定实验、沉淀滴定与重量分析实验、分光光度法实验、常用的分离富集方法实验及综合实验。

本书内容全面,层次多样,与实际联系紧密。可作为高等学校化学、化工及近化学类专业的分析化学实验教材,也可供有关专业师生和技术人员参考。

图书在版编目(CIP)数据

分析化学实验.上册/武汉大学主编.--6版.--北京:高等教育出版社,2021.6(2025.2重印)

ISBN 978-7-04-056004-6

Ⅰ.①分… Ⅱ.①武… Ⅲ.①分析化学-化学实验-高等学校-教材 Ⅳ.①O652.1

中国版本图书馆CIP数据核字(2021)第065869号

Fenxi Huaxue Shiyan

策划编辑 李 颖　　责任编辑 李 颖　　封面设计 王 琰　　版式设计 马 云

插图绘制 邓 超　　责任校对 刘娟娟　　责任印制 刘思涵

出版发行	高等教育出版社	网　址	http://www.hep.edu.cn
社　址	北京市西城区德外大街4号		http://www.hep.com.cn
邮政编码	100120	网上订购	http://www.hepmall.com.cn
印　刷	三河市骏杰印刷有限公司		http://www.hepmall.com
开　本	787mm×960mm 1/16		http://www.hepmall.cn
印　张	19.25	版　次	1978年8月第1版
字　数	350千字		2021年6月第6版
购书热线	010-58581118	印　次	2025年2月第8次印刷
咨询电话	400-810-0598	定　价	38.50元

本书如有缺页、倒页、脱页等质量问题,请到所购图书销售部门联系调换

物 料 号 56004-00

第六版（上册）前言

随着科学技术的发展,新的教学方式和方法也不断涌现,像虚拟仿真等技术着实为教与学提供了更多便利和选择。但对于实践性很强的分析化学实验课程来说,实际操作不可或缺。因此,利用有限的实验课时,系统地学习基本操作技能和培养科学素养,仍然十分重要,而合适的教材对系统规范的学习发挥着重要的作用。

为了适应新的要求,做到与时俱进,编者对《分析化学实验》(第5版,上册)进行了修订。考虑到原有内容具有良好的典型性和实用性,此次修订未对实验内容做大的改动,重点放在完善内容、细节和表述形式上,力求做到内容丰富全面、语言简洁明确,以便于实际操作。同时,对一些实验项目进行了适当拓展,便于读者灵活选择实验内容,以满足不同情况下的实验需要。此外,对设计型实验项目也做了一些调整,使其与现实生产生活更贴近。

为方便读者学习和教师教学,本书配套了部分实验操作演示视频,读者可通过扫描书中二维码观看。

参加本次修订的有武汉大学曾百肇教授(第1,3,6章)、林毅副教授(第4,5章)、赵发琼教授(第7,8章),吉林大学王英华教授(第2章),中山大学邹小勇教授(第9章)、胡玉玲教授(第10章)、肖小华副教授(第11章)。实验操作演示视频由武汉大学丁琼等制作。全书由曾百肇教授整理定稿。

在此次修订过程中,听取并吸纳了一些兄弟院校从事分析化学实验教学工作的教师及高等教育出版社鲍浩波编审和李颖副编审的宝贵建议,在此一并向他们表示衷心的感谢!

由于编者水平和经验有限,书中难免存在不妥甚至错误之处,谨请读者批评指正。

编　者

2020年10月

第五版（上册）前言

分析化学实验是化学化工类专业的重要基础课之一，通过该课程的学习，不仅可使学生掌握分析化学的基本操作技能，提高动手能力，而且能培养学生实事求是的科学态度和良好的实验习惯，促其形成严格的量的观念。同时，也有助于加深对分析化学基础理论的理解和掌握。

为适应形势的变化，我们在《分析化学实验》(第四版)的基础上，编写了《分析化学实验》(第五版，上册)。修订时侧重如下几方面工作：1. 为使实验内容有更大的选择余地，增加了一些新实验，同时也删去了部分过时的内容；2. 考虑到学生的实验记录不太规范的事实，在每个实验后都增加了相应的参考记录表格；3. 根据有些学校的需要，部分实验同时按常规和微型实验两种方式编写；4. 由于计算机已成为大学生的必修课程，简单的数据处理是其内容之一，加之计算机在定量化学分析中的应用并不多，因此，本书中删去了原有的“计算机在分析化学实验中的应用”部分。

本书的实验内容分为三个层次，即基本操作练习实验与基础实验、设计性实验及综合实验，分别侧重培养学生的基本操作技能、独立实验能力及综合运用知识进行科学研究的能力。实验涉及一般化学试样、生物试样、药物试样、矿物试样及环境试样等的测试，包括50多个实验。使用本教材时，可根据学时数和实验的简繁情况一次安排一个实验或两个内容相关的实验。

参加本书编写的有武汉大学谢音(第1,5,8章)、曾百肇(第3,6章)、赵发琼(第3章仪器部分和第4章)、吴卫兵(第7章和附录)，吉林大学王英华(第2章)，中山大学邹小勇(第9章)、胡玉玲(第10章)、肖小华(第11章)等同志。全书由曾百肇整理定稿。

在本书修订过程中，许多兄弟院校从事分析化学工作的教师和实验技术人员及高等教育出版社鲍浩波提出了宝贵的修改意见，在此谨向他们表示衷心的感谢。

由于编者水平有限，书中难免有不妥和错误之处，谨望读者批评指正。

编　者

2010年4月

第四版前言

1996年8月，国家教委化学教学指导委员会在内蒙古大学召开了“分析化学教学与教材建设研讨会”；1997年10月在武汉大学，邀请了部分高校分析化学同人就由武汉大学主编的《分析化学》（第三版）和《分析化学实验》（第三版）在教学实践中的体会进行了交流，对上述两书的修订进行了探讨，会后提出了修订大纲和编写计划；1998年7月又在中山大学举行了上述两教材第四版参编人员会议，对编写大纲和若干章节的初稿进行了研讨和修改，进一步明确了编写原则，落实了编写计划和各章的内容。

1. 分析化学和分析化学实验均是化学专业的主要基础课之一，两者既密切配合，又各有侧重，具有一定的完整性和独立性。分析化学实验重在使学生掌握常见元素的定性分析，常量组分的定量分析的基本知识、基本理论和基本方法，掌握分析测量中的误差来源、表征及实验数据的统计处理。了解常用的分离方法、吸光光度法的原理及应用，重在让学生建立起严格的“量”的概念，加强素质教育，注重从事理论研究、实际工作的能力和严谨的科学作风的培养，提倡创新精神。

2. 本书实验主要包括：练习基本操作的实验；与分析化学理论教学有关内容的实验；培养基本操作技能和进行科学研究能力的试验性、研究性、设计性的实验；学科间互相渗透的综合实验（特别单列一章即第十章），并加强分离科学、生命科学、环境科学和计算机在分析化学中的应用的内容，对生物试样、有机试样和药物试样分析有所关注。修改和精选定性分析的内容，增加了部分离子的鉴定反应，对“定量分析仪器和基本操作”进行整理和精选，单独列为第三章，不再分散到个别实验中阐述。此外，对每个实验的目的、原理、步骤、思考题及附录也进行了修改补充。

3. 全面贯彻国家法定计量单位。

4. 本书包括定性分析实验9个，定量分析实验约50个。使用本教材时，可根据各专业的要求和实验室的条件，对实验内容作适当取舍。

本书由武汉大学主编。由吉林大学、中山大学和武汉大学编。参加编写的有武汉大学潘祖亭（第一、三、七章和附录）、杨代菱（第四、六章）、孟凡昌（第五、十一章），吉林大学门瑞芝、邹明珠（第二章），中山大学陈焕光（第八、九、十章）

等同志。张玉清等对部分新增加的实验条件进行了试验,段雨洛对部分计算机程序进行了调试。全书由潘祖亭同志整理定稿。

在本书的修订过程中,北京大学、吉林大学、中山大学和武汉大学等校的许多从事分析化学工作的教师和实验技术人员提出了宝贵的修改意见,特此致谢。

本书虽经多次集体讨论和一再校阅,但欠妥之处仍恐难免。祈望读者不吝赐教,以俟再版时订正。

编　者

1999年9月

第三版前言

1991年10月，理科化学教学指导委员会分析化学教材建设组在武汉召开的会议上，重新讨论了综合大学理科“分析化学实验”的课程内容与教学基本要求。据此，确定了第三版的编写原则和内容。

1. 分析化学实验是综合大学的基础课程之一，它将密切配合分析化学课堂教学，对学生进行分析化学实验技能的严格训练，既注意与课堂教学内容的衔接，又必须使实验教材具有一定的完整性和独立性。

2. 分析化学是一门实践性很强的学科，作为本学科的实验教学最重要的任务是发展学生的智力，智力因素包括下面七种：查阅、动手、观测、记忆、思维、想象和表达①。其立足点是要注意培养学生分析问题和解决问题的能力，加强对“量”的概念的认识。

3. 分析化学实验内容应注意将学科的传统内容与现状、发展相结合，它应包括：(1) 练习基本操作的实验，狠抓电视规范操作的录像教学；(2) 精选与分析化学课堂教学有关内容的实验；(3) 培养两个能力②的设计性的、研究性的实验；(4) 开设学科间互相渗透的实验，应增加分离科学、环境化学和计算机化学的内容，对生物试样、有机物和药物物质分析应有所关注。

第三版和第二版比较，内容和安排上有较大的变动：(1) 精选和修改了定性分析内容，删去了阳离子的鉴定反应；(2) 加强和规范了基本操作实验，增加了 $KMnO_4$ 溶液滴定 $H_2C_2O_4$ 的实验；将第二版中的第三章“定量分析仪器和基本操作”，经过精选和修改后，融会于各有关部分的实验内容之中；加入了电视规范操作的教学内容；(3) 增加和加强了设计性的和研究性的内容，如实验八、十二、十七和§3-10的实验；(4) 增加和加强了分离技术与计算机应用的实验，如实验二十五、二十六、二十七和第四章的大部分内容。此外，各种分析方法的前言、原理和附录也作了较大幅度的删减。

4. 本教材严格执行1984年国务院颁布的《关于我国统一实行法定计量单位的命令》，按国际单位制统一了分析化学的量和单位的名称与符号。

---

① 戴安邦，《大学化学》，4(1)，1989，1。

② 即基本操作技能和初步进行科学实验的能力。

本书由武汉大学主编。参加这次修订的有武汉大学王洪英、孟凡昌，吉林大学邹明珠、高倩，中山大学陈焕光。1992年6月在中山大学召开了本教材的编写讨论会，中山大学张大经参加了审订工作。全书由王洪英通读整理。本书由北京大学童沈阳教授主审，在修订过程中，得到了许多从事分析化学工作的教师和实验技术人员的支持和帮助，特此致谢。

限于编者的水平，这次修订后仍可能存在不少缺点和错误，欢迎读者批评指正。

编　者

1992年6月

第二版前言

一九八〇年五月，在长春召开的高等学校理科化学教材编审委员会会议上制定了新的"分析化学实验"教学大纲，本书第一版教材已不能适应新的教学形势发展的需要。为此，我们于同年下半年即着手第二版教材的编写工作。现就本书第二版的编写原则和内容作一些说明。

1. "分析化学实验"作为一门独立的实验课程，应密切配合"分析化学"的课堂教学，注意与讲授教材的衔接，避免不必要的重复，但又必须保持实验教材的完整性和独立性。

2. 分析化学是一门实践性很强的学科。通过本课程的教学，培养学生理论联系实际，准确地掌握分析化学的基本操作技能和初步进行科学实验的能力。为了培养学生具有观察现象、分析问题和勤于思考的能力，在每个实验后增加了"注"和"参考资料"二项。思考题的数量也有所增加。

3. 分析化学实验包括定性和定量分析。在定性分析实验中，硫化氢系统分析法是重要内容，并在此基础上增加了部分阴离子分析和某些阳离子新的鉴定反应。在定量分析实验中，从分析方法上增加了电位滴定、离子选择电极、离子交换分离、三元络合物光度分析和示差光度分析等；从内容上结合环境监测、药物分析和矿样分析等方面的需要，增写了水中铬、苯酚、化学需氧量（COD）、白钨矿等实验。同第一版比较，本书的实验数目也有所增加，由第一版 25 个实验增至近 50 个实验。

4. 为了增加学生的实验基础知识，增写了"分析化学实验基础知识"一章。较系统地叙述了实验室中常用的试剂规格及配制原则及常用的滤器、器皿的性能及使用方法等内容。

5. 为了适应电子计算机的飞速发展和广泛应用这一新形势的需要，增写了"电子计算机的应用"一章。

6. 为了培养学生分析问题和解决问题的能力，本书除安排了一定数量的基本实验外，还增加了一些难度较大的实验，从中选择了 15 个作为选做实验（标上*号的实验）。同时，还安排了 18 组定量设计方案实验，这些实验在教材中只给出对象和要求，而让学生自己设计实验步骤。为此，本书单独写了"分析方案设计"一节。

7. 根据国家标准 GB 3102.8—82 物理化学和分子物理学的量和单位的规定,溶液浓度量的名称为:物质 B 的物质的量浓度,符号为 c_B,单位为 $mol·L^{-1}$。过去所惯用的摩尔浓度(符号为 *M*),当量浓度(符号为 *N*)等,按规定均不再使用。由于本书与武汉大学等校于 1982 年编《分析化学》(第二版)配合使用,因为该书仍旧使用 *M*,*N* 等符号,本书亦暂保留,待两书再次修订时,再按国家标准进行修改。

第二版教材初稿完成后,即在武汉大学、吉林大学、中山大学分析化学基础课教学中试用,并根据几年来教学实践中所发现的问题,进行了修改、补充和完善。本教材是三个学校从事分析化学基础课教学的老师们和实验技术人员的共同努力的结果,我们衷心感谢他们的热情支持和帮助。我们还从 1982 年在成都召开的全国分析化学实验教材教学讨论会议上,学习了很多兄弟院校的宝贵经验。此外,还得到一些科研部门和生产单位的协助,在此一并表示谢意。

本书由武汉大学主编。参加编写的有武汉大学王志铿、谢能泳,吉林大学罗齐昭,中山大学张大经。“电子计算机的应用”一章由中国科学技术大学张懋森执笔。一九八四年四月,在武汉召开了本书定稿会,会议由理科分析化学教材编审小组组长曾云鹗教授主持,对本书的内容逐章进行了讨论。全书经赵藻藩教授审阅,最后由谢能泳、王志铿同志通读整理。

由于编者水平有限,书中难免有不妥和错误之处,望读者批评指正。

编　者

1984 年 8 月

第一版前言

本书是根据1977年高等学校理科化学类教材会议制订的《分析化学实验》编写大纲编写的，用作综合性大学和师范院校化学系分析化学实验课程的试用教材。

分析化学是一门实践性很强的学科。通过分析化学实验课程的教学，可以使学生对分析化学基本理论加深理解，熟练地掌握分析化学的基本操作技能，为他们参加生产和科学研究打好一定的基础。

本书的实验是根据当前教学实际情况，从近几年来各兄弟院校的分析化学实验中选编出来的，其中有些实验内容（如无机定性化学分析）做了较大的改进，此外还增加了一些新的实验内容。

学习无机定性化学分析的目的，主要是熟悉常见离子的化学性质。为此，本书编排了一组“常见离子的基本性质和鉴定”实验。通过这组实验，使学生能够初步掌握常见离子与通用试剂的反应，了解硫化氢系统和两酸两碱系统分组方案的原理，并能初步设计共存离子分离和鉴定的方案。

对定量化学分析实验的基本操作，必须严格要求，并注意培养学生的严谨的科学态度。在内容上，可以安排一些纯溶液实验，但为了加深对基本理论的理解，必须有一定分量的实物分析，以培养学生解决实际问题的能力。

本书选编的实验内容分为必做和选做两种。选做的实验标有*号，各校可根据具体情况，自行确定，也可另选其他的实验。

本书由武汉大学主编，参加编写的有武汉大学赵藻藩、陆定安、谢能泳，吉林大学罗齐昭、顾念承和中山大学的同志。参加审稿的有北京大学、复旦大学、兰州大学、南京大学、南开大学、中国科学技术大学、厦门大学、四川大学、北京师范大学和上海师范大学等院校的同志。最后由武汉大学赵藻藩、谢能泳通读整理。

由于编者水平有限，加以编写时间仓促，书中难免有缺点和错误，希望读者批评指正。

编　者

1978年1月

目录

第 1 章

分析化学实验的基础知识

§1.1 分析化学实验的要求

分析化学实验是大学化学、化工专业的一门重要基础课程,学习该课程对提高学生的动手能力、分析和解决问题的能力及培养学生严谨的科学态度和实事求是的工作作风有重要作用。要学好这门课程,达到预期的目的,在学习过程中应注意做到如下几点:

(1) 实验课前认真预习,了解相关的实验原理、实验目的、实验步骤和注意事项;同时了解所用试剂的性能和仪器设备的操作方法。并且做好必要的预习笔记,如查好有关数据,列出数据记录表格及实验顺序等。

(2) 做实验时操作要严格规范,观察实验现象要仔细,并及时认真地做好记录,所有的原始数据要记在专用的实验记录本上。实验记录上的每一个数据都是测量结果,所以,重复观测时,即使数据完全相同,也都要记录下来。记录数据可采用一定的表格形式,文字记录应力求工整、清楚。实验中,如发现数据、文字记录有误而需要改动时,可将其用一横线划去,并在其上方写上正确的数字和文字。

(3) 保持实验台和整个实验室的整洁、安静,集中思想,积极思考,有序地进行实验。了解实验室安全常识,爱护仪器设备,树立环境保护意识,在保证符合实验要求的前提下尽量节约试剂及能源。

(4) 实验完毕,及时清洗仪器,整理并摆放好试剂和仪器设备,做好实验室的清洁工作。

(5) 认真撰写实验报告。实验报告一般包括题目、日期、实验目的、简单实验原理、原始记录、结果(附计算公式)和讨论等,数据表格要一目了然。撰写报告可参考以下格式:

实验(编号) 实验名称

一、实验目的

二、实验原理

简要地用文字和化学反应方程式说明实验原理。例如,对于滴定分析,通常应给出标定和滴定的化学反应方程式、基准物质和指示剂的选择、标定和滴定的计算公式等。对特殊实验装置,应画出实验装置图。

三、主要试剂和仪器

列出实验中所要使用的主要试剂和仪器。除非特别注明，本书中所用化学试剂均为分析纯，实验用水为蒸馏水。

四、实验步骤

简要地写出实验步骤。

五、实验数据及其处理

用文字、表格、图形将实验数据表示出来。根据实验要求及计算公式得出分析结果并进行有关数据和误差处理。

六、问题讨论

结合分析化学中有关理论解答各实验项目后的思考题，对实验现象、产生的误差等进行分析和讨论。

§ 1.2　实验室安全常识

在分析化学实验中，经常用到有腐蚀性的、易燃的、易爆的及有毒的化学试剂，还有易损的玻璃仪器和某些精密分析仪器，以及煤气、水、电等。为确保人身安全和实验室仪器设备的安全，做实验的人员必须严格遵守实验室的安全规则。

(1) 实验室内严禁饮食、吸烟，一切化学试剂禁止入口。实验完毕须洗手。水、电、煤气灯使用完毕，应立即关闭。离开实验室时，应仔细检查水、电、煤气、门、窗是否均已关好。

(2) 使用煤气灯时，应先将空气孔调小，再一边打开煤气开关，一边点火。如果以火柴为点火源，不允许先开煤气灯，再点燃火柴。点燃煤气灯后，应调节好火焰，用后立即关闭。

(3) 使用电器设备时，应特别细心，切不可用湿润的手去开启电闸和电器开关。凡是漏电的设备不要使用，以免触电。

(4) 使用浓酸、浓碱及其他具有强腐蚀性的试剂时要特别小心，切勿溅在皮肤或衣服上。使用浓硝酸、浓盐酸、浓硫酸、浓高氯酸、浓氨水时，均应在通风橱中操作。夏天，打开浓氨水瓶盖之前，应先将浓氨水瓶放在自来水流下冷却，再行开启。如不小心将酸或碱溅到皮肤上或眼内，应立即用水冲洗，然后用 50 $g \cdot L^{-1}$ 碳酸氢钠溶液（酸腐蚀时采用）或 50 $g \cdot L^{-1}$ 硼酸溶液（碱腐蚀时采用）冲洗，最后用水冲洗。

(5) 使用四氯化碳、乙醚、苯、丙酮、三氯甲烷等有机溶剂时,一定要远离火焰和热源。使用完毕后将试剂瓶塞严,放在阴凉处保存。低沸点的有机溶剂不能直接在火焰或热源(煤气灯或电炉)上加热,而应在水浴上加热。

(6) 热、浓的 $HClO_4$ 遇有机物常易发生爆炸。如果试样为有机物,应先加浓硝酸并加热,使之与有机物发生反应,有机物被破坏后再加入 $HClO_4$。蒸发 $HClO_4$ 所产生的烟雾易在通风橱中凝聚,如经常使用 $HClO_4$,通风橱应定期用水冲洗,以免 $HClO_4$ 的凝聚物与尘埃、有机物作用,引起燃烧或爆炸,造成事故。

(7) 使用汞盐、砷化物、氰化物等剧毒试剂时应特别小心。氰化物不能接触酸,因作用时产生剧毒的 HCN! 氰化物废液应倒入碱性亚铁盐溶液中,使其转化为亚铁氰化铁盐,然后作废液处理,严禁直接倒入下水道或废液缸中。使用后的汞应收集在专用的回收容器中,切不可随意倒弃。如发现少量汞洒落,要尽量收集干净,然后在可能洒落的地方洒上一些硫黄粉,并清扫干净,作固体废物处理。硫化氢气体有毒,涉及硫化氢气体的操作时,一定要在通风橱中进行。

(8) 如发生烫伤,可在烫伤处抹上黄色的苦味酸溶液或烫伤软膏。严重者应立即送医院治疗。实验室如发生火灾,应根据起火的原因进行针对性灭火。汽油、乙醚等有机溶剂着火时,用砂土扑灭,此时绝对不能用水灭火,否则反而会扩大燃烧面;导线或电器着火时,不能用水或 CO_2 灭火器灭火,而应首先切断电源,用 CCl_4 灭火器灭火,并根据火情决定是否要向消防部门报告。

(9) 实验室内应保持整齐、干净。不能将毛刷、抹布扔在水槽中。禁止将固体废物、玻璃碎片等扔入水槽内,以免造成下水道堵塞。此类物质及废纸、废屑等应放入废纸箱或实验室规定存放的地方。废酸、废碱应小心地倒入废液缸中,切勿倒入水槽内,以免腐蚀下水管,污染环境。

§1.3 定量分析实验概述

一、定量分析化学实验过程

定量分析化学实验通常包括取样、试样分解和分析试液的制备、分析方法的选择、测定及分析结果的计算等步骤。

1. 取样

根据分析试样状态(固体、液体或气体),采用不同的取样方法。在取样过程中,最重要的是采取的试样应具有代表性,否则后面的分析结果即使具有很高的准确度也将毫无意义，甚至导致错误的结论。有关取样方法，可参看相应的分析化学教材及其他相关手册。

2. 试样分解和分析试液的制备

根据试样的性质、分析项目和共存物质等选择合适的试样分解方法。定量化学分析一般采用湿法分析，通常需将试样分解，使待测组分定量地转入溶液中。分解试样时应防止待测组分损失，避免引入干扰杂质。无机试样的分解方法有溶解法和熔融法。有机试样的分解一般采用干式灰化法和湿式消化法。具体可参看相应的分析化学教材及其他相关手册。

3. 分析方法的选择

根据分析任务、分析对象、测定原理和操作方法等的不同，分析方法可分为定性分析、定量分析和结构分析，无机分析和有机分析，化学分析和仪器分析，例行分析和仲裁分析等。在考虑分析方法的选择时，应根据分析任务、分析对象及对分析结果准确度的要求和实验室的现有条件等而定。例如，对于常量成分 Fe^{3+} 的分析，既可以采用配位滴定法，也可以采用氧化还原滴定法，但两者的抗干扰作用和简便程度有所不同。

4. 测定及分析结果的计算

选定适当的分析方法后，按操作规程进行测定。根据测得的数据计算浓度、含量等，同时进行误差分析。

二、滴定分析法

滴定分析法是将一种试剂溶液（又称滴定剂）滴加到被测物质的溶液中，直到所加的滴定剂与被测物质按化学计量关系定量反应完全，然后根据滴定剂浓度和体积、被滴溶液的体积及相关的化学计量关系，计算被测物质含量的方法。滴定分析中的两种溶液，一种叫做标准溶液，另一种叫做被测溶液。适合滴定分析法的化学反应应具备以下几个条件：

（1）反应必须具有确定的化学计量关系，即反应按一定的化学反应方程式进行，这是定量计算的依据。

（2）反应必须定量地进行。

（3）控制或创造适当的条件，使滴定反应具有较快的反应速率。

（4）具有适当简便的确定滴定终点的方法。

滴定分析法简便、快速，特别是在常量成分分析中，具有很高的准确度。滴定方式通常采用直接滴定法，此外还有间接滴定法、返滴定法和置换滴定法。滴定分析法包括酸碱滴定法、配位滴定法、氧化还原滴定法和沉淀滴定法等。

三、溶液浓度的表示方法

1. 物质的量浓度 c

分析化学中常将其简称为浓度,它等于物质的量 n 除以溶液体积 V,即

$$c=\frac{n}{V}$$

质量 m,摩尔质量 M,物质的量浓度 c 间的关系为

$$c=\frac{n}{V}=\frac{m}{MV}$$

因此,若用固体物质配制浓度为 c,体积为 V 的溶液,需称取物质的质量为

$$m=cMV$$

2. 质量浓度 ρ_B

质量浓度 ρ_B 等于质量 m 除以溶液体积 V,即

$$\rho_B=\frac{m}{V}$$

常用单位为 $g\cdot L^{-1}$。如滴定分析中使用的指示剂的质量浓度一般为 2 $g\cdot L^{-1}$,5 $g\cdot L^{-1}$等。

3. 质量摩尔浓度 b_B

质量摩尔浓度 b_B 等于物质的量 n 除以溶剂质量 m,即

$$b_B=\frac{n}{m}$$

单位为 $mol\cdot kg^{-1}$,它多在标准缓冲溶液的配制中使用。

根据 SI 的规定,各学科都有自己特殊、常用的单位。分析化学中常用的量及其单位的名称和符号如表 1-1 所示。对于分析化学实验中习惯使用的(1+2) HCl 溶液①的表示方式,本书中将继续沿用,但不作为一种浓度单位使用。

表 1-1 分析化学中常用的量及其单位的名称和符号

量的名称	量的符号	单位名称	单位符号	其他单位
相对原子质量	A_r	(量纲为 1)		
相对分子质量	M_r	(量纲为 1)		
物质的量	n	摩(尔)	mol	mmol(毫摩)等

① 此处指体积比,$V_{浓HCl}:V_{水}=1:2$。

续表

量的名称	量的符号	单位名称	单位符号	其他单位
摩尔质量	M	千克每摩	$kg \cdot mol^{-1}$	$g \cdot mol^{-1}$
摩尔体积	V_m	立方米每摩	$m^3 \cdot mol^{-1}$	$L \cdot mol^{-1}$
物质的量浓度	c	摩每立方米	$mol \cdot m^{-3}$	$mol \cdot L^{-1}$
质量摩尔浓度	b_B	摩每千克	$mol \cdot kg^{-1}$	
质量浓度	ρ_B	千克每立方米	$kg \cdot m^{-3}$	$g \cdot mL^{-1}$, $g \cdot L^{-1}$
质量分数	w	(量纲为 1)		
质量	m	千克	kg	g, mg
摄氏温度	t	摄氏度	℃	
密度	ρ	千克每立方米	$kg \cdot m^{-3}$	$g \cdot cm^{-3}$
相对密度	d	(量纲为 1)		
压力、压强	p	帕(斯卡)	Pa	1 atm = 101 325 Pa 1 mmHg = 133.322 Pa
体积	V	立方米	m^3	L, mL
试样质量	m_s	千克	kg	g 等

四、溶液的配制方法

1. 一般溶液的配制方法

根据计算式 $m = cVM$ 计算配制溶液所需固体试剂的质量。计算时摩尔质量 M 与所配溶液浓度 c 的基本单元必须相对应①。

例如，欲配制 500 mL $c_{\frac{1}{5}KMnO_4} = 0.100\ mol \cdot L^{-1}$ 的溶液时，需称取 $KMnO_4$ 的质量为

① 根据 SI 的规定，在使用摩尔定义时有一条基本原则，即必须指明物质的基本单元。基本单元可以是原子、分子、离子或它们的特定组合。例如，1 mol CaO，1 mol $\frac{1}{2}$CaO，11 mol H_2SO_4，11 mol $\frac{1}{2}H_2SO_4$，$c_{\frac{1}{5}KMnO_4}$等，这里 1 mol $\frac{1}{2}$CaO 中的"$\frac{1}{2}$"称为基本单元系数，而"$\frac{1}{2}$CaO"称为 CaO 的基本单元。

$$m = cVM_{\frac{1}{5}KMnO_4}$$

$$= 0.100\ mol \cdot L^{-1} \times 0.500\ L \times \frac{1}{5} \times 158.03\ g \cdot mol^{-1}$$

$$= 1.58\ g$$

当配制 250.0 mL $c_{\frac{1}{6}K_2Cr_2O_7} = 0.1000\ mol \cdot L^{-1}$ 的溶液时,需称取 $K_2Cr_2O_7$ 的质量为

$$m = cVM_{\frac{1}{6}K_2Cr_2O_7}$$

$$= 0.1000\ mol \cdot L^{-1} \times 0.2500\ L \times \frac{1}{6} \times 294.18\ g \cdot mol^{-1}$$

$$= 1.226\ g$$

当用 As_2O_3 配制 250.0 mL $c_{\frac{1}{2}H_3AsO_3} = 0.1000\ mol \cdot L^{-1}$ 的溶液时,需称取 As_2O_3 的质量为

$$m = cVM_{\frac{1}{4}As_2O_3} = cV\left(\frac{1}{4}M_{As_2O_3}\right)$$

$$= 0.1000\ mol \cdot L^{-1} \times 0.2500\ L \times \frac{1}{4} \times 197.84\ g \cdot mol^{-1}$$

$$= 1.236\ g$$

然后,在分析天平上称出所需量的固体试剂于烧杯中,先用适量蒸馏水或酸、碱溶液溶解,再稀释至所需的体积。试剂溶解时若有放热现象,或在溶解时加热了,应待冷却后,再转入试剂瓶中或定量转入容量瓶中。对于配好的溶液,应马上贴好标签,注明溶液的名称、浓度和配制日期。

对于一些易水解的盐,配制其溶液时,需加入适量酸,再用蒸馏水或稀酸稀释。对于易被氧化或还原的试剂,常在使用前临时配制,或采取措施,防止其被氧化或还原。易侵蚀玻璃的溶液不能盛放在玻璃瓶内,如氟化物应保存在聚乙烯瓶中,苛性碱应装在带橡胶塞的玻璃瓶内,最好也盛于聚乙烯瓶中。

配制指示剂溶液时,需称取的指示剂量往往很少,这时可用分析天平称量,但只要读取两位有效数字即可。要根据指示剂的性质,采用合适的溶剂,必要时还要加入适当的稳定剂,并注意其保存期。配好的指示剂一般贮存于棕色瓶中。

配制溶液时,要合理选择试剂的级别,不要超规格使用试剂,以免造成浪费;也不要降低规格使用试剂,以免影响分析结果。

对于经常并大量使用的溶液,可先配制成浓度为所需浓度 10 倍的储备液,使用时再稀释。

2. 标准溶液的配制和标定

标准溶液通常有两种配制方法。

(1) 直接法　用分析天平准确称取一定量的基准试剂，溶于适量的蒸馏水或合适的溶液中，再定量转入容量瓶中，用蒸馏水稀释至刻度。根据称取试剂的质量和容量瓶的体积，计算它的准确浓度。基准试剂是可用于直接配制标准溶液或用于标定溶液浓度的试剂。作为基准试剂应具备下列条件：① 试剂的组成与其化学式完全相符；② 试剂的纯度应足够高(一般要求纯度为 99.9% 以上)，而杂质的含量应少到不至于影响分析的准确度；③ 试剂在通常条件下应该稳定；④ 试剂参加反应时，应按化学反应方程式定量进行，没有副反应。

(2) 标定法　实际上只有少数试剂符合基准试剂的要求，很多标准溶液不能用直接法配制，而要用间接的方法，即标定法。在这种情况下，先配成接近所需浓度的溶液，然后用基准试剂或另一种已知准确浓度的标准溶液来标定它的准确浓度。

在实际工作中，特别是在工厂实验室里，还常采用“标准试样”来标定标准溶液的浓度。“标准试样”含量是已知的，它的组成与被测物质相近。这样，标定标准溶液浓度与测定被测物质的条件相同，分析过程中的系统误差可以抵消，结果准确度较高。

贮存的标准溶液，由于水分蒸发，水珠凝于瓶壁，使用前应将溶液摇匀。如果溶液浓度有了改变，必须重新标定。对于不稳定的溶液应定期标定。

必须指出，使用不同温度下配制的标准溶液，若从玻璃的膨胀系数考虑，即使温度相差 30 ℃，造成的误差也不大。但是，水的膨胀系数约为玻璃的 10 倍，当使用温度与标定温度相差 10 ℃以上时，则应注意温度变化带来的影响。

五、分析结果的计算

对于化学反应

$$aA + bB \longrightarrow cC + dD$$

当物质 A 和物质 B 在反应达到化学计量点时，它们物质的量的关系为

$$n_A = \frac{a}{b} n_B \quad \text{或} \quad n_B = \frac{b}{a} n_A$$

式中，$\frac{a}{b}$或$\frac{b}{a}$称为物质 A 与物质 B 间的化学计量数比。

例如，用 NaOH 标准溶液(A)滴定 H_2SO_4 溶液(B)时，反应式为

$$2NaOH + H_2SO_4 \longrightarrow Na_2SO_4 + 2H_2O$$

其计量关系是

$$c_A V_A = \frac{a}{b} c_B V_B \quad \left(\frac{a}{b} = \frac{2}{1}\right)$$

若是固体物质（A）与溶液间的反应，如用基准物质标定溶液浓度时，其计算式为

$$\frac{m_A}{M_A} = \frac{a}{b} c_B V_B$$

当用物质 B 的标准溶液滴定物质 A 的含量（质量分数）时，则计算式为

$$w_A = \frac{\frac{a}{b} c_B V_B M_A}{m_s}$$

物质 A 的含量，根据 SI 单位可用质量分数表示。通常乘 100%，用百分数表示。

分析结果通常取几次平行测定结果的平均值，即

$$\bar{x} = \frac{x_1 + x_2 + \cdots + x_n}{n} = \frac{\sum x_i}{n}$$

分析测定结果的好坏则用相对偏差或平均偏差等衡量，它们的计算式分别为

相对偏差 $$d_R = \frac{x_i - \bar{x}}{\bar{x}} \times 100\%$$

平均偏差 $$\bar{d} = \frac{|x_1 - \bar{x}| + |x_2 - \bar{x}| + \cdots + |x_n - \bar{x}|}{n} = \frac{\sum |x_i - \bar{x}|}{n}$$

相对平均偏差 $$\mathrm{RMD} = \frac{\bar{d}}{\bar{x}} \times 100\%$$

标准偏差 $$s = \sqrt{\frac{\sum (x_i - \bar{x})^2}{n - 1}}$$

相对标准偏差 $$\mathrm{RSD} = \frac{s}{\bar{x}} \times 100\%$$

第2章

常见离子的定性分析实验

§2.1 定性分析实验概述

一、定性分析实验的任务

定性分析实验是分析化学实验的一个基本组成部分,它的任务是鉴定物质中所含有的组分。例如,对于无机物,通常要知道它是由哪些元素组成的;对于有机物,通常要知道它是由哪些元素、官能团或化合物组成的,在此基础上,才能进行定量分析。在分析工作中,定性分析一般先于定量分析。

定性分析实验方法可分为化学分析法和仪器分析法。化学分析法是利用物质的化学性质来鉴定其组分的方法。这类方法具有设备简单、灵活性强等优点,但它存在一定的局限性,如对于试样中微量组分的鉴定不够灵敏,分析速度较慢等。仪器分析方法是利用物质的物理、物理化学性质来鉴定其组分的方法。这类方法具有灵敏度高、分析速度快、试样用量少等优点,因此实际应用日益广泛,但使用的仪器较复杂。

本章只讨论常见无机离子定性分析实验的化学分析法。学习目的是使学生在掌握元素周期律的基础上,通过学习常见离子的分组、分离、鉴定等实验方法,进一步掌握其分析特性(共性和个性),以便为选择和设计离子定性和定量分析方法提供理论依据。无机定性分析实验充分体现了理论与实际结合、学与用结合及知识与能力结合的重要性,在培养学生运用化学知识、观察问题、分析问题和解决问题的能力方面发挥了重要作用。

无机定性分析实验最重要的两方面内容:

(1) 离子的鉴定反应及条件　这是定性分析实验的主要内容。它不仅充分体现了被鉴定离子的化学分析特性(个性),也证实了能使被鉴定离子表现化学分析特性所需提供的客观条件的重要性。

(2) 离子间的分离　这是定性分析实验的前提。在硫化氢系统分析中,常见阳离子的分组、分离都是利用相关离子化学分析特性(共性)得以实现的。

以上两点说明在定性分析的学习和实验中,掌握常见离子的分析特性和分析条件是十分重要的。

在定性分析实验中,根据分析试样的用量、操作技术、被检出组分含量,可以将其分为常量分析、微量分析和半微量分析。常量分析所用的试样量为

0.5～1 g或 20～30 mL,所用的仪器和操作与普通的化学实验相同,如普通的试管、烧杯、漏斗等。采用过滤的方法分离沉淀与溶液。这种方法操作比较简单,易于掌握,但是费时,试剂消耗量大。微量分析所用的试样量为常量分析的百分之一,即固体仅用数毫克,液体仅用数滴。使用的仪器为小巧而特殊的仪器。半微量分析介于上述二者之间,试样量为常量分析的十分之一或二十分之一,即固体试样用几十毫克,试液用 1～3 mL,沉淀与溶液的分离使用离心机。离子的检出以点滴反应为主。这种方法基本上保留了常量分析的优点,同时具有灵敏、快速、节约试剂等优点。本章中定性分析实验采用半微量定性分析法。

二、鉴定方法的灵敏度

鉴定方法能检出某种离子的最低量称为该鉴定方法的灵敏度。一般用相关的两个量,即"检出限量"和"最低浓度"表示。

检出限量指在一定条件下,利用某化学反应能检出离子的最小质量,单位为 μg,符号以 m 表示。

最低浓度是指在一定条件下,被检出离子(B)能得到肯定结果的最低浓度,用质量浓度表示,单位为 $\mu g \cdot mL^{-1}$,符号以 ρ_B 表示。

例如,用 K_2CrO_4 鉴定 Pb^{2+}的方法,当含有 1 g(即 10^6 μg)Pb^{2+}的试液被稀释至 200000 mL 时,取 1 滴试液(相当于 0.05 mL)加入 K_2CrO_4 溶液还能观察到黄色的 $PbCrO_4$ 沉淀析出,但若进一步稀释或减少所取试液体积,现象就不明显了。因此,可以根据所取试液的体积和浓度估算检出限量、最低浓度,以此表示鉴定反应的灵敏度。

最低浓度由下式得到:

$$\rho_{Pb^{2+}} = \frac{1\times10^6\ \mu g}{2\times10^5\ mL} = 5\ \mu g \cdot mL^{-1}$$

因为稀释液一般以 1 mL 相当于 20 滴计,取 1 滴(相当于 0.05 mL)则

$$m = \frac{0.05\ mL\times10^6\ \mu g}{2\times10^5\ mL} = 0.25\ \mu g$$

由于上式中 10^6 μg/(2×10^5 mL)等于最低浓度,所以检出限量 m 和最低浓度 ρ_B 的关系为

$$m = \rho_B \cdot V$$

式中,V 为鉴定时所取试液的体积。

检出限量越低，最低浓度越小，则鉴定方法的灵敏度越高。

检出限量和最低浓度是相互关联的两个量，只用其中一种方式表达鉴定方法的灵敏度是不全面的。因为虽然达到了最低浓度，如果所取体积太小，被测离子将达不到检出限量，不可能观察到反应现象；如果被测离子的量足够了，但体积太大，达不到最低浓度，反应现象也不明显。因此，一个较灵敏的鉴定反应一定具有较低的检出限量，同时也具有较小的最低浓度。

三、鉴定反应的选择性

如果一种试剂只与几种离子发生化学反应，该试剂称为选择性试剂，其化学反应称为选择性反应；如果一种试剂仅与一种离子发生化学反应，该试剂称为专属试剂或特效试剂，其化学反应称为专属反应或特效反应。

例如，NH_4^+ 与 NaOH 作用生成氨气（NH_3），具有特殊气味，并使红色石蕊试纸变蓝，通常认为这是 NH_4^+ 的专属反应。而 K_2CrO_4 与 Pb^{2+} 能生成黄色沉淀，但它亦能与 Ba^{2+}，Sr^{2+} 等作用生成黄色沉淀。当它们共存时，就不能断定黄色沉淀是不是 $PbCrO_4$ 了，所以该反应选择性较差。

提高鉴定反应选择性的途径主要有控制溶液的酸度、加入掩蔽剂、分离干扰离子和附加补充实验等。后者是通过附加一些实验，将被鉴定离子与干扰离子加以区分。必须指出，在选择鉴定反应时，需要同时考虑鉴定方法的灵敏度和选择性，应该在满足灵敏度要求的条件下，尽量采用选择性高的反应。

四、系统分析法和分别分析法

系统分析法是根据离子的分析特性，在适当条件和组试剂的作用下，按一定分析步骤和顺序，对混合液中离子进行分组，从而实现分离和鉴定的方法。具体做法是根据元素的特性，用不同的组试剂将溶液中性质相近的离子分成若干组，分组后又可根据组内离子的分析特性，进一步分离和鉴定。组试剂一般采用沉淀剂，将分析特性相似的离子整组沉淀并与其他离子分开，为其后的鉴定反应创造条件。一般组试剂应满足下列要求：

（1）分组完全，即分离反应要进行得完全；

（2）分离反应要迅速；

（3）沉淀与溶液易于分离和洗涤；

（4）组内离子不宜过多，以便鉴定。

分别分析法是不需经过分组分离，直接鉴定待测离子的方法。分别分析法需采用专属反应或创造专属反应的条件。

本章中阳离子定性分析实验采用硫化氢系统分析法；阴离子定性分析实验采用分别分析法。

五、空白试验和对照试验

空白试验的作用是检验试剂或蒸馏水中是否有待测离子。具体做法是在做鉴定实验的同时，另取一份蒸馏水代替试液，以同样的实验方法进行鉴定。

例如，在 HCl 介质中用 NH_4SCN 鉴定 Fe^{3+} 时得到红色溶液，表示有微量 Fe^{3+} 存在。为证实此微量的 Fe^{3+} 是否为原试样所有，可另取配制试液的蒸馏水和 HCl 溶液以同样的方法进行实验，如果得到同样的浅红色，说明此微量 Fe^{3+} 并非原试样所有；如果得到更浅的红色或无色，说明试样中确有微量的 Fe^{3+}。

对照试验的作用是检验试剂是否失效或反应条件是否控制正确。具体做法是用已知待鉴定离子的溶液代替试液，用同样的方法进行实验。例如，用 $SnCl_2$ 溶液鉴定 Hg^{2+} 时，未出现灰黑色沉淀，可认为无 Hg^{2+} 存在。但是考虑到 $SnCl_2$ 溶液容易被空气氧化而失效，故取少量已知 Hg^{2+} 溶液，加入 $SnCl_2$ 溶液，如果未出现灰黑色沉淀，说明 $SnCl_2$ 溶液失效，此时应重新配制 $SnCl_2$ 溶液。

应该指出，在定量分析中也会用到空白试验和对照试验。它们的作用是检验和消除系统误差，与上面讲述的内容相比，其意义不尽相同。

六、常见阳离子的分组及 TAA 简介

本章要讨论的常见阳离子有 Ag^+，Hg_2^{2+}，Hg^{2+}，Pb^{2+}，Bi^{3+}，Cu^{2+}，Cd^{2+}，As(Ⅲ，Ⅴ)，Sb(Ⅲ，Ⅴ)，Sn(Ⅱ，Ⅳ)，Al^{3+}，Cr^{3+}，Fe^{3+}，Fe^{2+}，Mn^{2+}，Zn^{2+}，Co^{2+}，Ni^{2+}，Ba^{2+}，Sr^{2+}，Ca^{2+}，Mg^{2+}，K^+，Na^+，NH_4^+。

按硫化氢系统分析法将上述阳离子进行分组，分组情况如下：

硫化氢系统分析法分组步骤简表

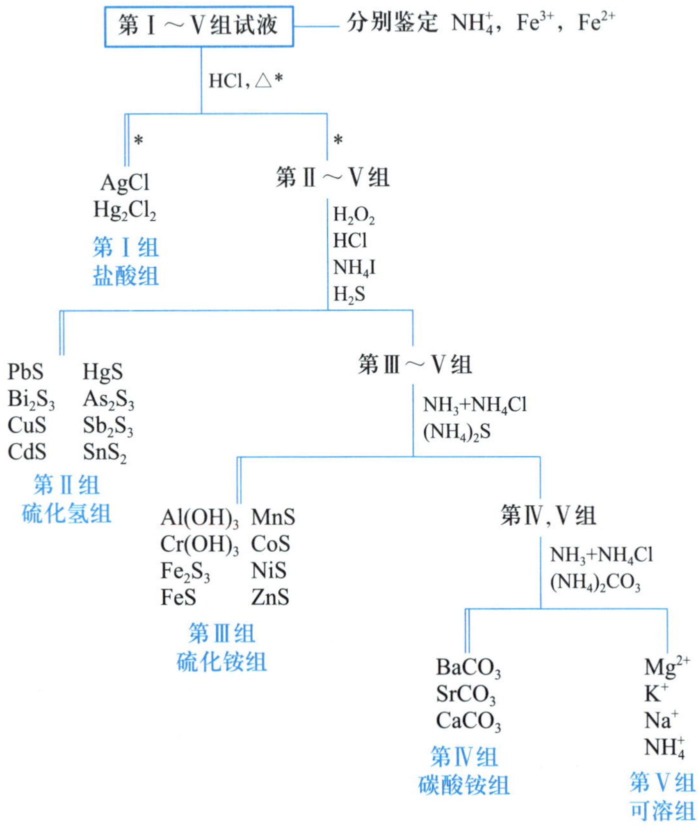

* “△”表示加热，“‖”表示沉淀，“|”表示溶液。

由于 H_2S 气体毒性较大，而且制备也不太方便，故多以硫代乙酰胺(CH_3CSNH_2,简写为 TAA)的水溶液代替 H_2S 作沉淀剂。这是因为硫代乙酰胺在不同的介质中加热时可产生不同的水解产物，在酸性介质中可水解生成 H_2S，因此可代替 H_2S 沉淀第Ⅱ组阳离子。水解反应如下：

$$CH_3CSNH_2 + H_2O \xrightleftharpoons{H^+} CH_3CONH_2 + H_2S\uparrow$$

煮沸则

$$CH_3CONH_2 + H_2O \rightleftharpoons CH_3COO^- + NH_4^+$$

在碱性溶液中水解生成 S^{2-}，可以代替 Na_2S 分离第 $Ⅱ_A$ 组与第 $Ⅱ_B$ 组阳离子。水解反应如下：

$$CH_3CSNH_2 + 3OH^- \rightleftharpoons CH_3COO^- + NH_3 + S^{2-} + H_2O$$

在氨性溶液中水解生成 HS^-,可以代替 $(NH_4)_2S$ 沉淀第Ⅲ组阳离子。水解反应如下:

$$CH_3CSNH_2 + 2NH_3 \rightleftharpoons CH_3-\overset{\displaystyle NH_2}{\overset{|}{C}}=NH + HS^- + NH_4^+$$

水解速率随溶液酸度、温度而异,温度升高水解加快,一般在沸水浴中进行。在碱性溶液中水解比在酸性溶液中更快。

硫代乙酰胺作为组试剂的主要特点如下:

(1) 可以减少有毒的 H_2S 气体逸出;

(2) 金属硫化物是以均匀沉淀方式得到的,沉淀均匀、致密,可减少共沉淀,便于分离和洗涤;

(3) 使用方便。

七、定性分析实验报告书写格式

书写实验报告是一项基本训练,要正确清晰、简明扼要。实验过程中观察到的现象(包括异常现象)应及时记录,事后要进行分析讨论,归纳小结。

定性分析实验报告一般采用表格和图表形式。表格和图表的具体形式可根据实验内容不同进行设计。下面就离子的鉴定反应和混合物分析报告的格式举例如下。

1. 列表的形式

物质类别	试剂及反应条件	现象及生成物	反应式	结论及讨论
Ag^+	HCl,加热	白色 AgCl 沉淀	$Ag^+ + Cl^- = AgCl\downarrow$	Ag^+ 与 HCl 反应生成白色 AgCl 沉淀
AgCl	加热	不溶		沉淀加热不溶(与 $PbCl_2$ 不同)
AgCl	$HCl+HNO_3$ 加热 1 min	不溶		沉淀不溶于 $HCl+HNO_3$(与 Hg_2Cl_2 不同)
AgCl	氨水	溶解 $[Ag(NH_3)_2]^+$, Cl^-	$AgCl+2NH_3 \rightleftharpoons [Ag(NH_3)_2]^+ + Cl^-$	沉淀溶于氨水(与 Hg_2Cl_2 不同)
$[Ag(NH_3)_2]^+$, Cl^-	HNO_3	白色 AgCl 沉淀	$[Ag(NH_3)_2]^+ + Cl^- + 2H^+ = AgCl\downarrow + 2NH_4^+$	与 HNO_3 反应 AgCl 沉淀又析出

2. 混合物系统分析图表形式

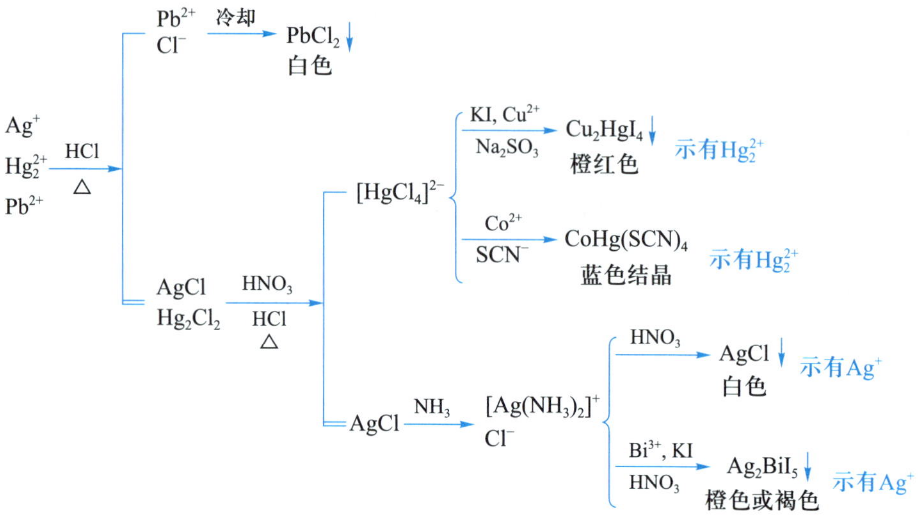

§2.2 半微量定性分析实验常用仪器及基本操作

一、半微量定性分析实验常用仪器

1. 离心管

在半微量定性分析实验中,为了便于观察实验现象和沉淀的离心沉降,实验一般都在离心管中进行。离心管是底部呈锥形的玻璃试管(见图 2-1)或塑料试管,玻璃离心管适于低速离心,常见的有 3 mL,5 mL,10 mL 三种规格;塑料离心管常带盖,规格较多。有的离心管带有刻度,可以读出所装溶液的体积。离心管主要用来进行沉淀的离心沉降和观察少量沉淀的生成及沉淀颜色的变化,也可进行溶剂萃取。离心管不得直接在火上加热,应放在水浴中加热。

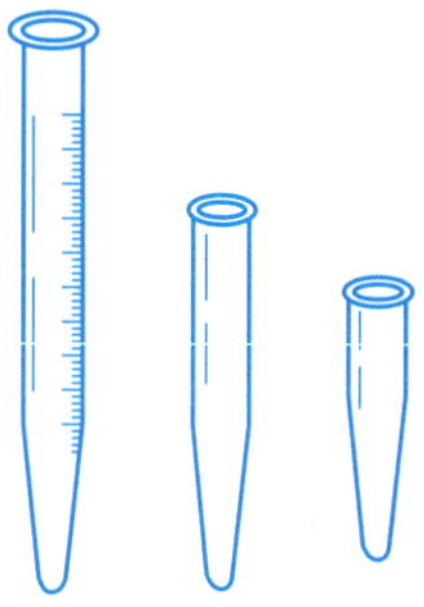
图 2-1 离心管

2. 滴管、毛细吸管和搅拌棒

滴管[见图 2-2(a)]顶端装有乳胶(或塑料)头,用于吸取溶液、转移沉淀、滴加试剂等。常用的滴管滴出的每滴液体为 0.04~0.05 mL(即 20 滴或 25 滴为 1 mL)。

毛细吸管[见图 2-2(b)]与滴管相似,但尖端较滴管细而长，主要用于从离心管中吸出沉淀上部的离心液。定性分析实验中常使用不装橡胶乳头的毛细吸管，利用其细长管尖的毛细作用移取 0.001~0.05 mL 的液滴进行纸上点滴反应（用于纸上点滴反应的毛细吸管的管口一定要平齐）。

搅拌棒（见图 2-3）是一端拉细、尖端烧圆略呈球形的玻璃棒，用于搅拌离心管中的液体或带有沉淀的溶液，另一端也可制成小勺状，用来取少量固体试剂。

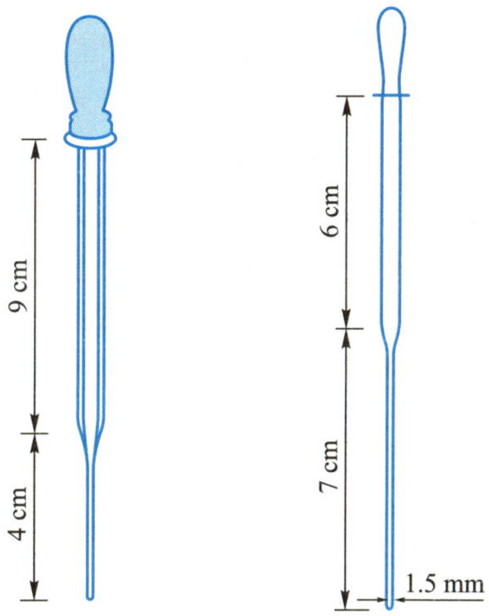

(a) 滴管　(b) 毛细吸管

图 2-2　滴管和毛细吸管

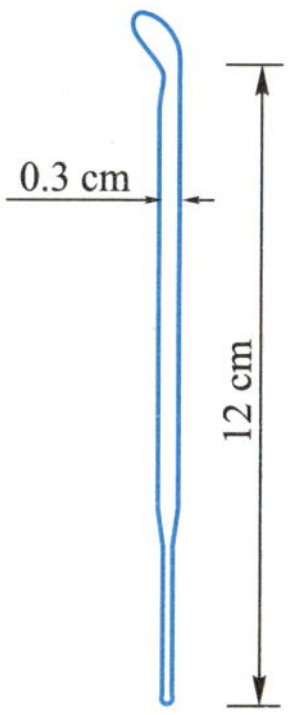

图 2-3　搅拌棒

洗净的滴管、毛细吸管和搅拌棒可放于贮有蒸馏水的广口瓶中，用后可放入另一贮有自来水的广口瓶（或烧杯）中，待集中洗涤，不可混淆。

3. 点滴板

点滴板（见图 2-4）是带有圆形凹槽的瓷板。在凹槽中可进行定性反应。常见的点滴板有黑、白两种。点滴板适用于 1~2 滴试液与 1~2 滴试剂混合后不需加热便能产生颜色变化，生成白色或有色沉淀的鉴定反应。

4. 杓皿和坩埚

图 2-5 所示的有柄小蒸发皿（杓皿）和瓷坩埚（10 mL），在定性分析实验中常用于蒸发溶液、灼烧分解铵盐等。

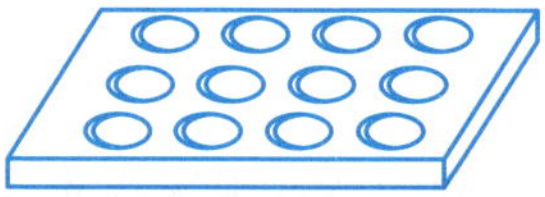

图 2-4　点滴板

(a) 杓皿　(b) 坩埚

图 2-5　杓皿和坩埚

5. 坩埚钳

坩埚钳一般为镀铬的金属钳(见图 2-6),用来夹取坩埚。

6. 离心机

常用离心机(见图 2-7)的使用方法如下:

(1) 在离心机管套底部垫上棉花、橡胶、泡沫或塑料等柔软物质,以防旋转时碰破离心管。

(2) 将盛有被分离混合物的离心管放入离心机的一个管套中,离心管口稍高出管套。若只有一个试样,可在对称位置放一支装有等质量水的离心管,以保持离心机的平衡,否则在旋转时发生震动,易损坏离心机。

(3) 开动离心机应由慢速开始,运转平稳后再过渡到快速。

(4) 离心机的转速和旋转时间视沉淀的性状而定。对于晶形沉淀,转速为 1000 $r \cdot min^{-1}$,旋转 1~2 min 即可;非晶形沉淀沉降较慢,转速可提高到 2000 $r \cdot min^{-1}$,需 3~4 min。若超过上述时间仍未能使固相与液相分开,继续旋转也无效,需加热或加电解质使沉淀凝聚。

(5) 关机后,待离心机自行停止转动,再用手小心地从两侧捏住离心管口边缘,将其从管套中取出(或用镊子夹取)。不得在离心机转动时用手使其停止,也不可用手指插入离心管中拔取离心管。

(6) 假如在离心过程中发现离心管损坏,必须立刻停机,取出管套,清除碎玻璃片并仔细用水洗净,用布擦干以免腐蚀。

图 2-6 坩埚钳

(a) 电动离心机

(b) 高速台式离心机

图 2-7 离心机

二、半微量定性分析实验基本操作

1. 仪器的洗涤

离心管等玻璃仪器应先用自来水润湿,用刷子蘸清洁剂刷洗器壁,再用自来水冲洗,最后用少量蒸馏水洗 2~3 次。滴管等不便用刷子刷洗的器皿,可用其他适宜的洗涤液浸洗，再用自来水及蒸馏水冲洗。洗净的玻璃仪器应是清洁透明、不挂水珠的。毛细吸管、搅拌棒等洗净后应插在贮有清洁蒸馏水的烧杯中，绝不允许放在实验台上；离心管洗净后放在离心管架上。

2. 试剂的滴加

滴加液体试剂时，滴管的尖端应略高于离心管口（见图 2-8）。不得触及离心管内壁，以免沾污试剂。

图 2-8　滴加试剂

使用试剂注意事项：

（1）试剂应按次序排列，取用试剂时不得将试剂瓶自架上取下，以免打乱顺序，寻找困难。

（2）不能用自己的滴管取试剂瓶中的试剂，试剂瓶上的滴管除取用时拿在手中外，不得放在原试剂瓶以外的任何地方，以防沾污试剂。如滴管被沾污，应立即用蒸馏水冲洗干净，再放回原瓶。拿滴管时，管口应始终保持低于橡胶乳头，不能倒置，以免试剂流入橡胶乳头内而沾污试剂。

（3）取用试剂后将滴管放回原试剂瓶时，要核对试剂瓶的标签与所取试剂是否一致。

（4）固体试剂也应该用专用的玻璃药匙取用。

（5）使用试纸时要用镊子夹取试纸。

3. 加热和蒸发

用水浴（见图 2-9）加热离心管时，水浴中的水应微微沸腾。如溶液需煮沸或蒸发浓缩，则应将溶液放入杓皿或瓷坩埚中，在石棉网上小火加热；在空气浴（见图 2-10）上加热蒸发更好。

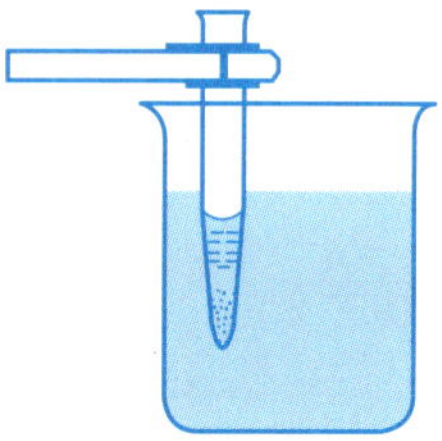

图 2-9　水浴

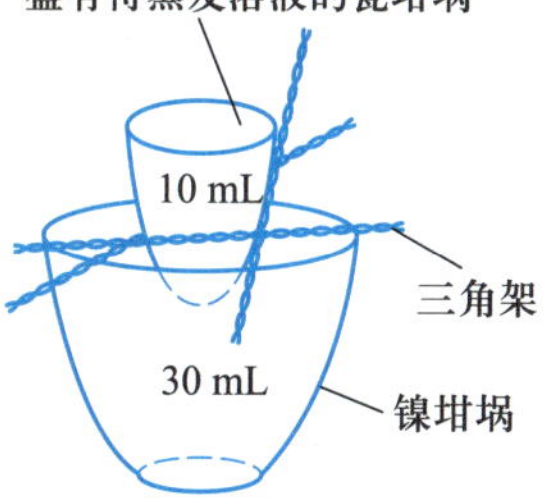

图 2-10　空气浴

4. 蒸干和灼烧

为了除去有机物和铵盐，需将溶液蒸干后进行灼烧。此时应将溶液放在杓皿或瓷坩埚中，先在水浴或空气浴上加热蒸干，再在泥三角上从小火至大火逐步升温灼烧。

5. 沉淀的生成

(1) 在离心管中进行沉淀　将试液加入离心管中,滴加试剂,每加一滴试剂要用搅拌棒充分搅拌,直到沉淀完全。检验沉淀完全的方法是将沉淀离心沉降,在上层清液中沿管壁再加一滴试剂,如不发生混浊,则表示沉淀已经完全。否则应继续滴加试剂,直到沉淀完全。

(2) 在点滴板上进行沉淀　一般适用于少量试液和试剂在常温下产生沉淀的鉴定反应。若生成白色沉淀可使用黑色点滴板。

(3) 在滤纸上进行沉淀　当某种离子与适当试剂作用生成沉淀时,由于纸的毛细管作用,除沉淀外的其他离子均匀扩散至沉淀区域之外,这样就达到了分离和鉴定的目的。

6. 沉淀离心沉降和沉淀与溶液分离

离心沉降是半微量定性分析实验中分离沉淀与溶液的基本方法,用离心机完成。

将带有沉淀的离心管置于离心机的管套中,开动离心机,沉淀微粒受离心力的作用而沉降在离心管的尖端。

离心沉降后可用毛细吸管(或滴管)将离心液吸出。方法如下:先用手指捏吸管上端的橡胶乳头,排出其中的空气。再使离心管倾斜,将吸管尖端伸入离心液液面下,但不可触及沉淀。然后慢慢放松橡胶乳头,吸入溶液(见图 2-11)。再从溶液中取出吸管,将溶液挤入另一洁净离心管中。如有必要可重复上述操作。沉淀表面上少量的溶液用去掉橡胶乳头的毛细吸管吸取更为合适(见图 2-12)。方法如下:倾斜离心管,将毛细吸管的尖端小心地浸入溶液(此时吸管上部应靠在离心管口),借毛细管作用使液体进入毛细吸管中。注意,毛细吸管尖端与沉淀表面的距离不应小于 1 mm。当液体停止沿毛细吸管上升时,将其从离心管中取出,其中的溶液可并入上述同一离心管中。用这种方法可以将沉淀与溶液较好分离。

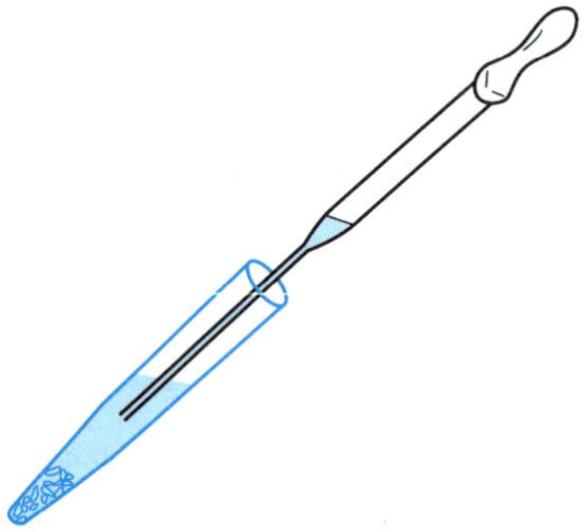

图 2-11　毛细吸管的使用

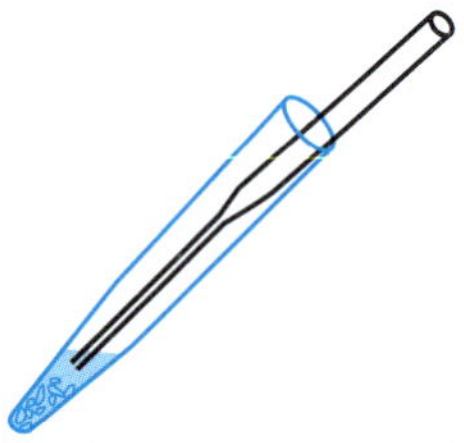

图 2-12　用毛细吸管吸取少量溶液

7. 沉淀的洗涤

沉淀与溶液分离后必须仔细洗涤，否则可能被溶液中其他离子沾污，影响分析鉴定结果。

洗涤沉淀的方法　用滴管加 2~3 倍于沉淀体积的洗涤液（加入时应使其沿离心管内壁流下），用搅拌棒充分搅拌后，离心沉降，用滴管或毛细吸管吸出洗涤液，每次尽可能将洗涤液吸尽。一般情况下洗涤 2~3 次即可，第 1 次洗涤液并入离心液中，第 2 次及第 3 次洗涤液可弃去。必要时可检验是否洗净，即将 1 滴洗涤液滴在点滴板上，加入适当试剂，检验应分离出去的离子是否还存在。

8. 沉淀的转移和溶解

沉淀如需分成几份，可在洗净的沉淀上加几滴蒸馏水，将滴管伸入溶液，挤压橡胶乳头，借挤出的空气搅动沉淀，使之悬浮于溶液中。放松橡胶乳头，混浊液则进入滴管，便可将其转移到另外的容器中。

如欲溶解沉淀，可在不断搅拌下慢慢滴加试剂。溶解沉淀一般都在分离和洗涤后立即进行。否则，放置时间过长，沉淀会发生老化现象，有的沉淀可能变得不易溶解。

9. 纸上点滴分析

反应产物（沉淀或可溶物）必须具有颜色方可选用纸上点滴分析。点滴反应需试液（试剂）较少，并可以提高反应的灵敏度和选择性。具体操作如下：

（1）将试剂或试液滴在点滴板上，用去掉橡胶乳头的毛细吸管在点滴板上取用。切不可将毛细吸管直接插入试剂瓶中吸取试剂。

（2）取用试液或试剂时，先将毛细吸管尖端浸入所需溶液液面下 1~2 mm 处，再将毛细吸管取出，垂直持毛细吸管，使其尖端与滤纸接触，轻轻压在滤纸上（滤纸应先做空白试验），待纸上的潮湿斑点直径扩展成数毫米（见图 2-13）时将毛细吸管迅速拿开。在所形成的潮湿斑点中心，按照同样规则，用吸有适当试剂的毛细吸管与其接触。注意溶液不得滴在纸上。

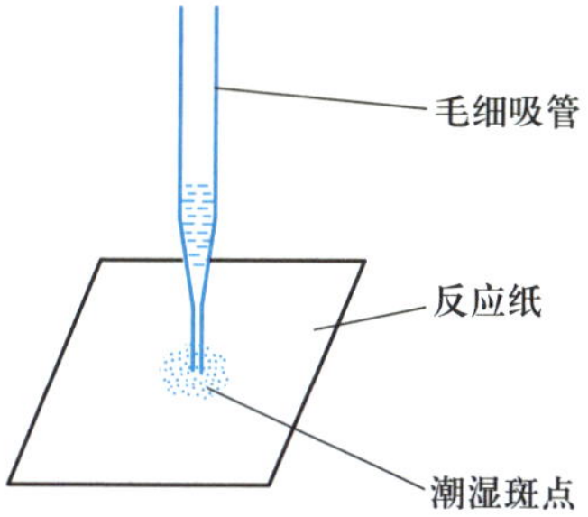

图 2-13　点滴反应方法

（3）潮湿斑点力求呈圆形，这样方可保证试液或试剂均匀分布，“点滴图像”准确、清晰。

（4）各种试剂必须按顺序加入，否则可能得出错误的结论。

（5）滤纸不要直接放在实验台上或书本上进行操作，最好悬空操作，即用拇指和食指水平拿着滤纸两侧或将滤纸放在清洁干燥的坩埚口上进行操作。

10. 焰色反应

将镍铬丝或铂丝做成环状,用浓盐酸湿润金属环,在煤气灯氧化焰中灼烧,如此反复数次,直到火焰不染色,表示金属丝已清洁。再蘸取试液在氧化焰中灼烧,观察火焰的颜色。

实验完毕后,应将金属丝洗净,并在火焰中燃烧到没有颜色。

注意,不能将铂丝放在还原焰中灼烧,以免生成碳化铂,使铂丝脆断。

11. 气体分析

(1) 气室反应 气室由两块小表面皿合在一起构成(见图 2-14)。先将试纸(石蕊试纸、pH 试纸或浸过所需试剂的试纸)润湿,贴在上表面皿凹面上,再在下表面皿中放试液和试剂,并立即将贴好试纸的上表面皿盖上,在水浴上加热。待反应发生后,观察试纸颜色的变化。

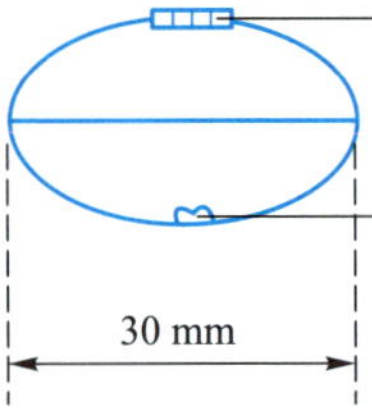

图 2-14 气室

(2) 其他验气装置 为了检验反应产生的气体,还可以利用如图 2-15 和图 2-16所示的装置。

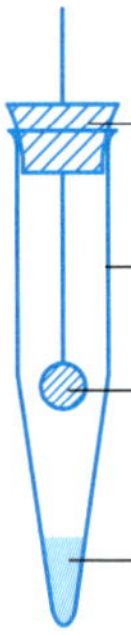

图 2-15 验气装置(1)

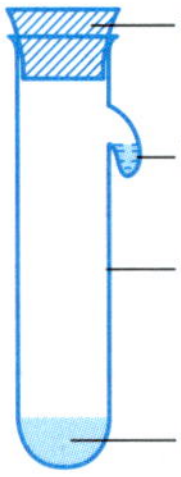

图 2-16 验气装置(2)

采用图 2-15 所示的装置时,将几滴试液放在离心管中,手持带金属丝环的橡胶塞,将金属丝(铜丝或镍铬丝)环蘸上 1 滴验气试剂使之成膜。在离心管中加入能与试液产生气体的试剂,迅速将橡胶塞盖好,观察环中液膜的变化。

若采用图 2-16 所示的装置,操作与上述相同,只是验气试剂采用滴管直接加到盲肠小管内。当气体产生后,观察盲肠小管内试剂的变化。

§ 2.3 定性分析实验

· 实验一　阳离子第Ⅰ组 Ag^+, Hg_2^{2+} 的分析 ·

一、本组离子的分析特性

本组离子只有 Ag^+,Hg_2^{2+} 两种离子,组试剂为 HCl 溶液。

常见阳离子中,除 Ag^+,Hg_2^{2+} 外,Pb^{2+}的氯化物也难溶于水,但 $PbCl_2$ 溶解度较大,可溶于热水,AgCl,Hg_2Cl_2 沉淀则不溶。可加热溶解 $PbCl_2$ 沉淀,使之留于阳离子第Ⅱ组,避免其跨两组,造成 Pb^{2+}的检出困难。

AgCl 与 Hg_2Cl_2 沉淀的分析特性有两点区别:

(1) Hg_2Cl_2 沉淀可溶于 HCl 与 HNO_3 的混合溶液,生成稳定的$[HgCl_4]^{2-}$,相同条件下 AgCl 沉淀不溶。其反应如下:

$$3Hg_2Cl_2 + 18Cl^- + 2NO_3^- + 8H^+ = 6[HgCl_4]^{2-} + 2NO\uparrow + 4H_2O$$

(2) AgCl 沉淀易溶于氨水,形成$[Ag(NH_3)_2]^+$,而 Hg_2Cl_2 与 NH_3 反应形成难溶于水的氨基化合物并析出 Hg。其反应如下:

$$AgCl + 2NH_3 = [Ag(NH_3)_2]^+ + Cl^-$$

$$Hg_2Cl_2 + 2NH_3 = Hg_2NH_2Cl + NH_4^+ + Cl^-$$

$$Hg_2NH_2Cl = HgNH_2Cl + Hg$$

利用 AgCl 和 Hg_2Cl_2 沉淀分析特性的差异可将两者分离。

二、本组离子的鉴定

1. Ag^+的鉴定

(1) 稀盐酸与 Ag^+作用生成白色凝乳状的 AgCl 沉淀,沉淀溶于稀氨水,形成$[Ag(NH_3)_2]^+$配离子,在此溶液中加 HNO_3,则重新得到白色 AgCl 沉淀,示

有 Ag^+。

$$Ag^+ + Cl^- = AgCl\downarrow$$
$$AgCl + 2NH_3 = [Ag(NH_3)_2]^+ + Cl^-$$
$$[Ag(NH_3)_2]^+ + Cl^- + 2H^+ = AgCl\downarrow + 2NH_4^+$$

该鉴定方法的检出限量为 0.5 μg,最低浓度为 10 $\mu g \cdot mL^{-1}$。

(2) $[Ag(NH_3)_2]^+$与 Bi^{3+}和 KI 生成橙色或褐色的 Ag_2BiI_5 沉淀,示有 Ag^+。其检出限量为 0.01 μg,最低浓度为 0.2 $\mu g \cdot mL^{-1}$。有关反应如下:

$$Bi^{3+} + 6I^- = [BiI_6]^{3-}$$
$$[Ag(NH_3)_2]^+ + I^- + 2H^+ = AgI\downarrow + 2NH_4^+$$
$$2AgI + [BiI_6]^{3-} = Ag_2BiI_5\downarrow + 3I^-$$

2. Hg_2^{2+} 的鉴定

Hg_2Cl_2 沉淀溶于 HCl 和 HNO_3,形成$[HgCl_4]^{2-}$,其与 KI-$CuSO_4$ 反应生成橙红色的 Cu_2HgI_4 沉淀①:

$$Hg^{2+} + 4I^- = [HgI_4]^{2-}$$
$$2Cu^{2+} + 4I^- = 2CuI\downarrow + I_2\downarrow$$
$$2CuI + [HgI_4]^{2-} = Cu_2HgI_4\downarrow + 2I^-$$

黄色的 I_2 可用 Na_2SO_3 还原除去。该鉴定方法的检出限量为 0.05 μg,最低浓度为1 $\mu g \cdot mL^{-1}$。

三、本组混合物的分析

1. Ag^+,Hg_2^{2+} 的沉淀与 Pb^{2+}的分离

在一支离心管中加入 3 滴 2 $mol \cdot L^{-1}$HCl 溶液及 Ag^+,Hg_2^{2+},Pb^{2+}的试液各 2 滴,充分搅拌。待沉淀下沉后,在上层清液中再加 1 滴 2 $mol \cdot L^{-1}$HCl 溶液,如不出现混浊,证明 Ag^+,Hg_2^{2+},Pb^{2+}已沉淀完全。将离心管置于沸水浴中加热半分钟并充分搅拌,趁热离心分离,沉淀用热 HCl 洗涤液(1 mL 蒸馏水加 1 滴 2 $mol \cdot L^{-1}$ HCl 溶液)洗 2 次。离心液冷却后,观察是否有白色沉淀析出,弃去离心液。

2. AgCl 和 Hg_2Cl_2 沉淀分离及 Hg_2^{2+} 的鉴定

在 AgCl 和 Hg_2Cl_2 沉淀上加 2 滴浓 HNO_3 和 1 滴 2 $mol \cdot L^{-1}$HCl 溶液,搅拌,

① 有些配位化合物,特别是中性分子,仍按习惯以盐或复盐的形式表示。

加热 1 min。此时 Hg_2Cl_2 沉淀溶解，AgCl 沉淀不溶。冷却，离心分离出 AgCl 沉淀，用于鉴定 Ag^+。离心液用于鉴定 Hg_2^{2+}。

取 2 滴离心液，加 2 滴 40 $g \cdot L^{-1}$ KI 溶液，2 滴 20 $g \cdot L^{-1}$ $CuSO_4$ 溶液及数粒固体 Na_2SO_3，生成橙红色 Cu_2HgI_4，示有 Hg_2^{2+}。

3. Ag^+的鉴定

将 2 所得 AgCl 沉淀用 HNO_3 洗涤液（1 mL 蒸馏水加 1 滴 1 $mol \cdot L^{-1}$ HNO_3 溶液）洗 2 次，加 4 滴 15 $mol \cdot L^{-1}$ 氨水，搅拌，使 AgCl 沉淀溶解，生成 $[Ag(NH_3)_2]^+$。按下面两种方法鉴定 Ag^+：

（1）取 1 滴上述含 $[Ag(NH_3)_2]^+$ 的溶液，加 2 滴 3 $mol \cdot L^{-1}$ HNO_3 溶液，生成白色凝乳状 AgCl 沉淀，示有 Ag^+。

（2）取 1 滴上述含 $[Ag(NH_3)_2]^+$ 的溶液，加 1 滴 Bi^{3+} 试液和 2～3 滴 40 $g \cdot L^{-1}$ KI 溶液，再加 2～3 滴 3 $mol \cdot L^{-1}$ HNO_3 溶液，生成橙色或褐色的 Ag_2BiI_5 沉淀，示有 Ag^+。

四、阳离子第Ⅰ组分析简表

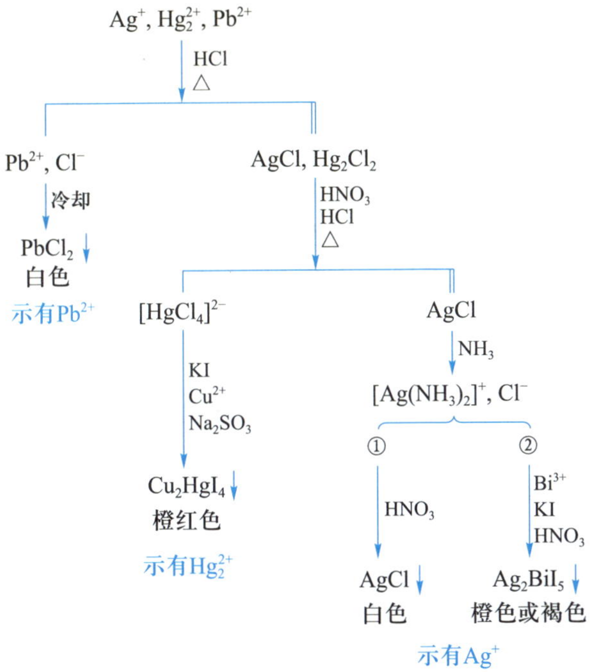

五、思考题

1. 试述本组离子(Ag^+,Hg_2^{2+})的沉淀条件及 Ag^+ 和 Hg_2^{2+} 的分离方法。
2. 分离后的汞以什么状态存在?鉴定反应的原理是什么?
3. 如何鉴定 Ag^+?

·实验二 阳离子第 $Ⅱ_A$ 组 Pb^{2+},Bi^{3+},Cu^{2+},Cd^{2+} 的分析·

一、本组离子的分析特性

阳离子第Ⅱ组包括 Pb^{2+},Bi^{3+},Cu^{2+},Cd^{2+},Hg^{2+},As(Ⅲ),As(Ⅴ),Sb(Ⅲ),Sb(Ⅴ),Sn(Ⅱ),Sn(Ⅳ)。本组离子分析特性与第Ⅰ组阳离子的显著区别是氯化物溶解度不同,与第Ⅲ～Ⅴ组离子分离基于硫化物溶解度不同。第Ⅱ组阳离子在 0.3 $mol\cdot L^{-1}$ HCl 溶液中与 H_2S 作用生成硫化物沉淀。按本组被分出的顺序,本组称为第Ⅱ组,按照所用组试剂则称为硫化氢组。

根据第Ⅱ组离子硫化物的酸碱性不同,可将其分成两小组。铅(Ⅱ)、铋(Ⅲ)、铜(Ⅱ)、镉(Ⅱ)的硫化物属于碱性硫化物,不溶于 NaOH,Na_2S,$(NH_4)_2S$ 等碱性溶剂,称其为铜组(第 $Ⅱ_A$ 组)。砷、锑、锡(Ⅳ)的硫化物与其氢氧化物相似,属于两性硫化物,而且其酸性较为明显,能溶于上述几种碱性溶剂,称为锡组(第 $Ⅱ_B$ 组)。汞的硫化物酸性较弱,只能溶解在含有高浓度 S^{2-} 的 Na_2S 溶液中。采用 Na_2S(NaOH+TAA)为锡组的组试剂,HgS 属于锡组。锡组硫化物与 Na_2S 作用,生成硫代酸盐而溶解,借此与铜组分开。

铜组离子的硫化物沉淀溶于 HNO_3 后与过量的氨水反应,Cu^{2+},Cd^{2+} 生成 $[Cu(NH_3)_2]^{2+}$,$[Cd(NH_3)_2]^{2+}$ 配离子,Pb^{2+} 生成 $Pb(OH)_2$ 沉淀,Bi^{3+} 生成白色碱式盐 $Bi(OH)_2NO_3$ 沉淀。借此可将 Cu^{2+},Cd^{2+} 与 Pb^{2+},Bi^{3+} 分离。沉淀用 CH_3COONH_4 处理后,生成 $Bi(OH)_3$ 沉淀,而 $[Pb(Ac)_4]^{2-}$ 进入溶液,借此可将铅与铋分离。在含有 $[Cu(NH_3)_2]^{2+}$,$[Cd(NH_3)_2]^{2+}$ 的 2 $mol\cdot L^{-1}$ 热 HCl 溶液中加入 TAA 溶液,有 CuS 沉淀生成,而 $[CdCl_4]^{2-}$ 进入溶液,借此可将铜与镉分离。

二、本组离子的鉴定

1. Pb^{2+}的鉴定

K_2CrO_4 与 Pb^{2+}反应生成黄色 $PbCrO_4$ 沉淀，沉淀溶于 2 mol·L^{-1} NaOH 溶液：

$$Pb^{2+} + CrO_4^{2-} = PbCrO_4 \downarrow$$

$$PbCrO_4 + 4OH^- = PbO_2^{2-} + CrO_4^{2-} + 2H_2O$$

沉淀溶于浓 HNO_3，但难溶于稀 HNO_3，不溶于氨水（与 Ag^+，Cu^{2+}不同），难溶于稀乙酸（与 Cu^{2+}，Hg^{2+}不同）。

该鉴定方法的检出限量为 0.25 μg，最低浓度为 5 μg·mL^{-1}。

2. Bi^{3+}的鉴定

（1）硫脲（tu）与 Bi^{3+}在 0.4～1.2 mol·L^{-1} HNO_3 介质中反应生成鲜黄色配位化合物：

$$Bi^{3+} + 3H_2N-\underset{\underset{S}{\|}}{C}-NH_2 = Bi[CS(NH_2)_2]_3^{3+}$$

常见离子在含量不特别大时，一般不干扰反应。锑的干扰可加 NH_4F 使其生成 $[SbF_5]^{2-}$而被掩蔽。

鉴定方法的检出限量为 0.5 μg，最低浓度为 10 μg·mL^{-1}。

（2）在酸性介质中，硫脲，$CuSO_4$，KI，Bi^{3+}反应生成橙红色或橙色 $[Bi(tu)_3I_3 \cdot Cu(tu)_3I]$配位化合物沉淀，此反应是鉴定 Bi^{3+}的选择性较好的反应，大多数阳离子和阴离子不干扰此反应。

该鉴定方法的检出限量为 2 μg，最低浓度为 40 μg·mL^{-1}。

3. Cu^{2+}的鉴定

（1）Fe^{3+}与 $S_2O_3^{2-}$ 发生氧化还原反应：

$$2Fe^{3+} + 2S_2O_3^{2-} = S_4O_6^{2-} + 2Fe^{2+}$$

此反应分步进行：

第一步　$Fe^{3+} + 2S_2O_3^{2-} \longrightarrow [Fe(S_2O_3)_2]^-$　　快

第二步　$[Fe(S_2O_3)_2]^- + Fe^{3+} \longrightarrow S_4O_6^{2-} + 2Fe^{2+}$　　慢

由于第二步反应速率较慢，因此生成的中间产物 $[Fe(S_2O_3)_2]^-$的紫色只能慢慢消失，但当溶液中有 Cu^{2+}存在时，其催化作用可使中间产物的紫色立即褪去，借此可鉴定 Cu^{2+}的存在。

该鉴定方法的检出限量为 0.02 μg,最低浓度为 0.4 μg·mL^{-1}。

(2) Cu^{2+} 与 $K_4[Fe(CN)_6]$ 在中性或酸性介质中反应,生成红棕色 $Cu_2[Fe(CN)_6]$ 沉淀:

$$2Cu^{2+} + [Fe(CN)_6]^{4-} = Cu_2[Fe(CN)_6]\downarrow$$

沉淀不溶于稀酸,但溶于氨水;与碱作用时被分解。有关反应如下,

$$Cu_2[Fe(CN)_6] + 8NH_3 = 2[Cu(NH_3)_4]^{2+} + [Fe(CN)_6]^{4-}$$

$$Cu_2[Fe(CN)_6] + 4OH^- = 2Cu(OH)_2 + [Fe(CN)_6]^{4-}$$

Fe^{3+} 和大量的 Co^{2+},Ni^{2+} 干扰反应。

该鉴定方法的检出限量为 0.02 μg,最低浓度为 0.4 μg·mL^{-1}。

4. Cd^{2+} 的鉴定

镉试剂(Cadion)1-(对硝基苯)-3-[对(苯偶氮)苯基]三氮烯的结构式为

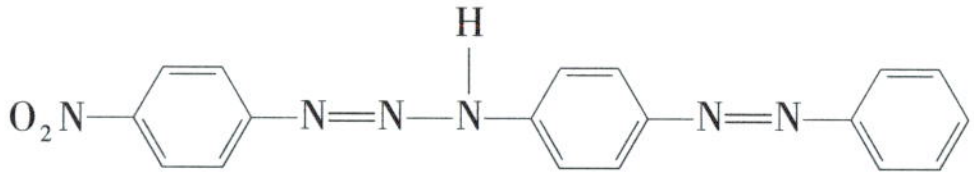

它与 Cd^{2+} 反应呈红色,通常在纸上进行点滴反应。反应在碱性介质中进行,Cd^{2+} 沉淀为氢氧化镉,氢氧化镉吸附镉试剂染料而呈红色。Ag^+,Hg^{2+} 干扰反应。

三、本组混合物的分析

取 Pb^{2+},Bi^{3+},Cu^{2+},Cd^{2+} 试液各 3 滴于一支离心管中,加 1 滴 1 g·L^{-1} 甲基紫指示剂,如溶液为黄绿色,表示 $[H^+]\approx 0.3$ mol·L^{-1};如为紫色(中性或碱性),可用 2 mol·L^{-1} HCl 溶液调到黄绿色。加入 25 滴 50 g·L^{-1} TAA 溶液,搅匀,置于沸水浴中加热 10 min,离心分离,在上层清液中加 1 滴甲基紫指示剂,滴加 6 滴 6 mol·L^{-1} 氨水使溶液呈蓝色($[H^+]\approx 0.1$ mol·L^{-1}),再加 6 滴 TAA 溶液,加热 5 min,使 $Pb(OH)_2$,$Cd(OH)_2$ 沉淀完全。冷却,离心,弃去离心液。将沉淀用 10 g·L^{-1} NH_4NO_3 溶液洗涤 2 次,离心,弃去离心液。沉淀加 6 滴 6 mol·L^{-1} HNO_3 溶液,加热,搅拌使沉淀溶解,不溶的硫黄沉淀离心除去。

1. Pb^{2+},Bi^{3+} 与 Cu^{2+},Cd^{2+} 分离

于上述所得溶液中,加 2 滴 3 mol·L^{-1} NH_4Cl 溶液,并滴加浓氨水调到溶液有氨味,充分搅拌,此时溶液应出现 $[Cu(NH_3)_4]^{2+}$ 的深蓝色,Cd^{2+} 生成 $[Cd(NH_3)_4]^{2+}$ 进入溶液。Pb^{2+},Bi^{3+} 则生成白色 $Pb(OH)_2$,$Bi(OH)_3$ 沉淀。离心分离,用 0.1 mol·L^{-1} NH_4Cl 溶液洗涤沉淀两次,沉淀按下述 2 进行实验,离心液按下述 4

进行实验。

2. $Pb(OH)_2$ 与 $Bi(OH)_3$ 的分离及 Pb^{2+} 的鉴定

于上述 1 所得沉淀中加入 2~3 滴 3 $mol \cdot L^{-1}$ NH_4Ac 溶液，$Pb(OH)_2$ 沉淀转化为 $[Pb(Ac)_4]^{2-}$ 而溶解。离心，再用 NH_4Ac 溶液重复处理一次，合并离心液，用于鉴定 Pb^{2+}。沉淀为 $Bi(OH)_3$，按下述 3 进行实验。

取上述离心液 2 滴，加 2 滴 50 $g \cdot L^{-1}$ K_2CrO_4 溶液，若生成黄色沉淀，在黄色沉淀上加数滴 2 $mol \cdot L^{-1}$ NaOH 溶液，沉淀溶解，示有 Pb^{2+}。

3. Bi^{3+} 的鉴定

取上述 2 所得的沉淀，用 3 $mol \cdot L^{-1}$ HNO_3 溶液溶解后鉴定 Bi^{3+}。

(1) 取 1 滴上述溶液于点滴板上，加 25 $g \cdot L^{-1}$ 硫脲溶液、1 $mol \cdot L^{-1}$ HNO_3 溶液各 1 滴，生成黄色 $[Bi(tu)_3]^{3-}$，示有 Bi^{3+}。

(2) 另取 1 滴上述溶液于点滴板上，加 1~2 滴 25 $g \cdot L^{-1}$ 的硫脲溶液和 1 滴 20 $g \cdot L^{-1}$ $CuSO_4$ 溶液，搅拌(如加 $CuSO_4$ 溶液后有沉淀生成，应再加 2 滴硫脲溶液)，再加 1~2 滴 40 $g \cdot L^{-1}$ KI 溶液，生成橙红色或橙色 $[Bi(tu)_3I_3 \cdot Cu(tu)_3I]$ 沉淀，示有 Bi^{3+}。

4. Cu^{2+} 的鉴定

(1) 在点滴板的两个凹槽中各加 1 滴 Fe^{3+} 试液和 3 滴 0.1 $mol \cdot L^{-1}$ $Na_2S_2O_3$ 溶液，此时溶液显紫色。于其中一个凹槽中加 1 滴已用 2 滴 2 $mol \cdot L^{-1}$ HCl 溶液酸化的上述 1 所得的离心液，紫色立即褪去，示有 Cu^{2+}。另一个凹槽紫色褪去较慢，做对照试验。

(2) 取 1 滴上述 1 所得的离心液，加 1 滴 6 $mol \cdot L^{-1}$ HAc 溶液酸化，加 1 滴 0.25 $mol \cdot L^{-1}$ $K_4[Fe(CN)_6]$ 溶液，生成红棕色沉淀，示有 Cu^{2+}。

5. CuS 与 CdS 的分离及 Cd^{2+} 的鉴定

取鉴定 Cu^{2+} 后的剩余离心液，加 4 滴 TAA 溶液，加热，有黑色沉淀生成，离心分离。于沉淀上加 2~3 滴 2 $mol \cdot L^{-1}$ HCl 溶液，充分搅拌，CdS 溶解，离心分离。再用 HCl 溶液重复处理 1 次，合并离心液，弃去沉淀。将离心液加热除去 H_2S，进行 Cd^{2+} 的鉴定。

于定量滤纸上加 1 滴 0.2 $g \cdot L^{-1}$ 镉试剂溶液，烘干，再加 1 滴上述所得离心液，烘干，加 1 滴 2 $mol \cdot L^{-1}$ KOH 溶液，若斑点呈红色，示有 Cd^{2+}。

四、阳离子第 $Ⅱ_A$ 组分析简表

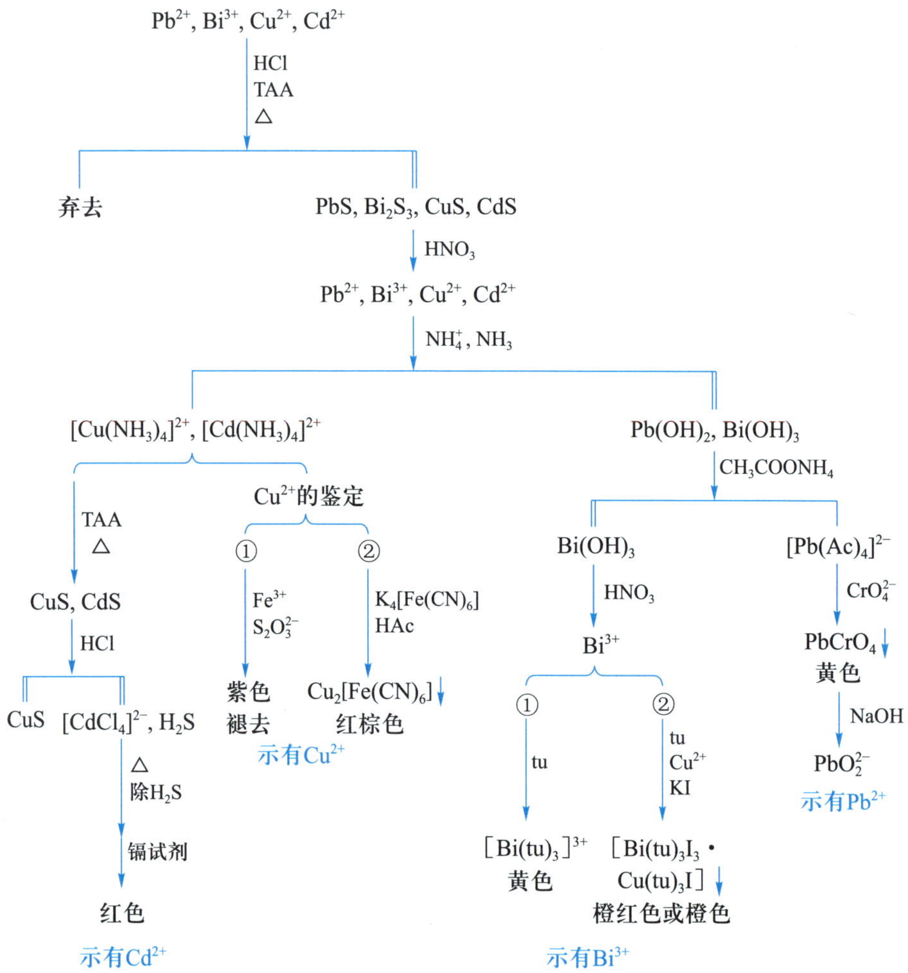

五、思考题

1. 试述阳离子第 $Ⅱ_A$ 组的沉淀条件。
2. Pb^{2+}，Bi^{3+} 与 Cu^{2+}，Cd^{2+} 如何分离？
3. 如果 Cu^{2+} 与 Cd^{2+} 同时存在，如何鉴定 Cd^{2+}？
4. 通过实验你认为哪些反应分别鉴定 Bi^{3+}，Cu^{2+} 最好？

· 实验三　阳离子第 $Ⅱ_B$ 组 Hg^{2+}，As(Ⅲ，Ⅴ)，Sb(Ⅲ，Ⅴ)，Sn(Ⅱ，Ⅳ)的分析 ·

一、本组离子的分析特性

第Ⅱ组离子的组间分离和第 $Ⅱ_B$ 组离子之间的分离都是根据该组离子硫化物酸碱性不同这一分析特性进行的。第 $Ⅱ_B$ 组离子硫化物的酸性较第 $Ⅱ_A$ 组强一些，这些硫化物均能溶于 NaOH+TAA 溶液中，生成硫代酸盐：

$$HgS + S^{2-} = HgS_2^{2-}$$
$$As_2S_3 + 3S^{2-} = 2AsS_3^{3-}$$
$$Sb_2S_3 + 3S^{2-} = 2SbS_3^{3-}$$
$$SnS_2 + S^{2-} = SnS_3^{2-}$$

As_2S_3 的酸性较强，能溶于 $(NH_4)_2CO_3$ 溶液：

$$As_2S_3 + 3CO_3^{2-} + 3H_2O = H_3AsO_3 + AsS_3^{3-} + 3HCO_3^-$$

在常见的硫化物中，除了 As_2S_3，还有 As_2S_5 溶于 $(NH_4)_2CO_3$ 溶液，其余硫化物则不溶，借此可将 As(Ⅲ)，As(Ⅴ)与其他离子分离。第 $Ⅱ_B$ 组中硫化汞的酸性虽然相对弱一些，但溶度积非常小，因此 Sb_2S_3，SnS_2 和 SnS 能溶于 9 $mol\cdot L^{-1}$HCl 溶液，HgS 则不溶，据此可将 Sb(Ⅲ)，Sn(Ⅱ，Ⅳ)与 HgS 分离。其反应如下：

$$Sb_2S_3 + 6H^+ + 12Cl^- = 2[SbCl_6]^{3-} + 3H_2S\uparrow$$
$$SnS_2 + 4H^+ + 6Cl^- = [SnCl_6]^{2-} + 2H_2S\uparrow$$
$$SnS + 2H^+ + 4Cl^- = [SnCl_4]^{2-} + H_2S\uparrow$$

二、本组离子的鉴定

1. 砷的鉴定

(1) 在 NaOH 存在下用 Zn 还原 As(Ⅴ)，As(Ⅲ)的化合物为 AsH_3，其与 $AgNO_3$ 在试纸上反应，生成产物由黄色逐渐变为黑色。

$$AsO_3^{3-} + 3Zn + 3OH^- = AsH_3\uparrow + 3ZnO_2^{2-}$$

$$AsH_3 + 6AgNO_3 = AsAg_3\cdot 3AgNO_3 + 3HNO_3$$
(黄色)

$$AsAg_3\cdot 3AgNO_3 + 3H_2O = 6Ag + H_3AsO_3 + 3HNO_3$$
(黑色)

根据以上反应,$AgNO_3$ 试纸变黑,表示砷存在。

该鉴定方法的检出限量为 1 μg,最低浓度为 20 $\mu g\cdot mL^{-1}$。

(2) 在弱碱性溶液中 AsO_3^{3-} 还原 I_2 为 I^-,故 I_2-淀粉的蓝色遇到含有 AsO_3^{3-} 的试液时褪去:

$$AsO_3^{3-} + I_2 + H_2O = AsO_4^{3-} + 2I^- + 2H^+$$

Sb(Ⅲ),Sn(Ⅱ)干扰反应。

该鉴定方法的检出限量为 5 μg,最低浓度为 100 $\mu g\cdot mL^{-1}$。

2. 锑(Ⅲ)的鉴定

(1) 在酸性溶液中,三价锑被金属锡还原为黑色金属锑,表示锑存在:

$$2[SbCl_6]^{3-} + 3Sn = 2Sb\downarrow + 3[SnCl_4]^{2-}$$

当砷混入时,也能在锡箔上生成黑色斑点(As)。但它与锑不同,用蒸馏水洗净后加 NaBrO 则溶解。洗涤时一定要洗净,否则在酸性条件下,NaBrO 也能使 Sb 的斑点消失。

该鉴定方法的检出限量为 20 μg,最低浓度为 400 $\mu g\cdot mL^{-1}$。

(2) 罗丹明 B 为三苯甲烷类碱性染料,其结构式为

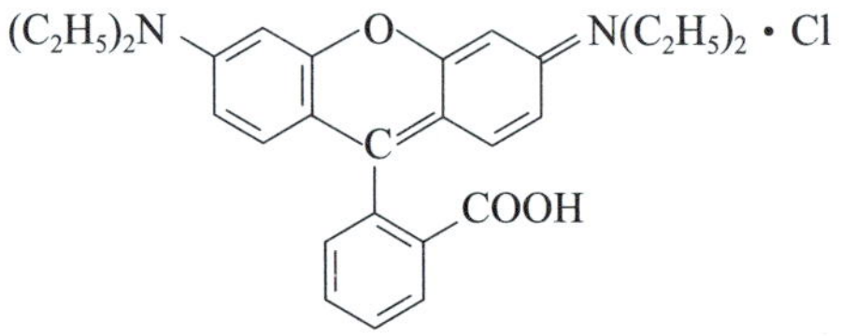

它遇$[SbCl_6]^-$生成紫色或蓝色不溶于水的离子缔合物[罗丹明 B]$^+\cdot[SbCl_6]^-$。该反应产物易被苯萃取,苯层显紫红色。此法可在大量 Sn(Ⅳ)存在下鉴定 Sb(Ⅴ)。Sb(Ⅲ)不与罗丹明 B 反应,因此,可事先在含 Sb(Ⅲ)的浓 HCl 溶液中加少许 $NaNO_2$ 或 KNO_2,将 Sb(Ⅲ)氧化为 Sb(Ⅴ)。

该鉴定方法的检出限量为 0.5 μg,最低浓度为 10 $\mu g\cdot mL^{-1}$。

3. 锡的鉴定

(1) 在$[SnCl_6]^{2-}$试液(浓盐酸介质)中加铅粒将 Sn(Ⅳ)还原为 Sn(Ⅱ):

$$[SnCl_6]^{2-} + Pb = [SnCl_4]^{2-} + PbCl_2$$

在所得溶液中加入 $HgCl_2$ 溶液，锡存在时生成白色 Hg_2Cl_2 和黑色 Hg 沉淀：

$$[SnCl_4]^{2-} + 2HgCl_2 \longrightarrow Hg_2Cl_2\downarrow + [SnCl_6]^{2-}$$
$$[SnCl_4]^{2-} + Hg_2Cl_2 \longrightarrow 2Hg\downarrow + [SnCl_6]^{2-}$$

该鉴定方法的检出限量为 1 μg，最低浓度为 20 $\mu g\cdot mL^{-1}$。

(2) 在浓盐酸介质中，甲基橙被 $[SnCl_4]^{2-}$ 还原为氢化甲基橙而褪色。$[SnCl_4]^{2-}$ 还能继续使氢化甲基橙还原成 *N*,*N*-二甲基对苯二胺和对氨基苯磺酸钠，其反应为

$$(CH_3)_2NC_6H_4N{=}NC_6H_4SO_3Na \xrightarrow{2H^+} (CH_3)_2NC_6H_4NHNHC_6H_4SO_3Na$$
$$\xrightarrow{2H^+} (CH_3)_2NC_6H_4NH_2 + NH_2C_6H_4SO_3Na$$

上述反应不可逆，反应选择性较好，As(Ⅲ)，Sb(Ⅲ)，Hg^{2+}，Pb^{2+} 均不干扰反应。

该鉴定方法的检出限量为 0.03 μg，最低浓度为 0.6 $\mu g\cdot mL^{-1}$。

三、本组混合物的分析（兼第 $Ⅱ_A$ 组与第 $Ⅱ_B$ 组分离）

1. 硫化物沉淀

取 Pb^{2+}，As(Ⅲ)，Sb(Ⅲ)，Sn(Ⅳ)，Hg^{2+} 试液各 3 滴于一支离心管中，加 1 滴甲基紫指示剂，用 6 $mol\cdot L^{-1}$ 和 2 $mol\cdot L^{-1}$ 氨水调至溶液显黄绿色。再加 30 滴 TAA 溶液并于沸水浴中加热 10 min，充分搅拌，离心。于上层清液中加 1 滴甲基紫指示剂，滴加 6 $mol\cdot L^{-1}$ 氨水至溶液显蓝色，加热 5 min，沉淀完全后，冷却，离心分离，弃去离心液。沉淀用 10 $g\cdot L^{-1}$ NH_4NO_3 溶液洗涤 2 次，按下述 2 进行实验。

2. 第 $Ⅱ_A$ 组与第 $Ⅱ_B$ 组分离

往上述所得硫化物沉淀中加 8～10 滴 2 $mol\cdot L^{-1}$ NaOH 溶液和 6 滴 TAA 溶液，充分搅拌，加热 10 min，离心分离，分出离心液。沉淀按上述步骤重复处理 1 次，离心液合并，此为第 $Ⅱ_B$ 组硫代酸盐溶液，按下述 3 进行实验。沉淀为 PbS，与第 $Ⅱ_B$ 组分离，不必再做实验。

3. 第 $Ⅱ_B$ 组硫代酸盐的分解

向上述 2 所得离心液中加浓 HAc 溶液酸化，加热，有硫化物沉淀析出，离心分离，弃去离心液。沉淀用 10 $g\cdot L^{-1}$ NH_4NO_3 溶液洗涤 2 次，按下述 4 进行实验。

4. As_2S_3 与 Sb_2S_3，SnS_2，HgS 的分离及 As(Ⅲ) 的鉴定

向上述 3 所得硫化物沉淀中加少许固体 $(NH_4)_2CO_3$ 和数滴蒸馏水，充分搅拌，As_2S_3 可溶解，离心分离。沉淀按上述步骤重复处理 2～3 次，合并离心液并

用于鉴定 As(Ⅲ),沉淀按下述 5 进行实验。

As(Ⅲ)的鉴定:

(1) 取 3 滴离心液于离心管中,加 3 滴 6 $mol\cdot L^{-1}$ NaOH 溶液及少许锌粉,在离心管上部小心塞上一小团脱脂棉,用 $AgNO_3$ 试纸盖上管口,在水浴上加热,试纸变黑,示有 As(Ⅲ)。

(2) 取 2 滴离心液于点滴板上,加 1 粒固体 $NaHCO_3$,使溶液的 pH 大约为 8,加 1 滴 I_2-淀粉溶液,蓝色褪去,示有 AsO_3^{3-}。

5. Sb_2S_3, SnS_2 与 HgS 的分离

向上述 4 所得沉淀上加 9 $mol\cdot L^{-1}$ HCl 溶液,在约 70 ℃ 水浴中加热 3 min, Sb_2S_3, SnS_2 溶解,生成 $[SbCl_6]^{3-}$, $[SnCl_6]^{2-}$ 进入溶液。若时间过长,HgS 会有少许溶解。冷却,离心分离,沉淀再用 HCl 溶液处理 1 次,合并离心液并按下述 7 进行实验。沉淀用 0.1 $mol\cdot L^{-1}$ HCl 溶液洗涤 2 次后按下述 6 鉴定 Hg^{2+}。

6. Hg^{2+} 的鉴定

向上述 5 所得沉淀上加 3 滴 6 $mol\cdot L^{-1}$ HCl 溶液和 4 滴 1 $mol\cdot L^{-1}$ KI 溶液,加热溶解 HgS,除去 H_2S,用 $Pb(Ac)_2$ 试纸检验 H_2S 是否除尽。取 2 滴溶液,加 2 滴 20 $g\cdot L^{-1}$ $CuSO_4$ 溶液及少许固体 Na_2SO_3,生成橙红色 Cu_2HgI_4 沉淀,示有 Hg^{2+}。

7. Sb(Ⅲ)的鉴定

(1) 取上述 5 所得离心液 1~2 滴于离心管中,加 3 滴浓盐酸至强酸性,再加数颗 $NaNO_2$ 晶粒,立即有棕色气体生成,搅拌,使气体充分逸出。加入 1 滴罗丹明 B 试剂,等候片刻,加 5~6 滴苯,振荡,如苯层显紫红色,示有 Sb(Ⅲ)。

(2) 取上述 5 所得离心液于锡箔上,片刻,斑点变黑,用蒸馏水洗去酸,用 1 滴新配制的 NaBrO 溶液处理,黑斑不消失,示有 Sb(Ⅲ)。

8. Sn(Ⅳ)的还原及鉴定

取鉴定 Sb(Ⅲ)后剩余离心液,加 1 粒铅粒,加热,将 $[SnCl_6]^{2-}$ 还原为 $[SnCl_4]^{2-}$。

(1) 取 2 滴上述含 $[SnCl_4]^{2-}$ 的溶液于离心管中,趁热加 1 滴 $HgCl_2$ 溶液,如得到白色沉淀,加热不溶,并继续变成灰色,示有 Sn(Ⅳ)。

(2) 取 2 滴热的含 $[SnCl_4]^{2-}$ 的溶液于离心管中,加 2 滴浓盐酸和 1 滴 0.1 $g\cdot L^{-1}$ 甲基橙溶液,加热,由于甲基橙被 $[SnCl_4]^{2-}$ 还原为氢化甲基橙而褪色,示有 Sn(Ⅳ)。

四、阳离子第 II_A，II_B 组混合组分分析简表

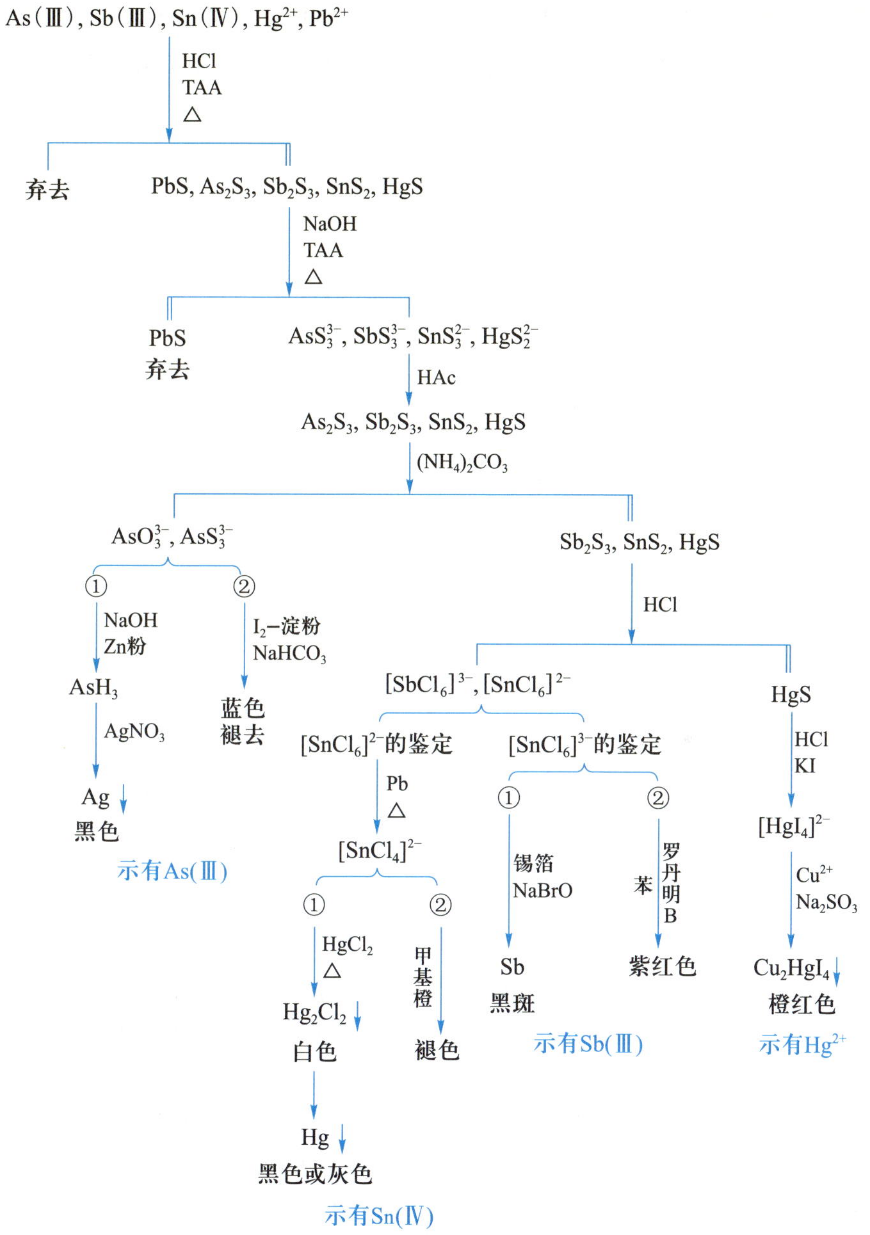

五、思考题

1. 试述阳离子第 $Ⅱ_B$ 组硫化物沉淀条件及与第 $Ⅱ_A$ 组的分离条件。
2. 从本组硫代酸盐中析出硫化物为何不用 HCl 溶液而用 HAc 溶液?
3. 用 Pb 还原 $[SnCl_6]^{4-}$ 为 $[SnCl_4]^{2-}$ 有何优点?

六、阳离子第Ⅰ,Ⅱ组设计分析方案实验

1. Ag^+,Pb^{2+},Cd^{2+},Hg^{2+}
2. Hg_2^{2+},Cu^{2+},Cd^{2+},As(Ⅲ)
3. Bi^{3+},Sn(Ⅱ),As(Ⅲ),Sb(Ⅲ)
4. Bi^{3+},Pb^{2+},Sn(Ⅳ),Hg^{2+}
5. Hg_2^{2+},Bi^{3+},Cu^{2+},As(Ⅲ)
6. Ag^+,Cd^{2+},As(Ⅲ),Sn(Ⅳ)
7. Hg_2^{2+},Pb^{2+},Cd^{2+},Sb(Ⅲ)
8. Ag^+,Bi^{3+},Cu^{2+},As(Ⅴ)

· 实验四 阳离子第Ⅲ组 Fe^{3+},Fe^{2+},Al^{3+},Cr^{3+},Mn^{2+},Co^{2+},Ni^{2+},Zn^{2+} 的分析 ·

一、本组离子的分析特性

本组离子的氯化物溶于水,硫化物不能在 0.3 mol·L^{-1} HCl 溶液中生成,只能在 NH_3 和 NH_4Cl 的存在下与 $(NH_4)_2S$ ($NH_4^+-NH_3$+TAA)生成硫化物或氢氧化物沉淀,沉淀均溶于 HNO_3。按分组顺序称为第Ⅲ组,按所用组试剂称为硫化铵组。

本组离子与适量的碱作用生成相应的氢氧化物沉淀,这些沉淀均为无定形沉淀,易形成胶体溶液,加热可促其凝聚而析出。沉淀的溶解度差异较大,因此可在不同 pH 条件下沉淀。Fe^{3+},Al^{3+},Cr^{3+} 在 NH_3-NH_4Cl 溶液中能生成氢氧化物沉淀,本组其他离子在此条件下不沉淀。

本组离子最重要的分析特性是形成氨配离子,常用氨来掩蔽、分离、鉴定本

组离子。

利用本组离子上述分析特性可进行组内分离。用 NH_3 和氨基乙酸(NH_2CH_2COOH,gl)掩蔽 Co^{2+},Ni^{2+},Zn^{2+} 和 Mn^{2+},生成 $[Co(gl)_3]^-$,$Ni(gl)_2$,$Zn(gl)_2$ 和 $Mn(gl)_2$ 配位化合物,可防止 Co^{2+} 和 Mn^{2+} 等离子与 Al^{3+},Cr^{3+},Fe^{3+} 的氢氧化物发生共沉淀。

利用尿素均匀沉淀 $Fe(OH)_3$,$Al(OH)_3$,$Cr(OH)_3$,再加 NaOH 和 H_2O_2 溶液并用其处理沉淀 1~2 次,生成 AlO_2^-,CrO_2^- 并与 $Fe(OH)_3$ 分离。

二、本组离子的鉴定

1. Fe^{3+} 的鉴定

(1) 在稀酸介质中,Fe^{3+} 与 NH_4SCN 或 KSCN 生成血红色具有不同组成的配位化合物:$[Fe(SCN)]^{2+}$,$[Fe(SCN)_2]^+$,$[Fe(SCN)_3]$,$[Fe(SCN)_4]^-$,$[Fe(SCN)_5]^{2-}$,$[Fe(SCN)_6]^{3-}$。碱能破坏血红色配位化合物,生成 $Fe(OH)_3$ 沉淀,故反应要在酸性介质中进行。由于 HNO_3 具有氧化性,可使 SCN^- 受到破坏:

$$13NO_3^- + 3SCN^- + 10H^+ = 3SO_4^{2-} + 3CO_2\uparrow + 16NO\uparrow + 5H_2O$$

故不能将 HNO_3 作为酸化试剂。浓酸能破坏试剂,反应须在稀酸介质中进行。Cu^{2+},Cr^{3+},Co^{2+} 和 Ni^{2+} 降低反应灵敏度。

该鉴定方法的检出限量为 0.25 μg,最低浓度为 5 $\mu g\cdot mL^{-1}$。

(2) 在中性或弱碱性介质中,Fe^{3+} 与 $K_4[Fe(CN)_6]$ 生成深蓝色沉淀:

$$Fe^{3+} + K^+ + [Fe(CN)_6]^{4-} = KFe[Fe(CN)_6]\downarrow$$

碱度大时,生成 $Fe(OH)_3$ 沉淀;强酸可能使沉淀溶解,因此鉴定要在中性或微酸性介质中进行。Cu^{2+} 大量存在时可事先分离,Co^{2+},Ni^{2+} 等与试剂生成淡绿色至绿色沉淀。

该鉴定方法的检出限量为 0.05 μg,最低浓度为 1 $\mu g\cdot mL^{-1}$。

2. Fe^{2+} 的鉴定

(1) Fe^{2+} 与邻二氮菲(Phen)在中性或弱酸性介质中反应,生成很稳定的橙红色螯合物:

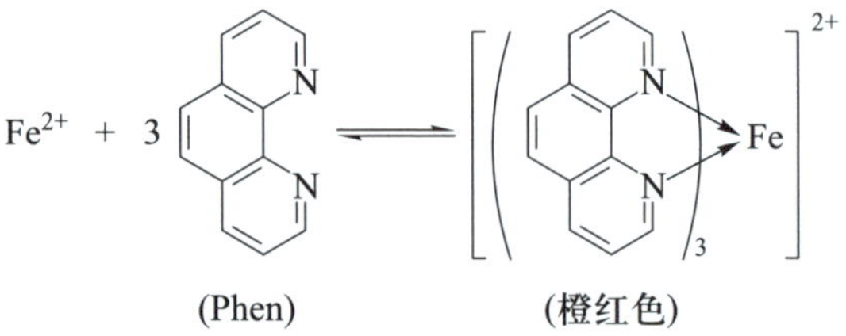

大量 NaOH 会破坏螯合物,生成 $Fe(OH)_2$ 沉淀。10 倍量的 Cu^{2+},40 倍量的 Co^{2+},140 倍量的 $C_2O_4^{2-}$,6 倍量的 CN^- 干扰反应。

该鉴定方法的检出限量为 0.025 μg,最低浓度为 0.5 $\mu g \cdot mL^{-1}$。

(2) Fe^{2+} 与 $K_3[Fe(CN)_6]$ 试剂生成深蓝色沉淀:

$$Fe^{2+} + K^+ + [Fe(CN)_6]^{3-} = KFe[Fe(CN)_6]\downarrow$$

此沉淀不溶于稀酸,但为碱所分解:

$$KFe[Fe(CN)_6] + 3OH^- = Fe(OH)_3\downarrow + [Fe(CN)_6]^{4-} + K^+$$

该鉴定方法的检出限量为 0.1 μg,最低浓度为 2 $\mu g \cdot mL^{-1}$。

3. Al^{3+} 的鉴定

(1) 茜素磺酸钠在氨性或碱性溶液中为紫色,在乙酸溶液中为黄色,在 pH 为 5~5.5 介质中与 Al^{3+} 反应生成红色螯合物沉淀:

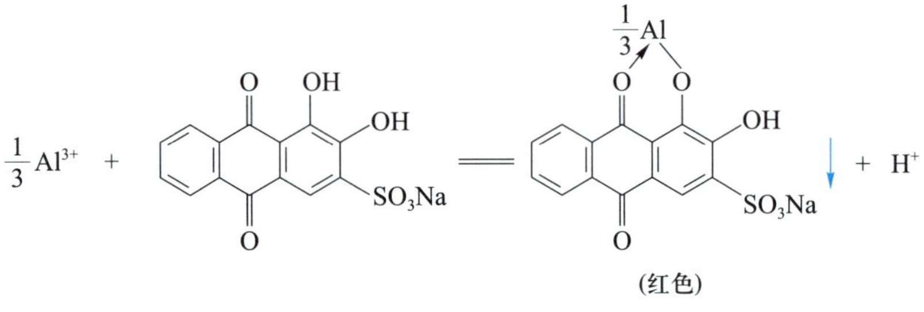

Fe^{3+},Cr^{3+},Mn^{2+} 以及大量 Cu^{2+} 对反应有干扰。可采用纸上点滴反应,先用 $K_4[Fe(CN)_6]$ 在纸上沉淀 Fe^{3+} 和 Co^{2+},Al^{3+} 不被 $K_4[Fe(CN)_6]$ 所沉淀,扩散到水渍区,再在水渍区用茜素磺酸钠鉴定 Al^{3+}。

该鉴定方法的检出限量为 0.15 μg,最低浓度为 3 $\mu g \cdot mL^{-1}$。

(2) Al^{3+} 与铝试剂在乙酸及乙酸盐的弱酸性溶液中生成红色絮状螯合物沉淀:

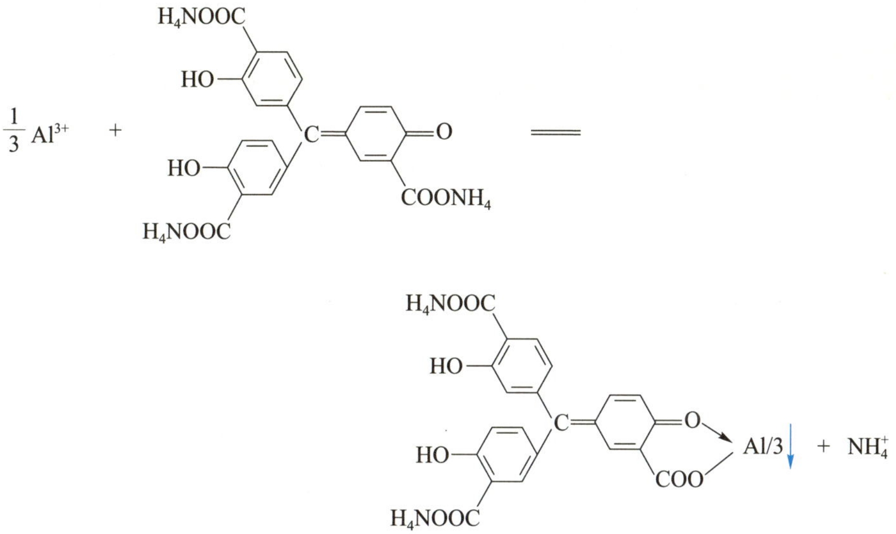

(红色)

Pb^{2+},Hg_2^{2+},Cu^{2+},Bi^{3+},Cr^{3+},Ca^{2+}等与试剂生成深浅不同的红色沉淀;Fe^{3+}与试剂生成深紫色螯合物。它们存在时,试剂应用 Na_2CO_3-Na_2O_2 处理,上述离子中只有 Cr^{3+}以 CrO_4^{2-} 的形式与 AlO_2^- 一起留在溶液中,但已不干扰 Al^{3+}的鉴定。

该鉴定方法的检出限量为 0.1 μg,最低浓度为 2 $\mu g\cdot mL^{-1}$。

4. Cr^{3+}的鉴定

(1) Cr^{3+}在碱性介质中可被 H_2O_2 或 Na_2O_2 氧化为 CrO_4^{2-}:

$$2[Cr(OH)_4]^- + 3H_2O_2 + 2OH^- = 2CrO_4^{2-} + 8H_2O$$

用 H_2SO_4 酸化至 pH 为 2~3,此时 CrO_4^{2-} 转变成 $Cr_2O_7^{2-}$。$Cr_2O_7^{2-}$ 与 H_2O_2 作用,生成蓝色过铬酸 H_2CrO_6:

$$Cr_2O_7^{2-} + 4H_2O_2 + 2H^+ = 2H_2CrO_6 + 3H_2O$$

蓝色的 H_2CrO_6 在水溶液中不稳定,蓝色很快消失,但用戊醇萃取后很稳定。若酸度过大(pH<1),则 H_2CrO_6 分解:

$$4H_2CrO_6 + 12H^+ = 4Cr^{3+} + 7O_2\uparrow + 10H_2O$$

在上述反应条件下,其他离子不干扰。

该鉴定方法的检出限量为 2.5 μg,最低浓度为 50 $\mu g\cdot mL^{-1}$。

(2) $Cr_2O_7^{2-}$ 与 EDTA(用 H_4Y 表示)在 pH=5 的介质中用抗坏血酸还原,生成紫色$[CrY]^-$。Cr(Ⅲ)在水溶液中以$[Cr(H_2O)_6]^{3+}$,$[Cr(H_2O)_5Cl]^{2+}$,

$[Cr(H_2O)_4Cl_2]^+$,$[Cr(H_2O)_6(SO_4)_3]^{3-}$,$[Cr(H_2O)_4SO_4]^+$等配离子形式存在,这些配离子与 EDTA 反应很慢。如果铬氧化为 $Cr_2O_7^{2-}$,再被抗坏血酸还原为 Cr^{3+},在形成上述某种配离子之前未水化的 Cr^{3+}很快与 EDTA 反应生成$[CrY]^-$配位化合物。Co^{2+},Ni^{2+},Cu^{2+}干扰反应。

该鉴定方法的检出限量为 3 μg,最低浓度为 60 $\mu g\cdot mL^{-1}$。

5. Co^{2+}的鉴定

(1) Co^{2+}与 PAN[1-(2-吡啶偶氮)-2-萘酚]在 pH 为 3.5~5 介质中反应,生成酒红色的 Co(Ⅱ)-PAN,当加入酸使溶液 pH<1 时,Co^{2+}被空气氧化成 Co^{3+},溶液变为绿色或生成绿色沉淀[Co(Ⅲ)-PAN]。

该鉴定方法的检出限量为 0.4 μg,最低浓度为 8 $\mu g\cdot mL^{-1}$。

(2) Co^{2+}与固体 NH_4SCN 在中性或酸性溶液中反应,生成蓝色$[Co(SCN)_4]^{2-}$:

$$Co^{2+} + 4SCN^- = [Co(SCN)_4]^{2-}$$

此配位化合物能溶于许多有机溶剂,如乙醇、戊醇、苯甲醇或丙醇等。由于$[Co(SCN)_4]^{2-}$在有机溶剂中比在水中解离度更小,所以反应也更灵敏。为使配位平衡尽量向生成配离子的方向移动,故使用固体 NH_4SCN,以保证较高的 SCN^-浓度。Fe^{3+}和 Cu^{2+}干扰反应,Fe^{3+}单独存在时可加入 NaF 掩蔽;两者都存在时可加入 $SnCl_2$ 使它们还原为低价离子。大量 Ni^{2+}存在时溶液呈浅蓝色。

该鉴定方法的检出限量为 0.5 μg,最低浓度为 10 $\mu g\cdot mL^{-1}$。

6. Mn^{2+}的鉴定

(1) Mn^{2+}在稀 HNO_3 或稀 H_2SO_4 介质中被 $NaBiO_3$ 氧化为紫红色的 MnO_4^-:

$$2Mn^{2+} + 5NaBiO_3 + 14H^+ = 2MnO_4^- + 5Bi^{3+} + 5Na^+ + 7H_2O$$

一些还原性离子如 Cl^-等不应存在。必须除去 H_2O_2。反应在低温下进行。

该鉴定方法的检出限量为 0.8 μg,最低浓度为 16 $\mu g\cdot mL^{-1}$。

(2) Mn^{2+}与 $NaNO_2$ 及$(NH_4)_2C_2O_4$ 在 pH 为 2~4 的介质中反应生成稳定的$[Mn(C_2O_4)_3]^{3-}$粉红色配离子:

$$Mn^{2+} + NO_2^- + 2H^+ = Mn^{3+} + NO + H_2O$$

$$Mn^{3+} + 3C_2O_4^{2-} = [Mn(C_2O_4)_3]^{3-}$$

大量 Co^{2+},Ni^{2+}与 Mn^{2+}共存时,影响反应。

该鉴定方法的检出限量为 2.5 μg,最低浓度为 50 $\mu g\cdot mL^{-1}$。

7. Ni^{2+}的鉴定

(1) Ni^{2+}在 pH 为 5~10 的介质中与丁二酮肟反应,生成红色螯合物沉淀。

此沉淀溶于强酸、强碱和浓氨水。Fe^{2+}在氨性溶液中与试剂生成红色可溶性螯合物，可加入 H_2O_2 将其氧化为 Fe^{3+}。Fe^{3+}，Mn^{2+}等与氨水生成深色沉淀，干扰鉴定反应，可加柠檬酸或酒石酸掩蔽。亦可使用纸上分离法，即在滤纸上先滴加 1 滴$(NH_4)_2HPO_4$ 溶液，使 Fe^{3+}，Mn^{2+}等与之生成磷酸盐沉淀，留在斑点中心。镍的磷酸盐溶解度大，扩散到斑点的边缘。在边缘处滴加试剂，在氨水瓶口上熏，有 Ni^{2+}存在时，边缘显鲜红色。大量 Co^{2+}，Fe^{3+}，Fe^{2+}存在时，加入 CN^-使之形成配离子，加 HCHO 使 Ni^{2+}游离出来再鉴定。

该鉴定方法的检出限量为 0.1 μg，最低浓度为 2 $\mu g \cdot mL^{-1}$。

(2) Ni^{2+}与二硫代乙二酰胺(红胺酸)在氨性溶液中反应，生成蓝色或蓝紫色螯合物沉淀：

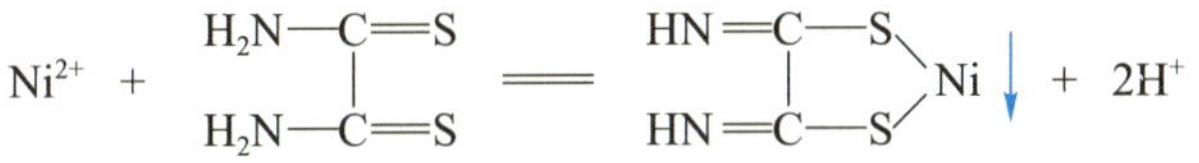

沉淀不溶于稀酸，可溶于 KCN 溶液。Cu^{2+}，Co^{2+}和 Fe^{3+}干扰反应，可在滤纸上进行点滴反应来消除。在氨性溶液中，Fe^{3+}以 $Fe(OH)_3$ 形式沉淀在斑点中央，$[Cu(NH_3)_4]^{2+}$和$[Co(NH_3)_6]^{2+}$扩散到 $Fe(OH)_3$ 外圈，$[Ni(NH_3)_4]^{2+}$扩散更快，可在斑点最外圈鉴定 Ni^{2+}。

该鉴定方法的检出限量为 0.012 μg，最低浓度为 4 $\mu g \cdot mL^{-1}$。

8. Zn^{2+}的鉴定

在中性或弱酸性溶液中，Cu^{2+}能与$(NH_4)_2[Hg(SCN)_4]$生成黄绿色晶体 $Cu[Hg(SCN)_4]$。然而，只有 Cu^{2+}的浓度较大时才能与$[Hg(SCN)_4]^{2-}$迅速反应，$CuSO_4$ 的浓度小于 0.02%时需经长时间放置，Cu^{2+}才能与$[Hg(SCN)_4]^{2-}$形成黄绿色结晶。但如有 Zn^{2+}同时存在，由于 Zn^{2+}与$[Hg(SCN)_4]^{2-}$生成 $ZnHg(SCN)_4$：

$$Zn^{2+} + [Hg(SCN)_4]^{2-} = Zn[Hg(SCN)_4] \downarrow \text{(白色)}$$

加速了 $Cu[Hg(SCN)_4]$的生成，并使它们形成紫色混晶 $Zn[Hg(SCN)_4] \cdot Cu[Hg(SCN)_4]$。因此，向试剂及 Cu^{2+}含量很低的溶液中加入 Zn^{2+}试液，在不断摩擦器壁的条件下，若能迅速得到紫色的结晶，表示有 Zn^{2+}的存在。如果加入几滴戊醇，紫色沉淀会聚积在水层和有机层之间，可以提高灵敏度。

该鉴定方法的检出限量为 0.25 μg，最低浓度为 100 $\mu g \cdot mL^{-1}$。

三、本组离子混合物的分析

取 Fe^{3+}，Fe^{2+}，Al^{3+}，Cr^{3+}，Mn^{2+}，Co^{2+}，Ni^{2+}，Zn^{2+}试液各 3 滴于一支离心管中，

搅匀,备用。

1. Fe^{3+}的鉴定

(1) 在点滴板上加混合试液1滴,再加NH_4SCN溶液1滴,0.1 mol·L^{-1} HCl溶液1滴,若溶液显血红色,加入NaF则血红色褪去,示有Fe^{3+}。

(2) 在点滴板上加混合试液1滴,再加2 mol·L^{-1} HCl溶液1滴,$K_4[Fe(CN)_6]$溶液1滴,若立即生成深蓝色$KFe[Fe(CN)_6]$沉淀,示有Fe^{3+}。

2. Fe^{2+}的鉴定

(1) 在点滴板上加混合试液1滴,再加3 mol·L^{-1} HCl溶液1滴,$K_3[Fe(CN)_6]$1滴,若立即生成深蓝色$KFe[Fe(CN)_6]$沉淀,示有Fe^{2+}。

(2) 在点滴板上加混合试液1滴,再加3 mol·L^{-1} HCl溶液1滴,邻二氮菲试剂1滴,溶液如显橙红色,示有Fe^{2+}。

3. 本组金属离子氢氧化物及硫化物的沉淀和溶解

在鉴定Fe^{3+},Fe^{2+}后的混合试液中,加6滴3 mol·L^{-1} NH_4Cl溶液及1滴百里酚蓝指示剂,用浓氨水和0.5 mol·L^{-1}氨水调节溶液呈黄绿色(pH≈8),加16滴TAA溶液,在沸水浴中加热5~10 min,离心。于上清液中加TAA溶液及氨水各1滴,如有沉淀生成,应补加数滴TAA溶液,再加热,使其沉淀完全,离心分离。用10 g·L^{-1}NH_4NO_3溶液数滴洗涤沉淀2~3次,洗涤时须加热搅拌,弃去离心液。

于沉淀上加4~5滴6mol·L^{-1} HNO_3溶液,充分搅拌,并加热使其溶解。漂在液面上的不溶物为硫黄,可弃去。

4. Fe^{3+},Al^{3+},Cr^{3+}与Mn^{2+},Co^{2+},Ni^{2+},Zn^{2+}的分离

在上面所得溶液中,滴加6 mol·L^{-1}氨水,使溶液刚好出现沉淀,再加0.5 mol·L^{-1}HCl溶液使溶液刚好澄清,加10滴氨基乙酸溶液,1.5 g尿素,搅匀,水浴加热20 min,离心分离。用10 g·L^{-1}NH_4NO_3数滴洗涤沉淀2次,第1次洗涤液与离心液合并,用于鉴定Mn^{2+},Co^{2+},Ni^{2+}和分离Zn^{2+}。沉淀按下述5进行实验。

5. $Fe(OH)_3$与$Al(OH)_3$,$Cr(OH)_3$的分离

取上述4所得沉淀,加10滴6 mol·L^{-1}NaOH溶液及6滴30 g·L^{-1}H_2O_2溶液,充分搅拌,加热,离心,分出离心液,在沉淀上再用上述NaOH溶液和H_2O_2溶液各处理1次,合并离心液,用于鉴定Al^{3+},Cr^{3+}。沉淀为$Fe(OH)_3$,不再用于实验。

6. Al^{3+}的鉴定

(1) 取1滴上述5所得离心液,用3 mol·L^{-1}H_2SO_4溶液酸化后,取1滴于滤纸上,加1滴茜素磺酸钠试剂,用浓氨水熏至出现桃红色斑,立即移开氨瓶。注意:不可长时间用氨水熏,否则显茜素磺酸钠的紫色,若显紫色时,可将滤纸放在

石棉网上方稍烘一下，则紫色褪去，现出红色，示有 Al^{3+}。

（2）取 2 滴上述 5 所得离心液于离心管中，用浓 HAc 溶液调节试液 pH 为 6~7，加 2 滴铝试剂，在约 70 ℃水中加热数分钟，生成橙红色（示有 CrO_4^{2-}）或玫瑰色（无 CrO_4^{2-} 存在）沉淀。如有橙红色沉淀，可离心分离，用蒸馏水洗涤沉淀 2 次，便可得到玫瑰色沉淀，示有 Al^{3+}。

7. Cr^{3+} 的鉴定

（1）取 2 滴上述 5 所得离心液于离心管中，加 5~6 滴戊醇试剂及 1 滴 3% H_2O_2 溶液，滴加 1 $mol \cdot L^{-1}$ H_2SO_4 溶液，充分振荡离心管，以免 H_2SO_4 过量，引起过铬酸分解。若戊醇层显蓝色，示有 Cr^{3+}。

（2）取 2~4 滴上述 5 所得离心液于离心管中，用浓 HAc 溶液调节 pH=5，加 4 滴 0.01 $mol \cdot L^{-1}$ EDTA 溶液，数粒固体抗坏血酸，生成紫色的 $[CrY]^-$，示有 Cr^{3+}。

8. Co^{2+} 的鉴定

（1）取 1 滴上述 4 所得离心液于点滴板上，加 1 滴 PAN 试剂，溶液呈红色。再加 1 滴浓盐酸，溶液变为绿色，若 Co^{2+} 的浓度大，生成绿色沉淀，示有 Co^{2+}。

（2）取 1 滴上述 4 所得离心液于离心管中，加 2 滴 2 $mol \cdot L^{-1}$ HCl 溶液，数滴戊醇试剂，再加数粒固体 NH_4SCN，充分摇动，生成的 $[Co(SCN)_4]^{2-}$ 配离子在戊醇层中显蓝色，示有 Co^{2+}。

9. Mn^{2+} 的鉴定

（1）取 1 滴上述 4 所得离心液于离心管中，加 2 滴 2 $mol \cdot L^{-1}$ HNO_3 溶液和少许 $NaBiO_3$ 粉末，搅拌后静置，溶液呈紫红色，示有 Mn^{2+}。

（2）取 1 滴上述 4 所得离心液于离心管中，用 0.5 $mol \cdot L^{-1}$ HAc-NaAc 缓冲溶液调至 pH 为 2~4，加 2~3 滴 0.25 $mol \cdot L^{-1}$ $(NH_4)_2C_2O_4$ 溶液及数粒固体 $NaNO_2$，生成粉红色 $[Mn(C_2O_4)_3]^{3-}$，示有 Mn^{2+}。

10. Ni^{2+} 的鉴定

（1）取 1 滴上述 4 所得离心液于点滴板上，加 2 滴丁二酮肟试剂，生成鲜红色沉淀，示有 Ni^{2+}。

（2）取 1 滴上述 4 所得离心液于滤纸上，用 10 $g \cdot L^{-1}$ 二硫代乙二酰胺溶液在斑点周围画圈，如显蓝色或蓝紫色环，示有 Ni^{2+}。

11. $Zn(gl)_2$ 与 $[Co(gl)_3]^-$，$Ni(gl)_2$，$Mn(gl)_2$ 的分离及 Zn^{2+} 的鉴定

将上述 4 剩余离心液置于离心管中，加 6 滴 50 $g \cdot L^{-1}$ 氨基乙酸溶液、1 滴溴百里酚蓝指示剂，用 0.5 $mol \cdot L^{-1}$ HAc 溶液和 0.5 $mol \cdot L^{-1}$ 氨水调节溶液至黄色，加 3 滴 TAA 溶液，加热 5 min，生成白色沉淀，离心，弃去离心液。用 10 $g \cdot L^{-1}$ NH_4Cl 溶液

洗涤沉淀 2 次,加 2 滴 6 $mol\cdot L^{-1}$ HAc 溶液和 2 滴 H_2O_2 溶液。加热使沉淀溶解,赶尽 H_2O_2 后作为待鉴定 Zn^{2+} 试液。另取一支离心管,加 1 滴 0.2 $g\cdot L^{-1}$ $CuSO_4$ 溶液,1 滴 $(NH_4)_2[Hg(SCN)_4]$ 溶液,搅拌,无沉淀生成,再加 1 滴待鉴定 Zn^{2+} 试液,如生成紫色沉淀,示有 Zn^{2+}。

四、阳离子第Ⅲ组分析简表

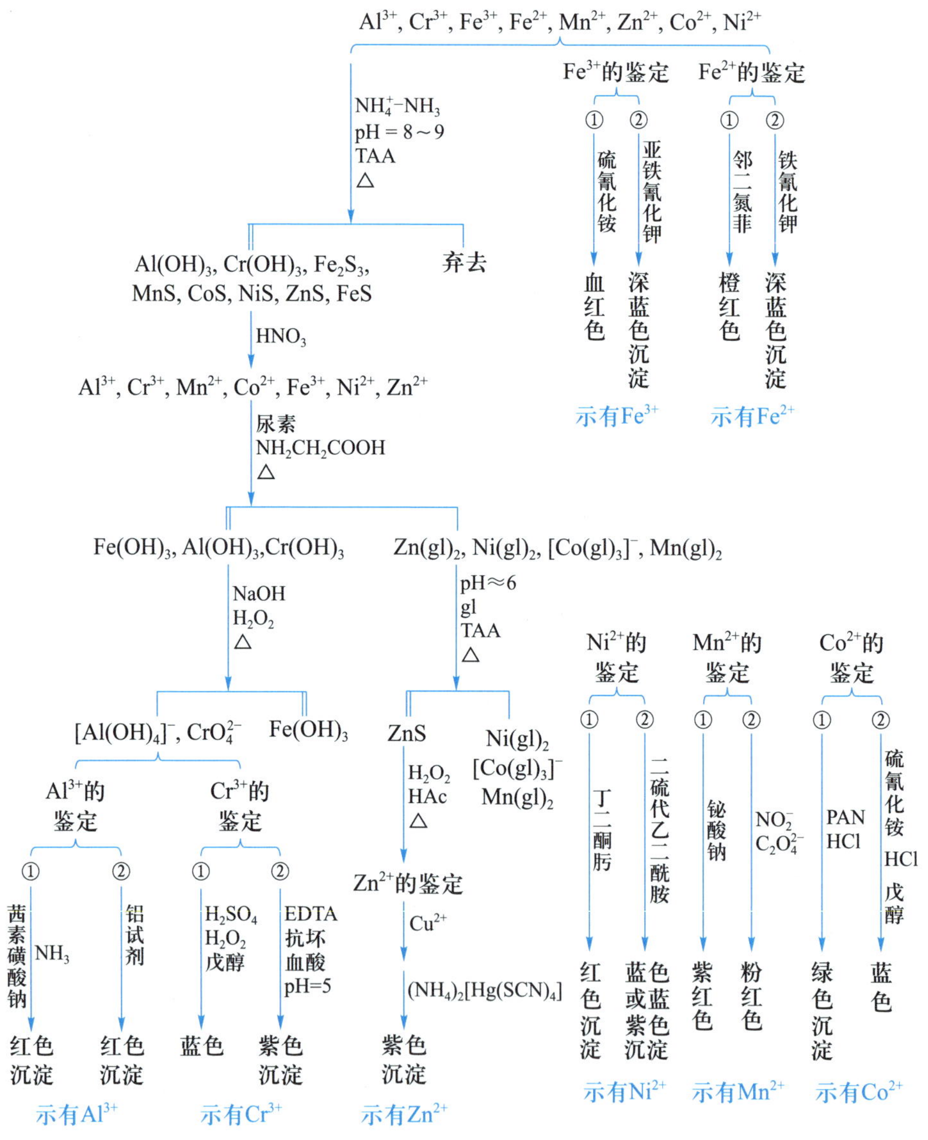

五、思考题

1. 试述本组离子混合物生成氢氧化物及硫化物的沉淀条件。

2. 试述 Fe^{3+},Al^{3+},Cr^{3+}与 Mn^{2+},Co^{2+},Ni^{2+},Zn^{2+}用氨法分离的缺点和用尿素-氨基乙酸法分离的优点。

3. 如何将 Zn^{2+}与 Co^{2+},Ni^{2+},Mn^{2+}分离?

4. 如何将 Fe^{3+}与 Al^{3+},Cr^{3+}分离?

六、设计分析方案实验

1. Ag^{+},Cu^{2+},Hg^{2+},Zn^{2+}
2. Hg_2^{2+},Bi^{3+},Sn(Ⅳ),Al^{3+}
3. Ag^{+},Cd^{2+},As(Ⅲ),Ni^{2+}
4. Cu^{2+},Bi^{3+},As(Ⅴ),Mn^{2+}
5. Pb^{2+},Zn^{2+},Al^{3+},Sn(Ⅱ)
6. Cd^{2+},Sb(Ⅲ),Co^{2+},Zn^{2+}
7. Bi^{3+},As(Ⅲ),Fe^{2+},Cr^{3+}
8. Cd^{2+},Hg^{2+},Mn^{2+},Cr^{3+}
9. Pb^{2+},Sb(Ⅲ),Ni^{2+},Zn^{2+}
10. Pb^{2+},Sn(Ⅳ),Hg^{2+},Al^{3+}

· 实验五　阳离子第Ⅳ组 Ca^{2+},Sr^{2+},Ba^{2+} 的分析 ·

一、本组离子的分析特性

本组离子的性质很相似,其氯化物、硫化物等均溶于水。本组离子除与氨羧配位剂形成配位化合物及 Ca^{2+}与 SO_4^{2-} 能形成$[Ca(SO_4)_2]^{2-}$配离子外,生成配位化合物的倾向一般很小。形成难溶盐的性质是本组离子分离与鉴定的重要依据。

本组离子碳酸盐沉淀的溶解度都比较小。在 NH_3-NH_4Cl 溶液中,加$(NH_4)_2CO_3$,加热至 60~70 ℃,本组离子均形成碳酸盐沉淀,这是以$(NH_4)_2CO_3$

为组试剂的依据。

本组离子铬酸盐都是黄色晶体,其溶解度相差较大。在乙酸介质中,这些离子中仅有 Ba^{2+} 形成 $BaCrO_4$ 沉淀,利用此分析特性,在分离 Ba^{2+} 的同时,也做了 Ba^{2+} 的鉴定。$BaCrO_4$ 沉淀难溶于碱,而 $PbCrO_4$ 沉淀能溶于碱,可以区分二者。

本组离子硫酸盐是白色晶形沉淀。它们在水中的溶解度差别很大,依 Ba^{2+},Sr^{2+},Ca^{2+} 顺序递增。当它们在溶液中析出时,$BaSO_4$ 沉淀得比较完全,$SrSO_4$ 稍差,$CaSO_4$ 只能部分析出,常加入乙酸使硫酸盐溶解度降低。

二、本组离子的鉴定

1. Ba^{2+} 的鉴定

Ba^{2+} 与玫瑰红酸钠在中性或弱酸性介质中反应生成红棕色沉淀,加稀盐酸后沉淀变成鲜红色:

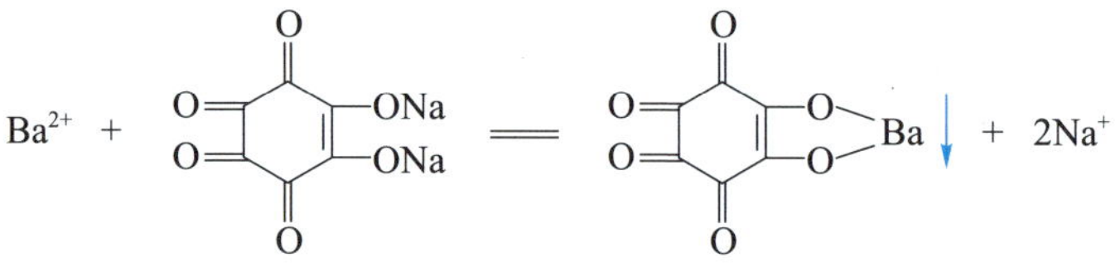

Sr^{2+} 与玫瑰红酸钠在中性或弱酸性介质中也生成红棕色沉淀,但加稀盐酸后沉淀溶解。Ca^{2+} 在中性或弱酸性介质中不与玫瑰红酸钠反应,但加 NaOH 或 KOH 使溶液呈碱性后,会析出暗紫色的玫瑰红酸钙沉淀。

该鉴定方法的检出限量为 0.25 μg,最低浓度为 5 $\mu g\cdot mL^{-1}$。

2. Ca^{2+} 的鉴定

Ca^{2+} 与 GBHA[乙二醛双缩(2-二羟基苯胺)]在 pH 为 12~12.6 时生成红色螯合物沉淀:

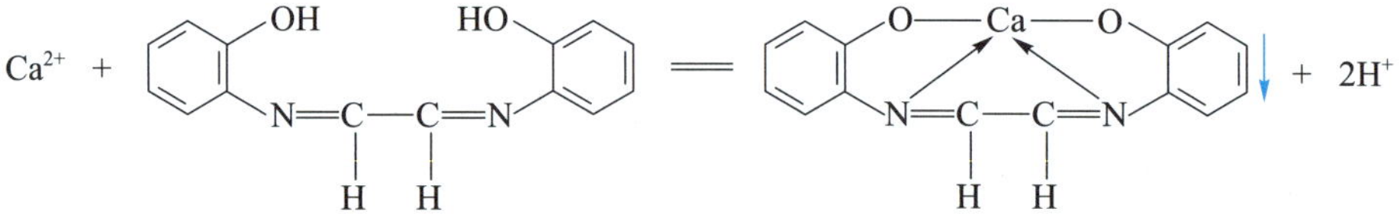

此沉淀溶于 $CHCl_3$。Ba^{2+},Sr^{2+} 在相同条件下与 GBHA 反应,分别生成橙色和红色沉淀。但加入 Na_2CO_3 后,Ba^{2+},Sr^{2+} 形成碳酸盐沉淀,它们的螯合物颜色变浅,而钙螯合物颜色基本不变。Cu^{2+},Cd^{2+},Co^{2+},Ni^{2+},Mn^{2+},UO_2^{2+} 等也与 GBHA 生成

有色螯合物，但当用 $CHCl_3$ 萃取时，只有 Cd^{2+} 与 GBHA 反应生成的蓝紫色沉淀可被 $CHCl_3$ 萃取，有机层显蓝紫色，故干扰 Ca^{2+} 的鉴定。

该鉴定方法的检出限量为 0.05 μg，最低浓度为 1 $\mu g \cdot mL^{-1}$。

3. Sr^{2+} 的鉴定

（1）Sr^{2+} 与玫瑰红酸钠在 pH = 6 的介质中进行反应生成红棕色沉淀：

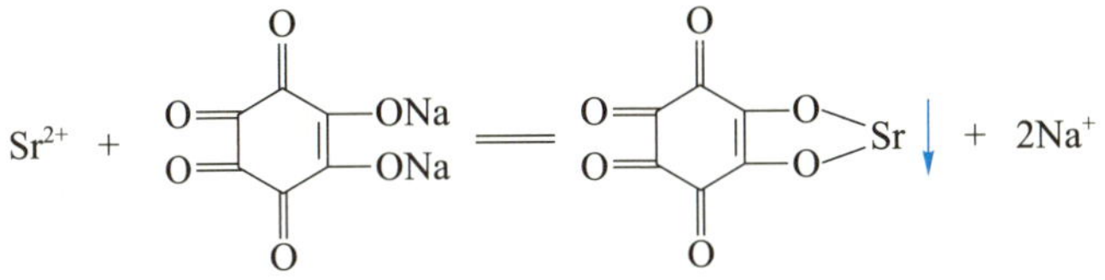

此沉淀溶于稀盐酸。如试液为酸性，中和时可用 KOH 溶液，因为大量的 NH_4^+ 和 Na^+ 都妨碍玫瑰红酸锶沉淀。

Ba^{2+} 干扰此反应，如有 Ba^{2+} 共存，可在滤纸上进行点滴反应。$BaCrO_4$ 不与玫瑰红酸钠反应，故可先在滤纸上加饱和 K_2CrO_4 溶液，纸干后加试液，则 $BaCrO_4$ 沉淀在斑点中央，1 min 后加玫瑰红酸钠试剂，如无 Sr^{2+} 存在，则斑点呈 $BaCrO_4$ 的黄色；如有 Sr^{2+} 存在，则为红棕色斑点或红棕色环。

该鉴定方法的检出限量为 4 μg，最低浓度为 80 $\mu g \cdot mL^{-1}$。

（2）用镍铬丝或铂丝蘸取 $SrCl_2$ 溶液，在煤气灯的无色氧化焰中灼烧，火焰呈特征色——洋红色。钙盐灼烧火焰呈砖红色，故大量 Ca^{2+} 影响少量 Sr^{2+} 鉴定。

三、本组混合物的分析

1. 本组金属离子碳酸盐的沉淀和溶解

取 Ca^{2+}，Sr^{2+}，Ba^{2+} 的试液各 3 滴于一支离心管中，加 2 滴 2mol·L^{-1} NH_4Cl 溶液及 1 滴百里酚蓝指示剂，用 2 mol·L^{-1} 氨水调节溶液呈绿色，加热至 50～60 ℃，加少许固体 $(NH_4)_2CO_3$ 至本组离子沉淀完全，再加热数分钟，离心分离。弃去离心液，沉淀用热蒸馏水洗涤，离心，弃去洗涤液。在沉淀上加 5～6 滴 2 mol·L^{-1} HAc 溶液，加热溶解。

2. Ba^{2+}与Sr^{2+}，Ca^{2+}的分离及Ba^{2+}的鉴定①

取上述1所得试液，加2～3滴pH为4～5的HAc－NaAc溶液，再加3滴0.5 mol·L^{-1} $K_2Cr_2O_7$溶液，生成黄色$BaCrO_4$沉淀，离心分离。离心液按下述3进行实验。沉淀用热蒸馏水洗涤2次，第1次洗涤液合并于离心液中。用1 mol·L^{-1} HCl溶液溶解沉淀，试液用于鉴定Ba^{2+}。

（1）取1滴上述试液于点滴板上，加饱和NaAc溶液使溶液呈弱酸性或中性，取1滴此溶液于滤纸上，加1滴0.5%玫瑰红酸钠指示剂，生成红棕色斑点。加1滴0.5 mol·L^{-1}HCl溶液，斑点变为鲜红色，示有Ba^{2+}。

（2）取1滴上述试液于离心管中，加1滴0.05 mol·L^{-1} $KMnO_4$溶液和1滴1 mol·L^{-1} H_2SO_4溶液，生成紫红色沉淀。加热2～3 min，加几滴30 g·L^{-1}H_2O_2溶液，紫红色褪去，沉淀仍为$BaSO_4\cdot KMnO_4$粉红色混晶，示有Ba^{2+}。

3. 过量$Cr_2O_7^{2-}$的除去及Ca^{2+}的鉴定

于上述2所得离心液中，加2 mol·L^{-1}氨水中和至近中性，加少许固体Na_2CO_3，生成$CaCO_3$，$SrCO_3$沉淀，在水浴上加热2～3 min，离心，弃去离心液。用热蒸馏水洗涤沉淀2次，加4滴2 mol·L^{-1}HAc溶液溶解，煮沸除去CO_2，试液用于鉴定Ca^{2+}，Sr^{2+}。

取2滴上述试液于离心管中，加数滴$CHCl_3$，加4滴GBHA的乙醇饱和溶液，2滴6 mol·L^{-1} NaOH溶液，2滴1.5 mol·L^{-1}Na_2CO_3溶液，振荡，$CHCl_3$层显红色（同时进行空白试验），示有Ca^{2+}。

4. Sr^{2+}的鉴定

取上述3剩余的试液，加1滴溴百里酚蓝指示剂，用0.5 mol·L^{-1} KOH溶液调节溶液呈黄绿色（pH＝6.4），加5滴玫瑰红酸钠试剂，搅拌，放置5 min，生成红棕色玫瑰红酸锶沉淀，离心分离。在上层清液中加1滴玫瑰红酸钠检验沉淀是否完全。沉淀用蒸馏水洗涤2次，取少许沉淀于点滴板上，加1滴0.5 mol·L^{-1} HCl溶液，如沉淀溶解，示有Sr^{2+}。

用铂丝（或镍铬丝）蘸取少许玫瑰红酸锶沉淀，在煤气灯焰旁烤干，加1滴HCl溶液在铂丝上，置于灯的氧化焰上灼烧，火焰呈洋红色，示有Sr^{2+}。

---

① 分析未知试液时，可先取1滴试液，加HAc溶液和NaAc溶液各1滴，再加1滴$K_2Cr_2O_7$溶液，观察有无沉淀生成。若无沉淀，则其余溶液可不必加入$K_2Cr_2O_7$溶液。

四、阳离子第Ⅳ组分析简表

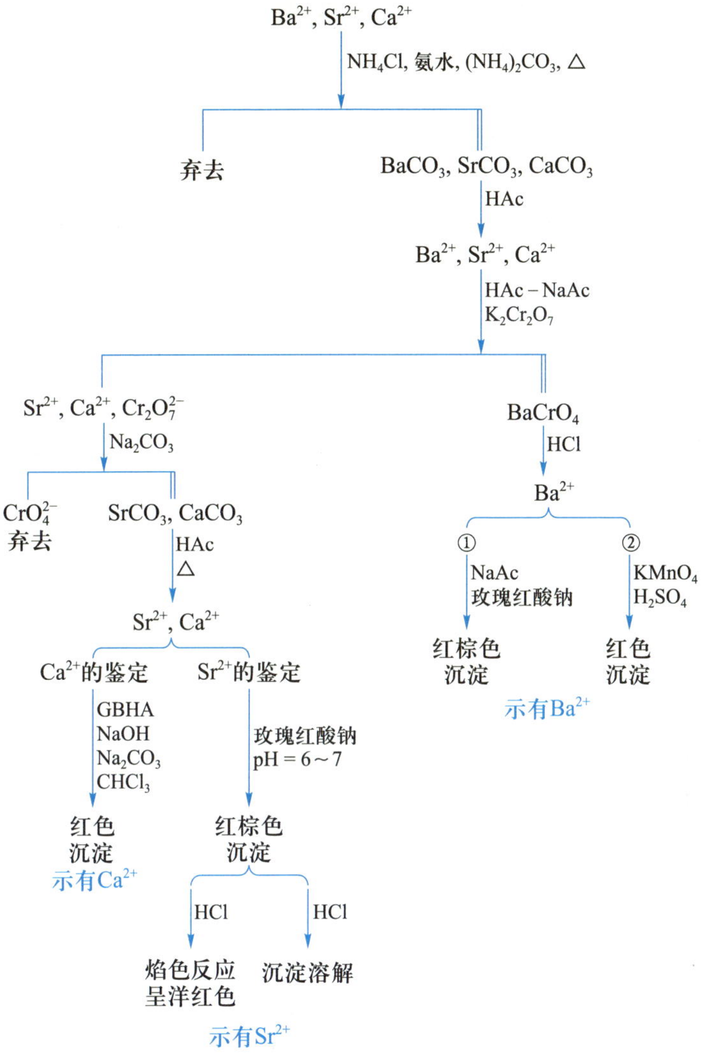

五、思考题

1. 本组碳酸盐沉淀的条件是什么？如 Mg^{2+} 与本组离子同时存在，如何防止其沉淀？

2. Ba^{2+} 与 Sr^{2+}，Ca^{2+} 如何分离？

· 实验六　阳离子第Ⅴ组 K^+,Na^+,NH_4^+,Mg^{2+} 的分析 ·

一、本组离子的分析特性

本组离子生成配位化合物的倾向最小,它们的氯化物、硫化物、硫酸盐、铬酸盐等均溶于水。没有沉淀本组所有离子的组试剂。

Mg^{2+}的许多性质与 Ba^{2+},Sr^{2+},Ca^{2+}相似,而与 K^+,Na^+,NH_4^+ 不同,例如 $Mg(OH)_2$,$MgCO_3$ 等化合物难溶于水,而 K^+,Na^+,NH_4^+ 的这些化合物是易溶物。Mg^{2+}的难溶物溶解度较大,因此在铵盐存在下,Mg^{2+}不被氨水、$(NH_4)_2CO_3$ 等沉淀。所以 Mg^{2+}归属第Ⅴ组。

二、本组离子的鉴定

1. NH_4^+ 的鉴定

NH_4^+ 与碱共热放出 NH_3:

$$NH_4^+ + OH^- \xlongequal{\triangle} H_2O + NH_3\uparrow$$

此反应是检出 NH_4^+ 选择性最高的反应。氨气可使石蕊试纸或 pH 试纸显出碱性颜色,使奈斯勒试剂($K_2[HgI_4]$的 KOH 溶液)试纸出现红棕色斑点:

$$NH_4^+ + 2[HgI_4]^{2-} + 4OH^- \xlongequal{\quad} HgO\cdot Hg(NH_2)I\downarrow + 7I^- + 3H_2O$$

NH_4^+ 与奈斯勒试剂在碱性介质中反应,NH_4^+ 浓度大时产生红棕色沉淀,NH_4^+ 浓度小时仅溶液变棕色或黄色。

2. Mg^{2+}的鉴定

(1) Mg^{2+}与镁试剂Ⅰ(对硝基苯偶氮间苯二酚)在碱性介质中反应生成蓝色螯合物沉淀:

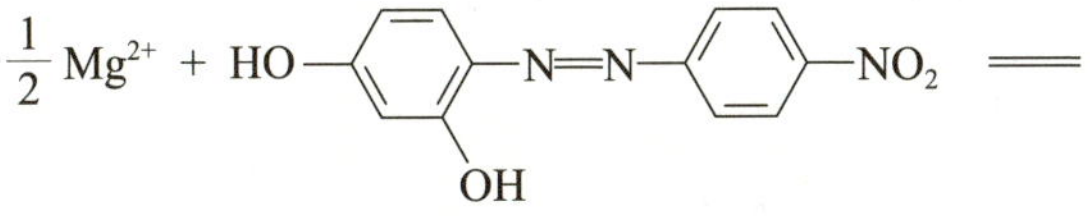

(镁试剂Ⅰ)

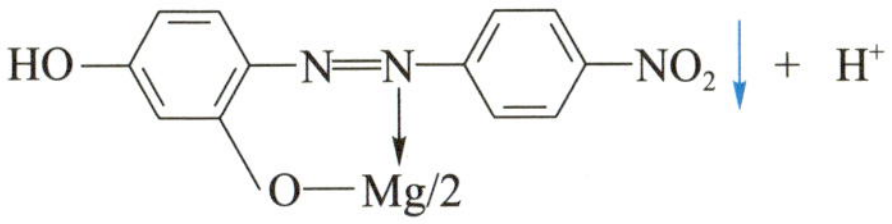

(蓝色)

除碱金属外,其余阳离子都不应存在。铵盐降低反应灵敏度,可加 NaOH 降低其影响。

该鉴定方法的检出限量为 0.5 μg,最低浓度为 10 $\mu g \cdot mL^{-1}$。

(2) Mg^{2+} 与铬黑 T(EBT)在 pH 为 9~10 的介质中生成紫红色配位化合物。Al^{3+}, Fe^{3+}, Co^{2+}, Ni^{2+}, Cu^{2+}, Zn^{2+}, Cd^{2+}, Pb^{2+} 和 Hg^{2+} 干扰反应。

该鉴定方法的检出限量为 0.02 μg,最低浓度为 0.4 $\mu g \cdot mL^{-1}$。

3. K^+ 的鉴定

(1) K^+ 与 $Na_3[Co(NO_2)_6]$ 反应生成 $K_2Na[Co(NO_2)_6]$ 黄色沉淀:

$$2K^+ + Na^+ + [Co(NO_2)_6]^{3-} = K_2Na[Co(NO_2)_6]\downarrow$$

沉淀不溶于稀 HAc 溶液。强酸、强碱能使试剂分解:

$$[Co(NO_2)_6]^{3-} + 6H^+ = Co^{3+} + 3NO\uparrow + 3NO_2\uparrow + 3H_2O$$
$$[Co(NO_2)_6]^{3-} + 3OH^- = Co(OH)_3\downarrow + 6NO_2^-$$

I^- 及其他还原剂能使试剂中的 Co^{3+} 还原为 Co^{2+}, NO_2^- 还原为 NO 气体:

$$2Co^{3+} + 2I^- = 2Co^{2+} + I_2$$
$$2NO_2^- + 2I^- + 4CH_3COOH = I_2 + 2NO\uparrow + 4CH_3COO^- + 2H_2O$$

NH_4^+ 与试剂反应,生成橙色的 $(NH_4)_2Na[Co(NO_2)_6]$ 沉淀,但在沸水中加热 1~2min 后, $(NH_4)_2Na[Co(NO_2)_6]$ 沉淀完全分解,并发生下述反应:

$$NO_2^- + NH_4^+ \xlongequal{\triangle} N_2\uparrow + 2H_2O$$

而黄色的 $K_2Na[Co(NO_2)_6]$ 无变化。

该鉴定方法的检出限量为 4 μg,最低浓度为 80 $\mu g \cdot mL^{-1}$。

(2) K^+ 与四苯硼化钠(NaTPB)在中性或乙酸介质中反应,生成白色 $K[B(C_6H_5)_4]$ 沉淀:

$$K^+ + [B(C_6H_5)_4]^- \longrightarrow K[B(C_6H_5)_4]\downarrow$$

此沉淀溶于强酸、强碱和丙酮中。

NH_4^+ 干扰反应,为了消除其干扰,可在溶液中加入甲醛,再用 Na_2CO_3 调到酚酞指示剂变红色(pH≈9)。NH_4^+ 与甲醛反应,生成六亚甲基四胺:

$$4NH_4^+ + 6HCHO \longrightarrow (CH_2)_6N_4H^+ + 3H^+ + 6H_2O$$

反应可进行完全。Pb^{2+},Mn^{2+},Zn^{2+},Ni^{2+},Ag^+,Hg^{2+},Al^{3+}在鉴定 K^+的条件下均有白色沉淀生成,故干扰反应;Ag^+与 Hg^{2+}的干扰可借加入 KCN 消除或加入 HCl 溶液沉淀分离。其他阳离子的干扰可在 pH≈5 的介质中加 EDTA 来消除。

该鉴定方法的检出限量为 0.5 μg,最低浓度为 10 $\mu g \cdot mL^{-1}$。

4. Na^+的鉴定

Na^+与乙酸铀酰锌[$ZnAc_2 \cdot UO_2Ac_2$]形成淡黄色的乙酸铀酰锌钠[$NaZn(UO_2)_3Ac_q \cdot qH_2O$]沉淀:

$$Na^+ + Zn^{2+} + 3UO_2^{2+} + 9Ac^- + 9H_2O \longrightarrow NaAc \cdot ZnAc_2 \cdot 3UO_2Ac_2 \cdot 9H_2O$$

强酸和强碱能使试剂分解,故反应在中性或乙酸溶液中进行。此反应需加入过量试剂,并加入乙醇以降低反应产物的溶解度。反应时以玻璃棒摩擦管壁,用来破坏过饱和现象,促进沉淀的生成。

该鉴定方法的检出限量为 12.5 μg,最低浓度为 250 $\mu g \cdot mL^{-1}$。

三、本组离子混合物的鉴定

取 K^+,Na^+,NH_4^+,Mg^{2+}溶液各 2 滴于一支离心管中,混匀,此混合试液分别用于做下面的实验。

1. NH_4^+ 的鉴定

取 1 滴混合试液于表面皿上,加 6 $mol \cdot L^{-1}$ NaOH 溶液使其呈碱性,迅速用另一粘有一小块润湿的 pH 试纸(或浸过奈斯勒试剂的滤纸)的表面皿盖上做成气室,放在水浴上加热。pH 试纸变成蓝色(或奈斯勒试纸有红棕色斑点生成),示有 NH_4^+。

2. Mg^{2+}的鉴定

(1) 取 1 滴混合试液滴在点滴板上,加 1 滴 6 $mol \cdot L^{-1}$ NaOH 溶液和 1~2 滴镁试剂 I 溶液,生成蓝色沉淀(Mg^{2+}量少时仅溶液变蓝),示有 Mg^2。

(2) 取 1 滴混合试液于点滴板上,加 2 滴 pH=10 的氨性缓冲溶液,1 滴铬黑 T 试剂,搅拌,溶液显紫红色,示有 Mg^{2+}。

3. K^+的鉴定

(1) 取 1 滴混合试液于离心管中，加 2 滴 $Na_3[Co(NO_2)_6]$溶液，K^+与其生成黄色 $K_2Na[Co(NO_2)_6]$沉淀。此时 NH_4^+ 也生成橙色$(NH_4)_3[Co(NO_2)_6]$沉淀，但加热可使其分解。为此将离心管放入沸水浴中加热 1～2min，橙色沉淀分解，剩余黄色沉淀，示有 K^+存在。

(2) 取 1 滴混合试液于离心管中，加 10 滴 35%～40%甲醛溶液，1 滴酚酞指示剂，滴加碳酸钠直至溶液为红色不褪。如有沉淀生成，加热 2～3 min，离心，弃去沉淀。在离心液中检验 NH_4^+，如仍存在，重复上述操作，直至完全除尽为止。用 2 mol·L^{-1} HCl 溶液调节溶液为中性或弱酸性，加 3～4 滴 0.1 mol·L^{-1}四苯硼化钠溶液，生成白色沉淀，示有 K^+。

四、阳离子第Ⅴ组分析简表

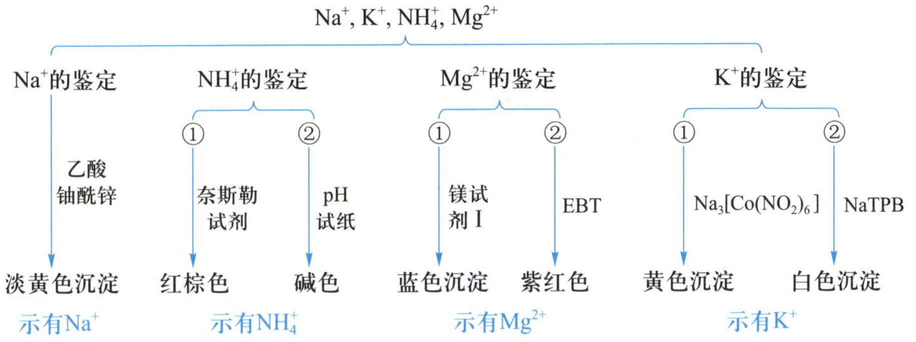

五、思考题

1. 在 NH_4^+ 的鉴定中，如气室没有做成之前（即粘有 pH 试纸的表面皿没有盖上之前）便将盛放混合试液的表面皿放在水浴上加热，会产生什么后果？

2. 对于鉴定 K^+的反应，NH_4^+ 有干扰，应采取什么措施消除？

3. 为什么大量 NH_4^+ 的存在会影响镁试剂 I 鉴定 Mg^{2+}？

· 实验七　阳离子第Ⅰ~Ⅴ组离子的分析 ·

一、第Ⅰ~Ⅴ组混合物的分析

1. 初步实验

(1) NH_4^+ 的鉴定　参见本章实验六。

(2) Fe^{3+} 的鉴定　参见本章实验四。

(3) Fe^{2+} 的鉴定　参见本章实验四。

2. 阳离子第Ⅰ组的分离

取2滴6 $mol\cdot L^{-1}$HCl溶液于离心管中,加1 mL试液,充分搅拌,离心沉降,在上层清液中加1滴2 $mol\cdot L^{-1}$HCl溶液,如不发生混浊,即可认为本组氯化物已沉淀完全,充分搅拌,在沸水浴上加热30 s,边加热边搅拌,立即趁热离心分离,沉淀用热2 $mol\cdot L^{-1}$HCl溶液洗涤2次,第1次洗涤液并入离心液中,离心液为第Ⅱ~Ⅴ组阳离子混合试液,按下述5进行实验,沉淀按下述3进行实验。

3. Hg_2Cl_2 与 AgCl 的分离及 Hg_2^{2+} 的鉴定

取上述2所得沉淀按实验一进行实验。

4. Ag^+ 的鉴定

按实验一所示步骤进行实验。

5. 阳离子第Ⅱ组与第Ⅲ~Ⅴ组的分离

取上述2所得离心液,加1滴甲基紫指示剂,用6 $mol\cdot L^{-1}$氨水及0.5 $mol\cdot L^{-1}$氨水调节溶液为黄绿色,加32滴50 $g\cdot L^{-1}$TAA溶液,搅匀,沸水浴上加热10 min,离心沉淀。在上层清液中再加1滴甲基紫指示剂,并滴加6 $mol\cdot L^{-1}$氨水调至溶液呈蓝色,再加6滴TAA溶液,加热5 min,沉淀完全后冷却,离心分离。离心液为第Ⅲ~Ⅴ组离子混合试液,按下述10进行实验;沉淀为第Ⅱ组硫化物,按下述6进行实验。

6. 阳离子第$Ⅱ_A$组与第$Ⅱ_B$组的分离

取上述5所得沉淀,加10滴2 $mol\cdot L^{-1}$ NaOH溶液及6滴TAA溶液,充分搅拌,加热10 min,离心分离。取出离心液,再重复处理1~2次。所得离心液合并,其为第$Ⅱ_B$组硫代酸盐,按下述9进行实验;沉淀为第$Ⅱ_A$组硫化物,按下述7进行实验。

7. 第 $Ⅱ_A$ 组硫化物的溶解

按本章实验二所示步骤进行实验。

8. 第 $Ⅱ_A$ 组离子的分离及鉴定

按本章实验二所示步骤进行实验。

9. 第 $Ⅱ_B$ 组离子的分离及鉴定

取上述 6 所得离心液，按本章实验三所示步骤酸化处理硫代酸盐，并进行第 $Ⅱ_B$ 组离子的分离及鉴定。

10. 阳离子第Ⅲ组与第Ⅳ~Ⅴ组的分离

取上述 5 所得离心液于坩埚中，煮沸除去 H_2S[用 $Pb(Ac)_2$ 试纸检验 S^{2-} 是否除尽]。将除尽 S^{2-} 及浓缩后的试液倒入离心管中，加 1 滴百里酚蓝指示剂，用浓氨水（氨水不应含 CO_3^{2-}）及 0.5 $mol \cdot L^{-1}$ 氨水调节溶液为黄绿色，加 15 滴 50 $g \cdot L^{-1}$ TAA溶液，在沸水浴上加热 10 min，离心，在上层清液中加 TAA 溶液及氨水各 1 滴，检验沉淀是否完全。如不再产生混浊，即沉淀已经完全，离心分离。离心液为第Ⅳ~Ⅴ组离子混合试液，加浓 HAc 溶液酸化，倒入坩埚中加热除去 S^{2-}，然后按下述 12 进行实验；沉淀为第Ⅲ组氢氧化物及硫化物，按下述 11 进行实验。

11. 阳离子第Ⅲ组氢氧化物及硫化物的溶解、分离及鉴定

按本章实验四所示步骤进行实验。

12. 阳离子第Ⅳ~Ⅴ组的分离

将上述 10 所得离心液从坩埚倒入离心管中，加 1 滴百里酚蓝指示剂，用 2 $mol \cdot L^{-1}$ 氨水调节溶液为绿色，加热至 50~60 ℃，加少许 $(NH_4)_2CO_3$，使第Ⅳ组离子碳酸盐沉淀完全。离心分离，离心液为第Ⅴ组离子，按下述 14 进行实验。

13. 阳离子第Ⅳ组碳酸盐的溶解、分离及鉴定

取上述 12 所得碳酸盐沉淀，加 2 $mol \cdot L^{-1}$ HAc 溶液，加热溶解沉淀并除去 CO_2，按本章实验五进行实验。

14. 阳离子第Ⅴ组的鉴定

取上述 12 所得离心液于坩埚中，加热浓缩至体积约为 10 滴，再按本章实验六所示步骤鉴定 Mg^{2+}，K^+，Na^+。

二、阳离子第Ⅰ~Ⅴ组分析简表

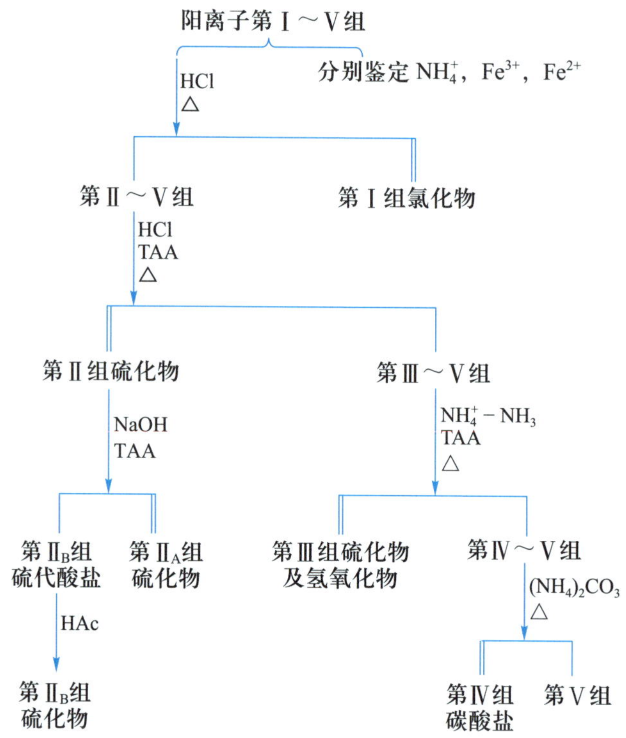

三、阳离子第Ⅰ~Ⅴ组设计分析方案实验

1. Hg_2^{2+}, Pb^{2+}, Bi^{3+}, As(Ⅲ), Sn(Ⅳ), Ni^{2+}, Zn^{2+}, Sr^{2+}, Ca^{2+}, K^+
2. Ag^+, Hg_2^{2+}, Cu^{2+}, Cd^{2+}, Co^{2+}, Mn^{2+}, Ba^{2+}, Sr^{2+}, Na^+
3. Ag^+, Pb^{2+}, Cd^{2+}, Co^{2+}, Zn^{2+}, Ba^{2+}, Ca^{2+}, Mg^{2+}, Sb(Ⅲ), Sn(Ⅱ)
4. Hg_2^{2+}, Bi^{3+}, Hg^{2+}, As(Ⅲ), Al^{3+}, Fe^{3+}, Co^{2+}, Sr^{2+}, Mg^{2+}
5. Ag^+, Pb^{2+}, Cu^{2+}, Sn(Ⅱ), Fe^{3+}, Mn^{2+}, Co^{2+}, Ba^{2+}, Sr^{2+}, NH_4^+
6. Cu^{2+}, Cd^{2+}, As(Ⅲ), Hg^{2+}, Cr^{3+}, Fe^{3+}, Ni^{2+}, Sr^{2+}, Ca^{2+}, Na^+
7. Ag^+, Pb^{2+}, Bi^{3+}, Sb(Ⅲ), Hg^{2+}, Fe^{3+}, Co^{2+}, Ni^{2+}, Ba^{2+}, K^+
8. Hg_2^{2+}, Cu^{2+}, Bi^{3+}, As(Ⅲ), Sn(Ⅳ), Hg^{2+}, Fe^{3+}, Zn^{2+}, Sr^{2+}, Ca^{2+}, K^+
9. Ag^+, Pb^{2+}, Cd^{2+}, As(Ⅲ), Sb(Ⅲ), Al^{3+}, Fe^{2+}, Ni^{2+}, Zn^{2+}, Ba^{2+}, Ca^{2+}, Mg^{2+}
10. Ag^+, Pb^{2+}, Cu^{2+}, Cd^{2+}, Sb(Ⅲ), Sn(Ⅱ), Mn^{2+}, Cr^{3+}, Co^{2+}, Sr^{2+}, NH_4^+

· 实验八　常见阴离子的分析 ·

一、阴离子的分组

根据阴离子与稀 HCl, $BaCl_2$, $CaCl_2$ 溶液和 HNO_3 酸化的 $AgNO_3$ 溶液的作用,将常见的阴离子分为四组。但分析阴离子时,并不用上述试剂将各组分离,只是用来初步检验某组离子是否存在。

第一组阴离子有 CO_3^{2-}, SO_3^{2-}, $S_2O_3^{2-}$, S^{2-}, NO_2^- 和 CN^-,这些阴离子可以被组试剂 HCl 溶液分解产生气体。

第二组阴离子有 PO_4^{3-}, SO_4^{2-}, BO_2^-($H_2BO_3^-$, $B_4O_7^{2-}$), SiO_3^{2-}, F^-, $C_2O_4^{2-}$ 和 AsO_3^{3-},它们的钡盐和钙盐不溶于水,但易溶于稀酸($BaSO_4$和 CaF_2 除外)。它们的银盐也不溶于水(Ag_2SO_4和 AgF 除外),而易溶于稀 HNO_3。

第三组阴离子有 Cl^-, Br^-, I^- 和 SCN^-,它们的银盐既不溶于水,也不溶于稀 HNO_3。

第四组阴离子有 NO_3^- 和 CH_3COO^-(即 Ac^-)。

二、阴离子分析溶液的制备

在分析阴离子时,除碱金属外,其他阳离子由于本身的颜色,或与阴离子及其检出试剂生成沉淀,或发生氧化还原反应,从而干扰阴离子的检出,这些阳离子必须从试液中除去。通常情况下,由原试样单独制备阴离子试液,不仅要除去碱金属以外的全部阳离子,而且要将阴离子全部转入溶液并保持其存在形态不变。

通常是取 5 mL 试液或 0.1~0.2 g 研细的固体试样于小烧杯中,加入 4~5 mL 1 $mol\cdot L^{-1}$ Na_2CO_3 溶液,煮沸 5~8 min(蒸发掉的水分应补充),全部转移到离心管中。离心分离,离心液用作鉴定阴离子。

沉淀用蒸馏水洗涤 3 次,加 6 $mol\cdot L^{-1}$ HCl 溶液处理,如沉淀完全溶解,表示其中不存在 PO_4^{3-}, F^-, SO_4^{2-}, S^{2-}, SiO_3^{2-} 和卤素化合物。若沉淀没有完全溶解,则保留此残渣供分析鉴定上述阴离子用。

所制得的除去阳离子(K^+, Na^+以外的)的阴离子分析溶液称为"制备溶液",也称试液。

三、初步实验

1. 与 H_2SO_4 反应

(1) 取 2 滴试液于离心管中,加 3~4 滴浓 H_2SO_4,加热,观察放出气体的气味和颜色,判断哪些阴离子可能存在。

(2) 用 3 $mol \cdot L^{-1}$ H_2SO_4 溶液酸化试液,如溶液呈黄褐色,表示 I^- 和某种氧化性阴离子可能存在。如出现白色混浊或析出 S,可能原因是 S^{2-} 被氧化、$S_2O_3^{2-}$ 分解或 SO_3^{2-} 与 S^{2-} 作用。

2. 还原性阴离子存在的实验

(1) 取 6~8 滴试液于离心管中,加数滴 3 $mol \cdot L^{-1}$ H_2SO_4 溶液分解过量的 Na_2CO_3(溶液仍为弱碱性)。取 4 滴该溶液,逐滴加入 0.02 $mol \cdot L^{-1}$ $KMnO_4$ 溶液,如有褐色 $MnO(OH)_2$ 沉淀生成,表示溶液有除 Cl^-,Br^- 以外的还原剂存在。如无 $MnO(OH)_2$ 沉淀生成,在剩余试液中加入 1/4 试液体积的浓 H_2SO_4,再向此溶液中逐滴加入 $KMnO_4$ 溶液,如有 Cl^-,Br^- 存在,则 $KMnO_4$ 褪色。

(2) 取数滴试液,加 3 $mol \cdot L^{-1}$ H_2SO_4 溶液使其呈酸性,再加 1 滴 I_2 溶液,如 I_2 溶液褪色,可能有 S^{2-},SO_3^{2-},$S_2O_3^{2-}$ 等存在。

3. 氧化性阴离子存在的实验

(1) 取 4 滴试液,加 3 $mol \cdot L^{-1}$ H_2SO_4 溶液使其呈酸性,加 1 滴 KI 溶液,摇匀。如析出 I_2,可能有 AsO_4^{3-},NO_2^- 等离子存在,或有 ClO^-,ClO_3^-,BrO_3^-,IO_3^-,$[Fe(CN)_6]^{3-}$等氧化性阴离子存在。注意,NO_3^- 浓度大时也会与 KI 反应。

(2) 如无 I_2 析出,在另一离心管中加 3 滴浓 HCl 溶液及靛蓝溶液,使溶液呈浅蓝色,加热近沸,向此溶液中加数滴试液。如蓝色消失,则试液中有 NO_3^-,ClO_3^- 存在。

4. 第一组和第二组阴离子存在的实验

取数滴试液,用 6 $mol \cdot L^{-1}$HCl 溶液酸化,加热使气体逸出,除引入的 CO_2 外,由逸出的气体可判断第一组阴离子是否存在。溶液混浊时可能有 $S_2O_3^{2-}$ 存在,此时加热使硫凝聚。在澄清的溶液中用 2 $mol \cdot L^{-1}$氨水中和,并加 2~3 滴 $BaCl_2+CaCl_2$ 溶液,根据有无沉淀生成判断第二组阴离子是否存在。

5. 第三组阴离子存在的实验

取数滴试液,用 6 $mol \cdot L^{-1}$$HNO_3$ 溶液酸化,在沸水浴上加热 4~5min,加 1~2 滴 $AgNO_3$ 溶液。有沉淀析出表示有第三组阴离子存在,根据沉淀的颜色可初步

判断可能存在的离子。

根据初步实验，判断可能存在的阴离子，再有针对性地对可能存在的离子进行鉴定。

四、常见阴离子的鉴定

鉴定阴离子时，要特别注意鉴定反应干扰问题，通过初步实验和鉴定反应可排除某些干扰离子，再通过不同的鉴定反应综合分析得出正确结论。

1. CO_3^{2-}

（1）取 1 滴试液于玻璃载片上（玻璃载片是厚度为 0.5～1 mm 的 20 mm×50 mm的玻璃片），加 1 滴 $BaCl_2$ 溶液，小火蒸干，冷却。以蒸馏水浸湿，盖上玻璃片，在盖片周围加 1 滴 3 mol·L^{-1} HCl 溶液，当 HCl 溶液浸入沉淀时，仔细观察 CO_2 气泡的放出，示有 CO_3^{2-}。

$$Ba^{2+} + CO_3^{2-} = BaCO_3\downarrow$$

$$BaCO_3 + 2H^+ = CO_2\uparrow + Ba^{2+} + H_2O$$

（2）取 2 滴试液于离心管中，调节 pH 为 8～9，加入少许氯化 *N*-(2,4-二硝基苯基)吡啶盐固体，生成橙红色沉淀，示有 CO_3^{2-}。PO_4^{3-} 干扰鉴定。S^{2-} 和 SO_3^{2-} 也有干扰，可将其氧化至 SO_4^{2-} 消除。

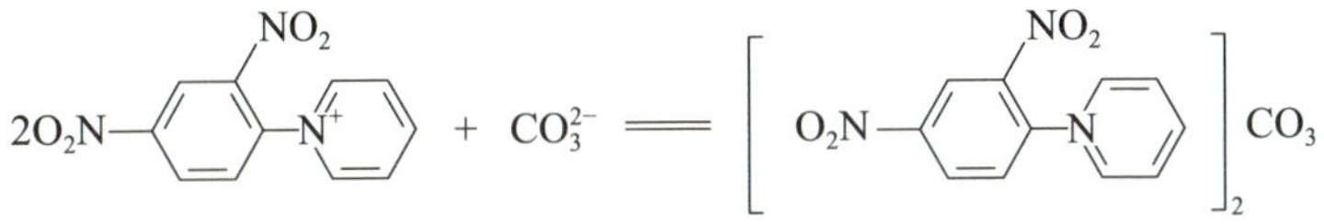

2. SO_3^{2-}

（1）亚硫酸盐能使三苯甲烷类有机染料溶液褪色。以品红为例，反应为

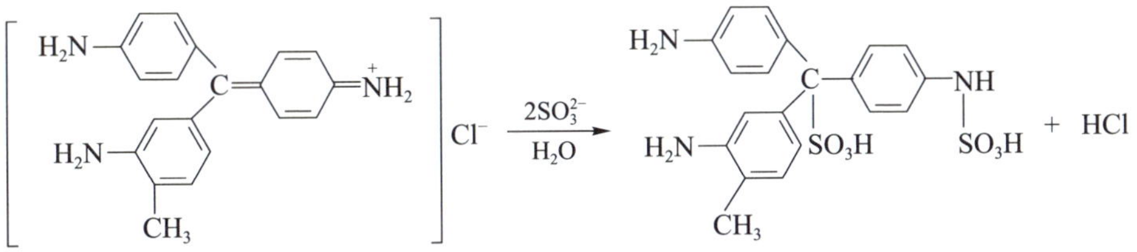

此反应必须在中性溶液中进行，如为酸性溶液，则事先须用碳酸氢钠中和；如是碱性溶液，则须加 1 滴酚酞并通入 CO_2 至溶液由红变为无色时为止。S^{2-} 也能使品红褪色，须预先加入 $CdCO_3$ 除去 S^{2-}。

将试液用 3 mol·L^{-1}HCl 溶液中和,取 2 滴中性试液于点滴板上,加 1 滴品红试剂,如很快褪色,示有 SO_3^{2-}。

(2) 取 2 滴中性试液,加 1 滴亚硝基铁氰化钠 $Na_2[Fe(CN)_5NO]\cdot 2H_2O$ 溶液,溶液呈玫瑰红色,再加 1 滴饱和 $ZnSO_4$ 溶液,使颜色加深,再加 1 滴 $K_4[Fe(CN)_6]$溶液,生成红色沉淀,示有 SO_3^{2-}。S^{2-} 干扰反应,$S_2O_3^{2-}$ 不发生上述反应。

3. $S_2O_3^{2-}$

(1) 取 1 滴 $FeCl_3$ 溶液于点滴板上,加 2 滴试液,如溶液变深紫色,且在 1~2 min内褪色,示有 $S_2O_3^{2-}$。

$$Fe^{3+} + 2S_2O_3^{2-} = [Fe(S_2O_3)_2]^- \text{ (紫色)}$$

$$[Fe(S_2O_3)_2]^- + Fe^{3+} = 2Fe^{2+} + S_4O_6^{2-}$$

Fe^{3+} 与其他还原剂反应亦能变成 Fe^{2+},但如果生成暗紫色,则为 $S_2O_3^{2-}$ 的特征。CN^-,F^-,PO_4^{3-} 干扰反应。

(2) 取 2 滴试液于离心管中,加 2 滴 2 mol·L^{-1} HCl 溶液,微热,同时管口盖上用 1 滴 $K_2Cr_2O_7$ 溶液润湿过的滤纸。滤纸上的斑点变绿且离心管中有硫黄析出,示有 $S_2O_3^{2-}$。

$$S_2O_3^{2-} + 2H^+ = S\downarrow + SO_2\uparrow + H_2O$$

$$3SO_2 + Cr_2O_7^{2-} + 2H^+ = 2Cr^{3+} + 3SO_4^{2-} + H_2O$$

4. S^{2-}

(1) 在点滴板上加 1 滴试液,再加 1 滴亚硝基铁氰化钠溶液,溶液变成紫色,示有 S^{2-}。此反应必须在碱性或氨性介质中进行。SO_3^{2-} 有类似反应,但生成物为玫瑰红色。SO_3^{2-} 和 $S_2O_3^{2-}$ 浓度不大于 S^{2-}浓度的 100 倍时不干扰反应。

$$[Fe(CN)_5NO]^{2-} + S^{2-} =$$

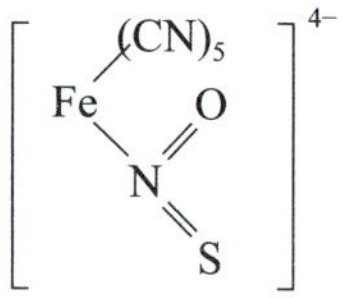

(2) 在离心管中加 2 滴试液,用 6 mol·L^{-1} HCl 溶液酸化,迅速盖上用 $Na_2Pb(OH)_4$试剂润湿过的滤纸。滤纸变黑,示有 S^{2-}。

5. NO_2^-

(1) 取 2 滴试液于离心管中,加 2 滴 2 mol·L^{-1} HAc 溶液酸化。在点滴板上加 1 滴用 HAc 酸化的试液,加对氨基苯磺酸和 α-萘胺各 1 滴,立即出现红色,示

有 NO_2^-。反应为

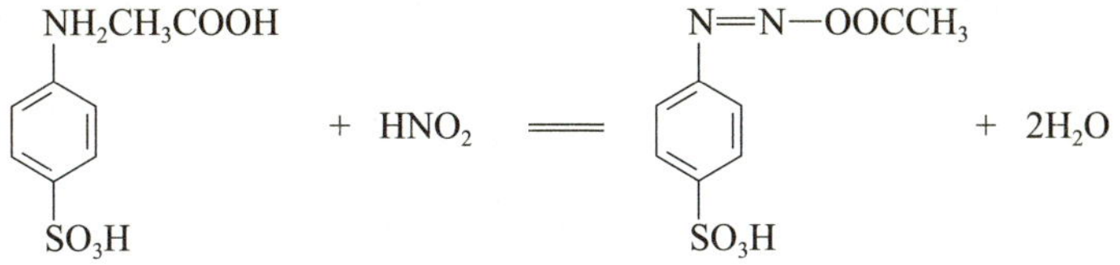

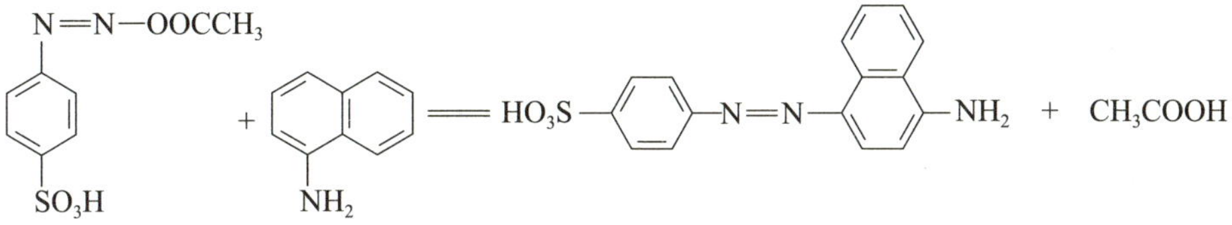

如有铁盐存在，则必须用酒石酸加以掩蔽。如 NO_2^- 浓度过大，则红色很快褪去，此时必须将试液稀释。

(2) 取 1 滴乙酸酸化的试液，加 2 滴硫脲溶液，再加 2 滴 2 $mol\cdot L^{-1}$ HCl 溶液及 1 滴 $FeCl_3$ 溶液，溶液变为深红色，示有 NO_2^-。反应为

$$CS(NH_2)_2+HNO_2 = N_2\uparrow +H^+ +SCN^- +2H_2O$$

SCN^- 和 I^- 干扰反应，可事先加 Ag_2SO_4 或稀 $AgNO_3$ 溶液除去。

6. CN^-

(1) 取 1 滴试液，用 2 $mol\cdot L^{-1}$ NaOH 溶液使溶液呈强碱性。加 1 滴 250 $g\cdot L^{-1}$ $FeSO_4$ 溶液，煮沸混合物，形成 $[Fe(CN)_6]^{4-}$，加 2 滴 2 $mol\cdot L^{-1}$ HCl 溶液和 1 滴 $FeCl_3$ 溶液，生成蓝色 $Fe_4[Fe(CN)_6]_3$ 沉淀，示有 CN^-。反应为

$$2CN^- + Fe^{2+} = Fe(CN)_2$$

$$Fe(CN)_2 + 4CN^- = [Fe(CN)_6]^{4-}$$

$$3[Fe(CN)_6]^{4-} + 4FeCl_3 = Fe_4[Fe(CN)_6]_3\downarrow + 12Cl^-$$

(2) 取几滴试液于小试管中，加 1～2 滴 1 $mol\cdot L^{-1}$ H_2SO_4 溶液，立即将预先用等体积 $Cu(Ac)_2$ 和联苯胺试剂润湿过的滤纸盖在管口，滤纸出现蓝色斑点，示有 CN^-。

7. SCN^-

(1) 取 1 滴试液于坩埚中，加 1 小滴(约 0.02 mL)0.5 $mol\cdot L^{-1}$ $Co(NO_3)_2$ 溶液，蒸干。残渣如呈紫色，加几滴丙酮，有机层为蓝绿色或绿色，示有 SCN^-。反应为

$$Co^{2+} + 4SCN^- = [Co(SCN)_4]^{2-}$$

$[Co(SCN)_4]^{2-}$不太稳定,通常需要高浓度的试剂来促使反应向右进行。丙酮可增加配离子的稳定性,提高灵敏度。NO_2^- 与 SCN^-反应形成深红色 NOSCN,故干扰反应。

(2) 取 1 滴试液,加 1 滴 $FeCl_3$ 溶液,溶液呈红色,示有 SCN^-。反应为

$$Fe^{3+} + 3SCN^- \xlongequal{} Fe(SCN)_3$$

8. Cl^-

取 1 滴试液于离心管中,加 1 滴 $AgNO_3$ 试剂,生成白色 AgCl 沉淀,离心分离。用蒸馏水洗涤沉淀 1~2 次,加 2~3 滴 Na_3AsO_3 溶液,生成黄色沉淀,示有 Cl^-。反应为

$$Ag^+ + Cl^- \xlongequal{} AgCl\downarrow$$
$$Na_3AsO_3 + 3AgCl \xlongequal{} 3NaCl + Ag_3AsO_3\downarrow$$

9. Br^-

(1) 取 2 滴试液于离心管中,加 4 滴 CCl_4,和 2 滴氯水,搅拌后 CCl_4 层显红棕色。再加过量氯水,CCl_4 层颜色由于生成 BrCl 而变浅黄色或由于生成 BrO^-,BrO_3^- 而变为无色,示有 Br^-。反应为

$$2Br^- + Cl_2 \xlongequal{} Br_2 + 2Cl^-$$
$$Br_2 + Cl_2 \xlongequal{} 2BrCl$$
$$Br_2 + Cl_2 + 2H_2O \xlongequal{} 2HOBr + 2HCl$$
$$Br_2 + 5Cl_2 + 6H_2O \xlongequal{} 2HBrO_3 + 10HCl$$
$$Br_2 + 5HOCl + H_2O \xlongequal{} 2HBrO_3 + 5HCl$$

SO_3^{2-} 和 $S_2O_3^{2-}$ 干扰反应。

(2) 在离心管中加 2 滴试液,加少许研细的固体 $K_2Cr_2O_7$ 及 2 滴浓 H_2SO_4,混匀。将一预先被 $NaHSO_3$ 褪色的品红溶液润湿过的滤纸放在管口上方,离心管放入水浴微热,析出的 Br_2 使滤纸呈紫红色,示有 Br^-。氯和碘均不能发生上述反应,故这个反应为溴化物的特征反应。

10. I^-

(1) I^-与 Bi^{3+},Cu^{2+}和硫脲在中性或弱酸性介质中反应(Cu^{2+}首先被还原为 Cu^+),形成橙色或橙红色沉淀:

$$4I^- + Bi^{3+} + Cu^+ + 6tu \xlongequal{} [Bi(tu)_3I_3 \cdot Cu(tu)_3I]\downarrow$$

取 1 滴中性或微酸性试液,加入 20 $g\cdot L^{-1}$ $Bi(NO_3)_3$ 溶液,20 $g\cdot L^{-1}$ $CuSO_4$ 溶液和硫脲溶液各 1 滴,生成橙色或橙红色沉淀,示有 I^-。SO_3^{2-},$S_2O_3^{2-}$,NO_2^-,IO_3^-,

IO_4^-,BrO_3^- 和 MnO_4^- 干扰反应。

(2) 取 1 滴试液于离心管中,加 1 滴 3 $mol \cdot L^{-1}$ H_2SO_4 溶液酸化,再加几滴 CCl_4,逐滴加入氯水,用力振荡,每加 1 滴氯水,都要注意观察 CCl_4 层的颜色。当 CCl_4 层显紫红色时,示有 I^-。

$$2I^- + Cl_2 = I_2 + 2Cl^-$$

如果有 I^- 存在,则 CCl_4 层因有 I_2 而呈紫色,继续加氯水,I_2 被氧化成 IO_3^-:

$$I_2 + 5Cl_2 + 6H_2O = 2IO_3^- + 10Cl^- + 12H^+$$

这时 CCl_4 层 I_2 的紫色消失。所以氯水过量时,颜色将褪去。

如果有 Br^- 存在,继续加氯水,Br^- 被氧化成 Br_2,CCl_4 层因有 Br_2 而呈红褐色:

$$2Br^- + Cl_2 = Br_2 + 2Cl^-$$

如氯水过量,则 Br_2 被进一步氧化成黄色的 BrCl。SO_3^{2-},S^{2-},$S_2O_3^{2-}$ 和 CN^- 干扰反应。

11. F^-

用毛细管加 1 滴锆-茜素 S($C_{14}H_7NaO_7S$)试剂于滤纸上,在空气中晾干滤纸,加 1 滴(1 : 1)HAc 溶液润湿。加 1 滴中性试液于润湿斑上,若红紫色湿斑变成黄色,示有 F^-。

茜素 S 与锆盐反应生成红紫色的锆-茜素 S 沉淀,如有 F^- 存在则生成更稳定的配离子$[ZrF_6]^{2-}$。因此,锆-茜素 S 的红紫色消失,现出茜素 S 的黄绿色。反应为

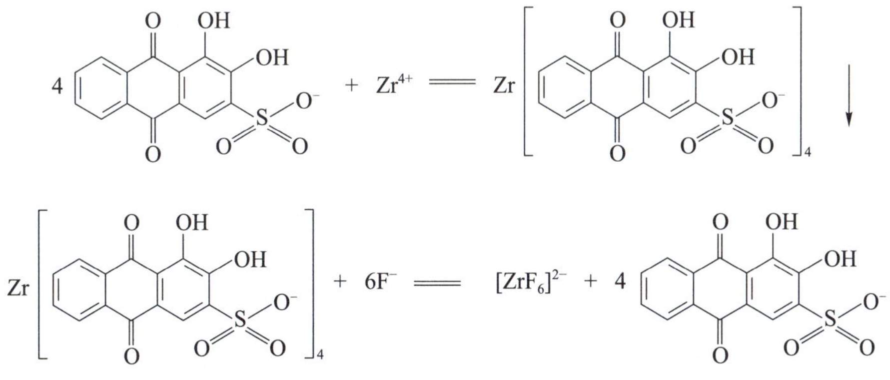

大量 SO_3^{2-},$S_2O_3^{2-}$,NO_2^-,PO_4^{3-} 和 $C_2O_4^{2-}$ 干扰反应。

12. NO_3^-

取 1 小粒 $FeSO_4\cdot7H_2O$ 晶体于点滴板上,加 1 滴试液,2 滴浓 H_2SO_4,反应生成[$Fe(NO)$]SO_4,在 $FeSO_4$ 周围形成棕色环,示有 NO_3^-。反应为

$$6FeSO_4+2HNO_3+3H_2SO_4 = 2NO\uparrow+3Fe_2(SO_4)_3+4H_2O$$
$$FeSO_4+NO = [Fe(NO)]SO_4$$

Br^-,I^-,$S_2O_3^{2-}$ 和 SO_3^{2-} 干扰反应,NO_2^- 的干扰可加氨基磺酸消除。

13. BO_2^-

(1) 取 1 滴酸性试液于姜黄纸上,烘干,即出现红棕色斑点,向斑点加酸颜色不变,加 1 $mol\cdot L^{-1}$ NaOH 溶液使其 pH 为 7.8~9.2 时,斑点变成绿黑色或淡蓝色,示有 BO_2^-(或 $H_2BO_3^-$)。

BO_2^- 与姜黄反应形成红棕色螯合物,反应为

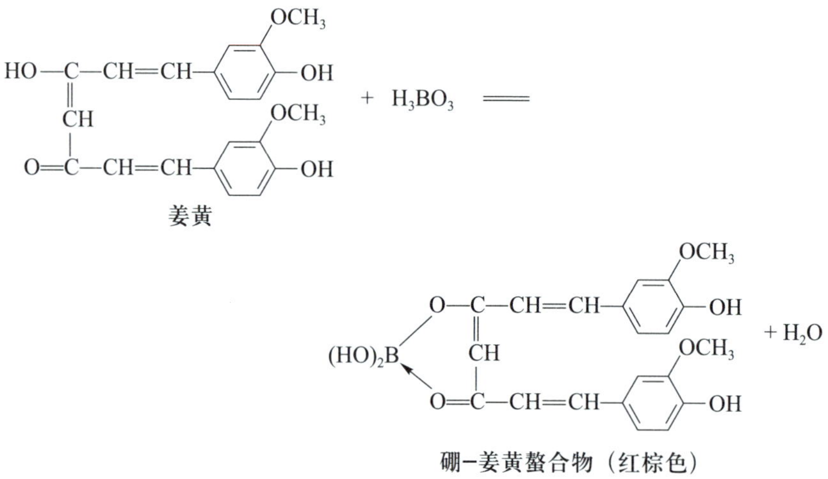

PO$_4^{3-}$ 和 S^{2-} 干扰反应,但加酸褪色。NO_2^- 干扰反应,铬酸盐、硝酸盐、氯酸盐等氧化剂干扰反应,因其对姜黄有漂白作用。

(2) 在瓷坩埚中加几滴试液,蒸干,冷却后加 1 mL 无水乙醇润湿残渣,再加 2~3 滴浓 H_2SO_4,生成硼酸乙酯 $B(OC_2H_5)_3$,用铂丝搅匀,再将铂丝置于煤气灯的氧化焰中灼烧,火焰边缘呈绿色,示有 BO_2^-。反应为

$$Na_2B_4O_7+H_2SO_4+5H_2O = 4H_3BO_3+2Na^++SO_4^{2-}$$
$$H_3BO_3+3C_2H_5OH = B(OC_2H_5)_3+3H_2O$$

14. SO_4^{2-}

(1) 取 1 滴 Ba^{2+} 溶液于滤纸上,加 1 滴玫瑰红酸钠溶液,生成红棕色玫瑰红

酸钡斑点，在斑点上加 1 滴试液，则斑点变为白色，示有 SO_4^{2-}。

(2) 取 1 滴试液于离心管中，加 1 滴 0.05 $mol \cdot L^{-1}$ $KMnO_4$ 溶液及 1 滴 Ba^{2+} 溶液，生成紫红色沉淀，加热 2～3 min，加数滴质量分数为 3% 的 H_2O_2 溶液，紫红色褪去，沉淀仍为粉红色 $BaSO_4 \cdot KMnO_4$ 混晶，示有 SO_4^{2-}。

15. SiO_3^{2-}

在滤纸上加 1 滴试液和 1 滴 $(NH_4)_2MoO_4$ 溶液，生成杂多酸 $H_4[Si(Mo_3O_{10})_4]$，烘干，再加 1 滴联苯胺乙酸溶液及 1 滴 NaAc 溶液，斑点显蓝色，示有 SiO_3^{2-}。

SiO_3^{2-} 与 $(NH_4)_2MoO_4$ 在 HAc 介质中生成硅钼酸铵，使溶液呈黄色。

$$SiO_3^{2-} + 12MoO_4^{2-} + 4NH_4^+ + 22H^+ \xlongequal{\triangle} (NH_4)_4[Si(Mo_3O_{10})_4] + 11H_2O$$

硅钼酸根有较强的氧化性，能将联苯胺氧化为联苯胺蓝，本身被还原为钼蓝。PO_4^{3-} 和 AsO_3^{3-} 也能与钼酸铵反应生成磷钼酸铵和砷钼酸铵沉淀，但它们不溶于 HNO_3，而硅钼酸铵溶于 HNO_3，借助此性质可使之分离。进入溶液中的少量磷钼酸铵和砷钼酸铵可用 $H_2C_2O_4$ 掩蔽。

16. PO_4^{3-}

(1) 在滤纸上加 1 滴酸性试液，加 1 滴 $(NH_4)_2MoO_4$ 试剂，生成黄色 $(NH_4)_3[P(Mo_3O_{10})_4]$ 沉淀。烤干，在斑点中央加 1 滴酒石酸及 1 滴联苯胺，再用 NH_3 熏一下，若斑点显蓝色，示有 PO_4^{3-}。

在酸性介质及加热条件下，PO_4^{3-} 与 $(NH_4)_2MoO_4$ 反应生成特殊的黄色晶体沉淀。

$$PO_4^{3-} + 3NH_4^+ + 12MoO_4^{2-} + 24H^+ \xlongequal{\triangle} (NH_4)_3PO_4 \cdot 12MoO_3 \downarrow + 12H_2O$$

产物亦可写成 $(NH_4)_3[P(Mo_3O_{10})_4] \cdot 12H_2O$。

磷钼酸遇还原剂即被还原生成蓝色低价钼的氧化物。磷钼酸铵或磷钼酸将联苯胺氧化为蓝色的联苯胺蓝，磷钼酸还原为磷钼蓝，显蓝色。SiO_3^{2-} 和 AsO_4^{3-} 干扰反应，可加酒石酸消除。

(2) 取 1 滴试液于离心管中，调 pH 为 8～9，加少许氯化 *N*-(2,4-二硝基苯基)吡啶盐固体，生成橙红色沉淀，示有 PO_4^{3-}。

如有 CO_3^{2-} 同时存在，可将试液用盐酸酸化，并在水浴中加热赶尽 CO_2，再调 pH 为 8～9 进行检验。

17. CH_3COO^-

加数滴试液于离心管中，加 2 滴浓 H_2SO_4 及 3～4 滴戊醇，于水浴中加热 1～2 min，生成乙酸戊酯(梨精)。再将离心管中溶液倾入一盛有冷水的烧杯内，此时因酯类浮在水面,其香气更易于分辨,可嗅到酯的特殊香味,示有 CH_3COO^-。

$$2CH_3COONa + H_2SO_4 \xlongequal{} Na_2SO_4 + 2CH_3COOH$$
$$CH_3COOH + C_5H_{11}OH \xlongequal{} CH_3COOC_5H_{11} + H_2O$$

当溶液加热时乙酸戊酯立即挥发,很容易从它的芳香味而辨认。

18. $C_2O_4^{2-}$

(1) 取 1 滴 $MnSO_4$ 溶液于离心管中,加 2 滴 2 $mol \cdot L^{-1}$ NaOH 溶液,生成白色沉淀。在水浴上温热几分钟,离心分离,弃去离心液,此时沉淀应为棕色 $MnO(OH)_2$。冷却,加 2 滴试液,再加 1~2 滴 2 $mol \cdot L^{-1}$ H_2SO_4 溶液,沉淀溶解,溶液为深樱红色 $[Mn(C_2O_4)_3]^{3-}$,示有 $C_2O_4^{2-}$。

NaOH 与 Mn^{2+} 生成白色胶凝状氢氧化锰沉淀:

$$Mn^{2+} + 2OH^- \xlongequal{} Mn(OH)_2 \downarrow$$

$Mn(OH)_2$ 在碱性介质中不稳定,易被空气中的氧气氧化为棕色碱式氧化锰沉淀:

$$2Mn(OH)_2 + O_2 \xlongequal{\triangle} 2MnO(OH)_2 \downarrow$$

沉淀被酸溶解,与 $C_2O_4^{2-}$ 反应生成深樱红色的 $[Mn(C_2O_4)_3]^{3-}$。

(2) 取 2 滴试液于离心管中,加热至 60~70 ℃,加 1 滴 1 $mol \cdot L^{-1}$ H_2SO_4 溶液和 1 小滴 $KMnO_4$ 溶液,混合后 $KMnO_4$ 紫色褪去,并有 CO_2 产生,示有 $C_2O_4^{2-}$。

$$2MnO_4^- + 5H_2C_2O_4 + 6H^+ \xlongequal{\triangle} 2Mn^{2+} + 10CO_2 \uparrow + 8H_2O$$

S^{2-},SO_3^{2-},$S_2O_3^{2-}$,NO_2^- 干扰反应。

五、混合阴离子的分析步骤

下面讨论常见阴离子混合溶液的鉴定方法。

(一) NO_2^- 存在下检出 NO_3^-

取 1 滴用稀 H_2SO_4 溶液酸化的试液于 KI-淀粉纸上,斑点变蓝,示有 NO_2^-。如 NO_2^- 存在,用 $FeSO_4$-H_2SO_4 反应鉴定 NO_3^-,须先除 NO_2^-,为此可采用一简单、有效的方法,即加入氨基磺酸 $HOSO_2NH_2$,NO_2^- 可完全分解:

$$HOSO_2NH_2 + HNO_2 \xlongequal{} N_2 \uparrow + 2H^+ + SO_4^{2-} + H_2O$$

NO_2^- 除去之后,放数粒 $FeSO_4$ 结晶于点滴板上,加 1 滴试液,再从旁边加 1 滴浓 H_2SO_4,不要搅拌,在 $FeSO_4$ 结晶周围形成棕色环,示有 NO_3^-。

（二）Cl^-,Br^-,I^-混合物的分析步骤

（1）Cl^-,Br^-,I^-的沉淀　在 3~4 滴试液中加数滴 $AgNO_3$ 溶液及 2~3 滴 6 $mol·L^{-1}$ HNO_3溶液。加热，离心分离，弃去离心液，沉淀按下述（2）进行实验。

（2）AgCl 的溶解及 Cl^-的鉴定　取上述（1）所得沉淀用 HNO_3 溶液（1 mL 蒸馏水加 1 滴 1 $mol·L^{-1}$ HNO_3 溶液）洗涤 2 次，加 10 滴 2 $mol·L^{-1}$ $(NH_4)_2CO_3$ 溶液，充分搅拌 1 min，离心沉降，沉淀按下述（3）进行实验。离心液用于鉴定 Cl^-。

取上述离心液于离心管中，加几滴 1 $mol·L^{-1}$ HNO_3 溶液酸化，生成白色沉淀后，离心分离，用蒸馏水洗涤沉淀 1~2 次。加 2~3 滴 Na_3AsO_3 溶液，生成黄色沉淀，示有 Cl^-。

（3）将上述（2）所得沉淀洗好后加 5~6 滴蒸馏水和少许 Zn 粉，搅拌 1 min，将沉淀（过量 Zn 粉及生成的金属银）离心分离，弃去沉淀。离心液按下述（4）进行实验。

（4）Br^-和 I^-的鉴定　取 2 滴上述（3）所得离心液，用 1 $mol·L^{-1}$ H_2SO_4 溶液酸化，利用氯水在 CCl_4 存在下检出 Br^-和 I^-，参见常见阴离子的鉴定 9 和 10。

除上述鉴定方法外，也可以利用以下方法鉴定 Br^-和 I^-：将 Br^-氧化成 Br_2，再与无色品红反应，可鉴定 Br^-；I^-与 Bi^{3+}，Cu^{2+}及硫脲反应，可鉴定 I^-。

下面为 Cl^-,Br^-,I^-混合物的分析简表。

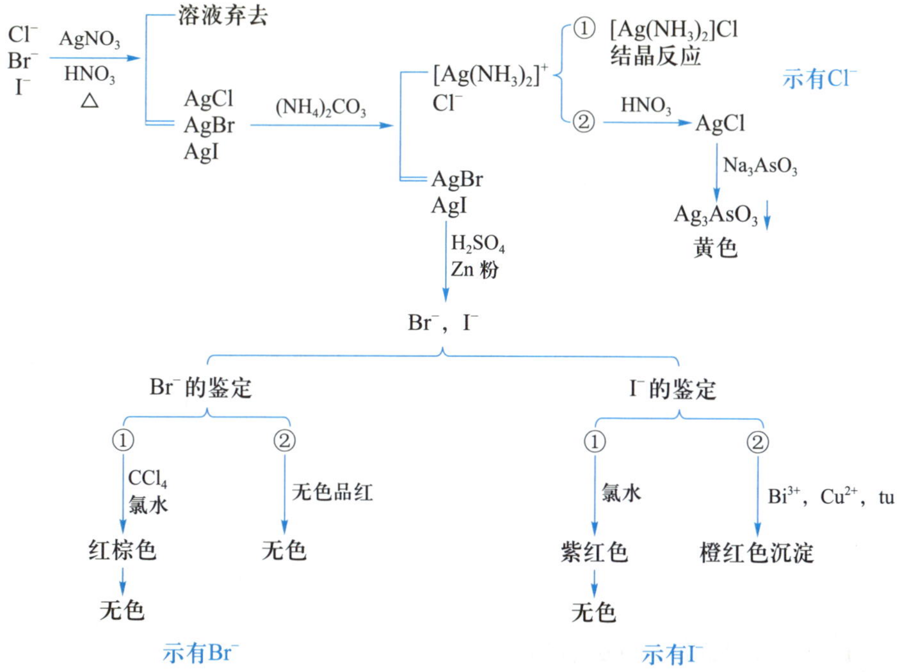

(三) PO_4^{3-},AsO_4^{3-},AsO_3^{3-} 混合物的分析步骤

1. PO_4^{3-},AsO_4^{3-} 与 AsO_3^{3-} 的分离

取 5~8 滴试液于离心管中,加 3 滴 2 $mol \cdot L^{-1}$ NH_4Cl 溶液,再加氨水至碱性,加 4~5 滴 $Mg(NO_3)_2$ 溶液,如果没有立即生成沉淀,用玻璃棒摩擦管壁,放置 15 min后析出白色沉淀,离心分离。沉淀按 2 进行实验,离心液按 3 鉴定 AsO_3^{3-}。

2. 鉴定 AsO_4^{3-},PO_4^{3-}

将 1 所得沉淀溶于 2 $mol \cdot L^{-1}$ HAc 溶液中,分别鉴定 AsO_4^{3-} 和 PO_4^{3-}。

(1) 鉴定 AsO_4^{3-}　取 2 滴溶液,加入等体积浓盐酸,再加 1 滴 KI 溶液和 4 滴苯试剂,搅拌后苯层出现紫色(I_2),示有 AsO_4^{3-}。

(2) PO_4^{3-} 与 AsO_4^{3-} 的分离及 PO_4^{3-} 的鉴定　取鉴定 AsO_4^{3-} 后剩余的溶液,用稀 HCl 溶液酸化,加 6 滴 TAA 溶液,置于沸水浴中加热 10 min,生成黄色 As_2S_3 沉淀。离心分离,弃去沉淀,离心液加热 10 min,除尽 H_2S 后鉴定 PO_4^{3-}。为此,滴 1 滴离心液于滤纸上,加钼酸铵(30 $g \cdot L^{-1}$)、硝酸溶液(1 $mol \cdot L^{-1}$)及联苯胺试剂各 1 滴,滤纸在氨瓶口上方熏一段时间,斑点变蓝色,示有 PO_4^{3-}。

3. AsO_3^{3-} 的鉴定

取上述 1 所得离心液,加 2 $mol \cdot L^{-1}$ HCl 溶液使其呈酸性,加数滴 TAA 溶液,加热,生成黄色 As_2S_3 沉淀。离心分离,在沉淀上加数滴 2 $mol \cdot L^{-1}$ 氨水,沉淀溶解。当用 2 $mol \cdot L^{-1}$ HCl 溶液调至溶液为酸性时,黄色沉淀再度析出,示有 AsO_3^{3-}。

(四) S^{2-},SO_3^{2-},$S_2O_3^{2-}$ 混合物的分析步骤

(1) 取 1 滴碱性试液,加亚硝酰铁氰化钠,溶液变成紫色,示有 S^{2-}。

(2) 取 5 滴试液,加少量固体 $CdCO_3$,搅拌,离心沉降。取 1 滴离心液,用亚硝酰铁氰化钠检查沉淀是否完全,必要时再加固体 $CdCO_3$ 并重新进行搅拌。沉淀完全后,将含 CdS 及过量 $CdCO_3$ 的沉淀离心沉降。弃去沉淀,离心液按下述(3)鉴定 $S_2O_3^{2-}$,按下述(4)鉴定 SO_3^{2-}。

(3) 取 2 滴离心液,加 3~4 滴 2 $mol \cdot L^{-1}$ HCl 溶液,加热,产生白色或淡黄色混浊,示有 $S_2O_3^{2-}$。

(4) 在鉴定 $S_2O_3^{2-}$ 后剩余的溶液中加入 $SrCl_2$ 或 $Sr(NO_3)_2$ 溶液至沉淀完全。放置 10 min,将可能含 $SrSO_4$ 的沉淀离心沉降,仔细洗涤 2~3 次以除去 $S_2O_3^{2-}$。弃去离心液,用 2 $mol \cdot L^{-1}$ HCl 溶液处理沉淀,用 SO_3^{2-} 的特殊反应(生成 SO_2,使 I_2 或品红溶液褪色等)检出 SO_3^{2-}。

六、思考题

1. 如何将 AgCl 与 AgBr 分离?

2. 如何将 I^- 与 Br^- 分离？

3. 试将 PO_4^{3-}，AsO_4^{3-}，AsO_3^{3-} 及 S^{2-}，SO_3^{2-}，$S_2O_3^{2-}$ 混合物的分析步骤用简表列出。

4. 某中性溶液中含有 Ag^+ 和 Ba^{2+}，哪些阴离子可能存在？

5. 某酸性溶液中含有 Ag^+ 和 Ba^{2+}，哪些阴离子可能存在？

6. 第二组及第四组阴离子中，哪些阴离子在酸性溶液中能使 $KMnO_4$ 还原而褪色？哪些阴离子能将 I^- 氧化为 I_2？

· 实验九　铜合金的定性分析 ·

在离心管中加入 0.02～0.03 g 铜合金，加 10 滴 6 mol·L^{-1}HCl 溶液，并慢慢滴加 5 滴 30% H_2O_2 溶液。待合金完全溶解后，将离心管置于沸水浴中加热，分解过量的 H_2O_2，冷却后参考下表方案并按前述阳离子分离、鉴定方法进行实验。

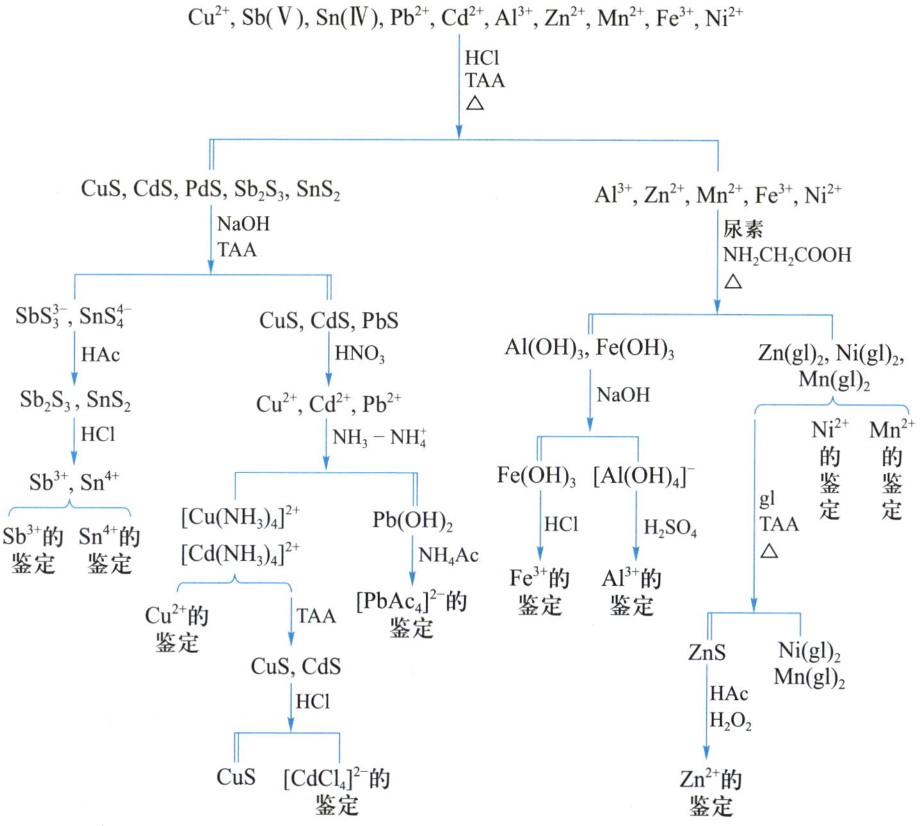

§ 2.4 定性分析试剂配制方法[①]

一、常见阳离子练习试液(每毫升试液含阳离子 10 mg)

编号	组分	化合物	$\rho_B/(g\cdot L^{-1})$	溶剂及配制方法
101	Ag^+	$AgNO_3$	15.7	水
102	Hg_2^{2+}	$Hg_2(NO_3)_2\cdot 2H_2O$	14.0	0.6 $mol\cdot L^{-1}$ HNO_3 溶液,使用前新配制
103	Pb^{2+}	$Pb(NO_3)_2$	16.0	水
104	Bi^{3+}	$Bi(NO_3)_3\cdot 5H_2O$	23.2	3 $mol\cdot L^{-1}$ HNO_3 溶液
105	Cu^{2+}	$Cu(NO_3)_2\cdot 3H_2O$	38.2	水
106	Cd^{2+}	$Cd(NO_3)_2\cdot 4H_2O$	27.4	水
107	As(Ⅲ)	As_2O_3	13.2	溶于 500 mL 浓盐酸后用水稀释至 1 L
108	As(Ⅴ)	As_2O_5	15.3	同上
109	Sb(Ⅲ)	$SbCl_3$	18.7	溶于 6 $mol\cdot L^{-1}$ HCl 溶液后用 2 $mol\cdot L^{-1}$ HCl 溶液稀释至 1 L
110	Sb(Ⅴ)	$SbCl_5$	24.6	同上
111	Sn^{2+}	$SnCl_2\cdot 2H_2O$	19.0	6 $mol\cdot L^{-1}$ HCl 溶液,使用前新配制
112	Sn^{4+}	$SnCl_4\cdot 3H_2O$	26.5	6 $mol\cdot L^{-1}$ HCl 溶液
113	Hg^{2+}	$Hg(NO_3)_2$	16.2	0.6 $mol\cdot L^{-1}$ HNO_3 溶液
114	Al^{3+}	$Al(NO_3)_3\cdot 9H_2O$	139.0	水
115	Cr^{3+}	$Cr(NO_3)_3\cdot 9H_2O$	76.9	水
116	Fe^{3+}	$Fe(NO_3)_3\cdot 9H_2O$	72.3	水(如出现混浊加几滴 6 $mol\cdot L^{-1}$ HNO_3 溶液至溶液澄清)

① 实验用水为蒸馏水。

续表

编号	组分	化合物	$\rho_B/(g \cdot L^{-1})$	溶剂及配制方法
117	Fe^{2+}	$FeCl_2 \cdot 4H_2O$	35.6	溶于适量 1 $mol \cdot L^{-1}$ HCl 溶液后用水稀释至 1 L，使用前新配制
118	Mn^{2+}	$Mn(NO_3)_2 \cdot 6H_2O$	52.2	水
119	Zn^{2+}	$Zn(NO_3)_2 \cdot 6H_2O$	45.5	水
120	Co^{2+}	$Co(NO_3)_2 \cdot 6H_2O$	49.4	水
121	Ni^{2+}	$Ni(NO_3)_2 \cdot 6H_2O$	49.6	水
122	Ba^{2+}	$Ba(NO_3)_2$	19.0	水
123	Sr^{2+}	$Sr(NO_3)_2$	24.2	水
124	Ca^{2+}	$Ca(NO_3)_2 \cdot 4H_2O$	58.9	水
125	Mg^{2+}	$Mg(NO_3)_2 \cdot 6H_2O$	105.5	水
126	K^+	KNO_3	25.9	水
127	Na^+	$NaNO_3$	37.0	水
128	NH_4^+	NH_4NO_3	44.5	水

二、常见阴离子练习试液（每毫升试液含阴离子 10 mg）

编号	组分	化合物	$\rho_B/(g \cdot L^{-1})$	溶剂及配制方法
201	CO_3^{2-}	$Na_2CO_3 \cdot 10H_2O$	47.8	水
202	SO_3^{2-}	$Na_2SO_3 \cdot 7H_2O$	31.5	水，使用前新配制
203	$S_2O_3^{2-}$	$Na_2S_2O_3 \cdot 5H_2O$	22.1	水
204	S^{2-}	$Na_2S \cdot 9H_2O$	75.1	水
205	NO_2^-	$NaNO_2$	15.0	水
206	CN^-	KCN	25.0	水
207	SCN^-	KSCN	16.7	水
208	Cl^-	NaCl	16.5	水
209	Br^-	KBr	14.9	水
210	I^-	KI	13.1	水

续表

编号	组分	化合物	$\rho_B/(g \cdot L^{-1})$	溶剂及配制方法
211	F^-	KF	30.6	水
212	NO_3^-	$NaNO_3$	13.7	水
213	BO_2^-	$Na_2B_4O_7 \cdot 10H_2O$	22.3	0.1 $mol \cdot L^{-1}$ NaOH 溶液
214	SO_4^{2-}	$Na_2SO_4 \cdot 10H_2O$	33.6	水
215	SiO_3^{2-}	$Na_2SiO_3 \cdot 5H_2O$	29.2	水
216	PO_4^{3-}	$Na_2HPO_4 \cdot 12H_2O$	37.7	水
217	Ac^-	$NaAc \cdot 3H_2O$	23.0	水
218	$C_2O_4^{2-}$	$K_2C_2O_4 \cdot H_2O$	18.9	水

三、酸溶液

编号	名称	$c/(mol \cdot L^{-1})$	溶剂及配制方法
301	HCl	12	浓盐酸
302	HCl	9	750 mL 浓盐酸+250 mL 水
303	HCl	6	500 mL 浓盐酸+500 mL 水
304	HCl	2	167 mL 浓盐酸+833 mL 水
305	HCl	1	83 mL 浓盐酸+917 mL 水
306	HCl	0.5	42 mL 浓盐酸+958 mL 水
307	HNO_3	16	浓 HNO_3
308	HNO_3	6	375 mL 浓 HNO_3+625 mL 水
309	HNO_3	3	188 mL 浓 HNO_3+812 mL 水
310	HNO_3	1	63 mL 浓 HNO_3+937 mL 水
311	H_2SO_4	8	445 mL 浓 H_2SO_4 慢慢加入 500 mL 水中,冷却后用水稀释至 1 L
312	H_2SO_4	3	166 mL 浓 H_2SO_4 慢慢加入 500 mL 水中,冷却后用水稀释至 1 L
313	H_2SO_4	1	55.4 mL 浓 H_2SO_4 慢慢加入 800 mL 水中,冷后用水稀释至 1 L

续表

编号	名称	$c/(mol\cdot L^{-1})$	溶剂及配制方法
314	冰 HAc	17	冰 HAc
315	HAc	9	50 mL 冰 HAc+50 mL 水
316	HAc	6	35 mL 冰 HAc+65 mL 水
317	HAc	1	57 mL 冰 HAc+943 mL 水
318	HAc	0.5	29 mL 冰 HAc+943 mL 水
319	缓冲溶液 (pH=4.5)	—	50 mL 2 $mol\cdot L^{-1}$ NaAc 溶液+100 mL 2 $mol\cdot L^{-1}$ HCl 溶液
320	缓冲溶液 (pH=10)	—	67 g NH_4Cl 溶于 300 mL 水后，加 520 mL 浓氨水，用水稀释至 1 L

四、碱溶液

编号	名称	$c/(mol\cdot L^{-1})$	溶剂及配制方法
401	NaOH	6	240 g NaOH 溶于 400 mL 水中，盖上表面皿，冷却后用水稀释至 1 L
402	NaOH	2	80 g NaOH 溶于 150 mL 水中，盖上表面皿，冷却后用水稀释至 1 L
403	NaOH	1	40 g NaOH 溶于 80 mL 水中，盖上表面皿，冷却后用水稀释至 1 L
404	KOH	2	112 g KOH 加 100 mL 水，搅拌溶解，冷却后稀释至 1 L
405	KOH	0.5	28 g KOH 加 50 mL 水，搅拌溶解，冷却后稀释至 1 L
406	氨水	15	浓氨水
407	氨水	6	400 mL 浓氨水与 600 mL 水混合
408	氨水	2	133 mL 浓氨水与 867 mL 水混合
409	氨水	0.5	33 mL 浓氨水与 967 mL 水混合
410	$Ba(OH)_2$	饱和溶液	72 g $Ba(OH)_2\cdot 8H_2O$ 溶于 1 L 水中，充分搅拌，放置 24 h 后，使用上层清液，注意防止溶液吸收 CO_2
411	$Ca(OH)_2$ (石灰水)	饱和溶液	17 g $Ca(OH)_2$ 溶于 1 L 水中，使用时新配制

五、盐溶液

编号	试剂名称	$c/(mol \cdot L^{-1})$	溶剂及配制方法
501	$AgNO_3$	1	170 g $AgNO_3$ 溶于水中,稀释至 1 L
502	$BaCl_2$	0.5	122 g $BaCl_2 \cdot 2H_2O$ 溶于水中,稀释至 1 L
503	$CaCl_2$	0.5	109.5 g $CaCl_2 \cdot 6H_2O$ 溶于水中,稀释至 1 L
504	$CuSO_4$	20 $g \cdot L^{-1}$	31.2 g $CuSO_4 \cdot 5H_2O$ 溶于水中,稀释至1 L
505	$CuSO_4$	2 $g \cdot L^{-1}$	取 10 mL 20 $g \cdot L^{-1}$ $CuSO_4$ 溶液,用水稀释至 100 mL
506	Na_2CO_3	饱和溶液	4 g Na_2CO_3 溶于 25 mL 水中
507	Na_2CO_3	0.05	5.3 g Na_2CO_3 溶于水中,稀释至 1 L
508	NaAc	饱和溶液	53 g $NaAc \cdot 3H_2O$ 溶于 70 mL 热水中,冷却后稀释至 100 mL
509	NaAc	1	136 g $NaAc \cdot 3H_2O$ 溶于水中,稀释至 1 L
510	$Na_2S_2O_3$	0.1	24.8 g $Na_2S_2O_3 \cdot 5H_2O$ 溶于水中,稀释至 1 L
511	$Na_2S_2O_3$	0.05	5 mL 0.1 $mol \cdot L^{-1}$ $Na_2S_2O_3$ 溶液与 5 mL 水混匀
512	NaF	0.1	4.2 g NaF 溶于水中,稀释至 1 L
513	Na_3AsO_3	0.1	19.2 g Na_3AsO_3 溶于水中,稀释至 1 L
514	$NaHSO_3$	330 $g \cdot L^{-1}$	33 g $NaHSO_3$ 溶于水中,稀释至 100 mL,使用时新配制
515	K_2CrO_4	50 $g \cdot L^{-1}$	50 g K_2CrO_4 溶于水中,稀释至 1 L
516	$K_2Cr_2O_7$	0.5	147 g $K_2Cr_2O_7$ 溶于水中,稀释至 1 L
517	$K_4[Fe(CN)_6]$	0.025	10.4 g $K_4[Fe(CN)_6] \cdot 3H_2O$ 溶于水中,稀释至1 L
518	$K_3[Fe(CN)_6]$	0.033	10.9 g $K_3[Fe(CN)_6]$溶于水中,稀释至 1 L
519	KI	1	166 g KI 溶于水中,稀释至 1 L
520	KI	40 $g \cdot L^{-1}$	40 g KI 溶于水中,稀释至 1 L
521	$KMnO_4$	0.05	7.9 g $KMnO_4$ 溶于水中,稀释至 1 L

续表

编号	试剂名称	$c/(mol \cdot L^{-1})$	溶剂及配制方法
522	NH_4Cl	3	160 g NH_4Cl 溶于水中，稀释至 1 L
523	NH_4NO_3	50 $g \cdot L^{-1}$	5 g NH_4NO_3 溶于水中，稀释至 100 mL
524	NH_4Ac	3	231 g NH_4Ac 溶于水中，稀释至 1 L
525	$(NH_4)_2CO_3$	1	96 g $(NH_4)_2CO_3$ 研细，溶于 1 L 2 $mol \cdot L^{-1}$ 氨水中（阳离子第Ⅳ组组试剂）
526	$(NH_4)_2CO_3$	2	192 g $(NH_4)_2CO_3$ 溶于水中，稀释至 1 L
527	$(NH_4)_2C_2O_4$	0.25	35.5 g $(NH_4)_2C_2O_4 \cdot H_2O$ 溶于水中，稀释至 1 L
528	$HgCl_2$	0.2	54.3 g $HgCl_2$ 溶于水中，稀释至 1 L
529	$FeCl_3$	0.5	135 g $FeCl_3 \cdot 6H_2O$ 溶于水中，稀释至 1 L
530	$Ba(Ac)_2$	0.1 $g \cdot mL^{-1}$	10 g $Ba(Ac)_2$ 溶于水中，稀释至 100 mL
531	$Cu(Ac)_2$	0.1 $g \cdot mL^{-1}$	10 g $Cu(Ac)_2$ 溶于水中，稀释至 100 mL
532	$(NH_4)_2S_2O_8$	0.1	2.28 g $(NH_4)_2S_2O_8$ 溶于水中，稀释至 100 mL
533	$AgNO_3$	0.1	17 g $AgNO_3$ 溶于水中，稀释至 1 L
534	$(NH_4)_2MoO_4$	30 $g \cdot L^{-1}$	3.3 g $(NH_4)_2MoO_4 \cdot 4H_2O$ 细末加 20 g NH_4NO_3 拌匀，加入 80 mL 4.5 $mol \cdot L^{-1}$ HNO_3 溶液中，搅拌溶解，放置 48 h，如有沉淀过滤后使用
535	$Hg_2(NO_3)_2$	0.05	28.1 g $Hg_2(NO_3)_2 \cdot 2H_2O$ 溶于 500 mL 冷的水与 10 mL 浓 HNO_3 的混合液中，用水稀释至 1 L。配好后加 1 滴金属汞防止 Hg_2^{2+} 被氧化
536	$SnCl_2$	0.25	56.4 g $SnCl_2 \cdot 2H_2O$ 溶于 100 mL 浓盐酸及 80 mL水的溶液中，用水稀释至 1 L 并加少许 Sn 粒防止 Sn^{2+} 被氧化
537	$CaCl_2$	0.5	109.5 g $CaCl_2 \cdot 6H_2O$ 溶于水，稀释至 1 L
538	$ZnSO_4$	饱和溶液	水
539	NH_4SCN	饱和溶液	水
540	H_2O_2	3%	100 mL 浓 H_2O_2(30%)用水稀释至 1 L
541	$Pb(Ac)_2$	0.25	95 g $Pb(Ac)_2 \cdot 3H_2O$ 溶于 500 mL 水及 10 mL 冰 HAc 中，用水稀释至 1 L

续表

编号	试剂名称	$c/(mol\cdot L^{-1})$	溶剂及配制方法
542	$Na_2Pb(OH)_4$		取 10 mL 0.25 $mol\cdot L^{-1}$ $Pb(Ac)_2$ 溶液,滴加 2 $mol\cdot L^{-1}$NaOH溶液至生成白色沉淀又溶解
543	$FeSO_4$	250 $g\cdot L^{-1}$	45.8 g $FeSO_4\cdot 7H_2O$ 溶于 50 mL 水及 5 mL 1 $mol\cdot L^{-1}$ H_2SO_4 溶液中,用水稀释至 100 mL
544	$Co(NO_3)_2$	0.5	146 g $Co(NO_3)_2\cdot 6H_2O$ 溶于水中,稀释至 1 L
545	$MnSO_4$	0.5	139 g $MnSO_4\cdot 7H_2O$ 溶于水中,稀释至 1 L
546	NaBrO	0.25	取 50 mL 新配制的 Br_2 水,滴加 2 $mol\cdot L^{-1}$NaOH 溶液至溶液变为无色(约需 50 mL)
547	$Mg(NO_3)_2$-NH_4NO_3		128 g $Mg(NO_3)_2\cdot 6H_2O$ 和 160 g NH_4NO 溶于水中,加 50 mL 浓氨水,用水稀释至 1 L
548	$Co(NO_3)_2$-NH_4SCN		2 g $Co(NO_3)_2$ 和 1 g NH_4SCN 溶于 5 mL 水中
549	$Na_3Co(NO_2)_6$	0.1	230 g $NaNO_2$ 于 500 mL 溶于水中,加入16.5 mL 6 $mol\cdot L^{-1}$ HAc 溶液及 30 g $Co(NO_3)_2\cdot 6H_2O$,静置过夜,过滤,滤液用水稀释至 1 L
550	亚硝酰铁氰化钠	30 $g\cdot L^{-1}$	3 g $Na_2[Fe(CN)_5\cdot NO]\cdot 2H_2O$ 溶于水中,稀释至 100 mL
551	乙酸铀酰锌		10 g $UO_2(Ac)_2\cdot 2H_2O$ 溶于 5 mL 冰 HAc 及20 mL 水中,稀释至 50 mL(溶液 a)。30 g $Zn(Ac)_2\cdot 2H_2O$ 溶于 5 mL 冰 HAc 及 20 mL 水中,稀释至 50 mL (溶液 b)。将溶液 a 与溶液 b 混合,加 0.5 g NaCl 结晶,放置 24 h 后把析出的沉淀过滤除去
552	I_2 液	0.05	12.7 g I_2 及 25 g KI 溶于尽可能少的水中,稀释至 1 L
553	I_2 液	0.005	取 10 mL 0.05$mol\cdot L^{-1}$$I_2$ 液,用水稀释至 100 mL
554	Cl_2 液	约 0.1	100 mL 水用 Cl_2 饱和
555	奈斯勒试剂		115 g HgI_2 和 80 g KI 溶于水中,稀释至 500 mL。然后,加入 500 mL 6$mol\cdot L^{-1}$NaOH 溶液,放置,取清液于棕色瓶中,在暗处贮存

六、有机试剂

编号	名称	$\rho_B/(g\cdot L^{-1})$	溶剂及配制方法
601	硫代乙酰胺	50	5 g CH_3CSNH_2 溶于水中,稀释至 100 mL
602	氨基乙酸	50	5 g NH_2CH_2COOH 溶于水中,稀释至 100 mL
603	酚酞-Na_2CO_3		1 mL 0.05 $mol\cdot L^{-1}$ Na_2CO_3 溶液加 2 mL 5 $g\cdot L^{-1}$ 酚酞的乙醇溶液,再加 10 mL 水混匀
604	甲基紫	1	水溶液,用时新配制
605	罗丹明 B	0.1	水溶液
606	百里酚蓝	0.1	乙醇溶液
607	四苯硼化钠	1	0.1 g $Na[B(C_6H_5)_4]$溶于 100 mL 水中,用时新配制
608	甲基橙	0.1	水溶液
609	玫瑰红酸钠	5	水溶液,用时新配制
610	品红	1	水溶液
611	无色品红		取 1 $g\cdot L^{-1}$品红溶液,滴加 $NaHSO_3$ 溶液至红色褪去
612	PAN	1	乙醇溶液
613	溴百里酚蓝	1	0.1 g 溴百里酚蓝溶于 100 mL 20%的乙醇溶液中
614	茜素 S	1	水溶液
615	丁二酮肟	10	乙醇溶液
616	红胺酸 $(H_2NCS)_2$	10	乙醇溶液
617	GBHA	2	无水乙醇溶液
618	对氨基苯磺酸		0.5 g 对氨基苯磺酸溶于 150 mL 2 $mol\cdot L^{-1}$ HAc 溶液中
619	α-萘胺		0.3 g α-萘胺溶于 20 mL 水中,煮沸后加 150 mL 2$mol\cdot L^{-1}$HAc 溶液

续表

编号	名称	$\rho_B/(g\cdot L^{-1})$	溶剂及配制方法
620	铝试剂	10	水溶液
621	EDTA	1	37.2 g EDTA 溶于水中,稀释至 1 L
622	邻二氮菲	5	水溶液
623	茜素 S-$Zr(NO_3)_4$		0.1 g $Zr(NO_3)_4$ 溶于 20 mL 浓盐酸中,用水稀释至 100 mL,再注入 100 mL 1 $g\cdot L^{-1}$茜素 S 溶液
624	硫脲	25	水溶液
625	镉试剂	0.2	0.02 g 镉试剂溶于 100 mL 0.02 $mol\cdot L^{-1}$ KOH 溶液中
626	铬变酸	1	0.02 g 铬变酸加 20 mL 浓 H_2SO_4,温热溶解
627	铬黑 T	1	0.1 g 铬黑 T 溶于 75 mL 三乙醇胺及 25 mL 无水乙醇中
628	淀粉溶液		1 g 淀粉用水调成糊状,倒入 100 mL 沸水中,再煮沸数分钟
629	8-羟基喹啉	20	2 g C_9H_7ON 溶于 100 mL 2 $mol\cdot L^{-1}$HAc 溶液中
630	$Cu(Ac)_2$		3 g $Cu(Ac)_2\cdot H_2O$ 溶于水中,稀释至 100 mL
631	联苯胺		1 g 联苯胺溶于 100 mL 2 $mol\cdot L^{-1}$ HAc 溶液中。使用 $Cu(Ac)_2$-联苯胺试剂时将上面 $Cu(Ac)_2$ 溶液及联苯胺溶液等体积混合
632	氨基磺酸($NH_2\cdot SO_2\cdot OH$)	5	0.5 g 氨基磺酸溶于 100 mL 水中
633	镁试剂 I	0.01	0.001 g 镁试剂 I 溶于 100 mL 2 $mol\cdot L^{-1}$ NaOH 溶液中
634	甲醛	36%~38%(质量分数)	
635	靛蓝	10	0.1 g 靛蓝溶于 10 mL 浓 H_2SO_4 中
636	酒石酸	1 $mol\cdot L^{-1}$	15 g 酒石酸溶于水中,稀释至 100 mL

七、有机溶剂

701	无水乙醇	703	丙酮	705	氯仿
702	戊醇	704	四氯化碳	706	苯

八、固体试剂

801	Na_2SO_3	807	$K_2Cr_2O_7$	813	尿素
802	$NaNO_2$	808	NH_4SCN	814	抗坏血酸
803	Na_2CO_3	809	$(NH_4)_2CO_3$	815	Zn 粉
804	$NaBiO_3$	810	乙基磺酸钾	816	Pb 粒
805	$NaHCO_3$	811	$FeSO_4 \cdot 7H_2O$	817	锡箔
806	KNO_2	812	$CdCO_3$	818	氯化 *N*-(2,4-二硝基苯基)吡啶盐

九、试纸

901	pH 试纸	903	姜黄试纸
902	精密 pH 试纸	904	奈斯勒试纸

第3章

定量分析仪器与操作方法

§3.1 滴定分析仪器与操作方法

滴定分析中使用的玻璃仪器主要有滴定管、容量瓶、移液管、吸量管等可测量溶液体积的仪器,以及锥形瓶、量筒、称量瓶和烧杯等非定容仪器。各仪器的用途不同,操作方法有别。

一、滴定管

滴定管是用于滴加溶液并确定溶液体积的玻璃仪器。它的上部为带刻度的细长玻璃管,下端为滴液的尖嘴,中间是用于控制滴定速度的旋塞或乳胶管(配以玻璃珠)。滴定管分为酸式滴定管和碱式滴定管两种(见图 3-1)。酸式滴定管可用来装酸性、中性及氧化性溶液,但不宜装碱性溶液,因为碱性溶液能腐蚀玻璃磨口和旋塞。碱式滴定管用来装碱性及无氧化性溶液。能与乳胶管起反应的溶液,如高锰酸钾、碘和硝酸银等溶液,不能加入碱式滴定管中。目前市面上还有一种带聚四氟乙烯旋塞的通用型滴定管。这种滴定管可克服上述酸式、碱式滴定管存在的旋塞易堵塞、乳胶管易老化及只适用于某些溶液的缺点,使用起来较方便。

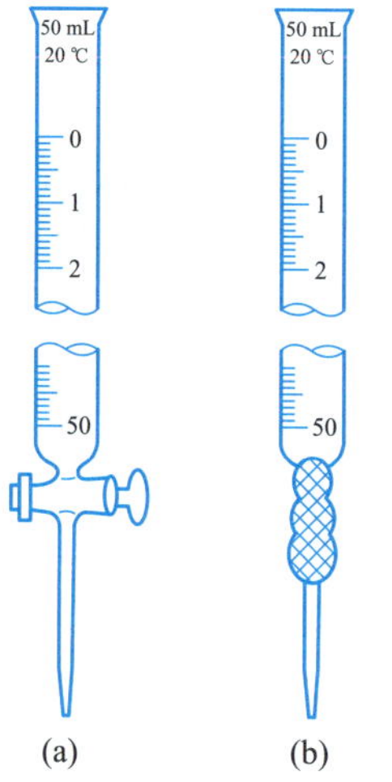

图 3-1 酸式滴定管(a)与碱式滴定管(b)

滴定管的容量有大有小,最小的为 1 mL,最大的为 100 mL,还有 50 mL,25 mL和 10 mL 的滴定管。常用的是 50 mL 和 25 mL 的滴定管。滴定管的容量精度分为 A,B 两级,A 级的精度较高。表 3-1 所示为 20 ℃时常用滴定管的容量允差(摘自国家标准 GB/T 12805—2011)。

表 3-1 常用滴定管的容量允差(20 ℃)

标示总容量/mL		2	5	10	25	50	100
分度值/mL		0.02	0.02	0.05	0.1	0.1	0.2
容量允差/mL(±)	A	0.010	0.010	0.025	0.05	0.05	0.10
	B	0.020	0.020	0.050	0.10	0.10	0.20

1. 滴定管的准备

滴定管一般用自来水冲洗，零刻度线以上部位可用毛刷刷洗，零刻度线以下部位如不干净，则应采用洗液洗涤（碱式滴定管应取下乳胶管，用乳胶头将滴定管下口堵住）。污垢少时可加入约 10 mL 洗液，双手平托滴定管的两端，不断转动滴定管，使洗液润洗滴定管内壁，操作时管口对准洗液瓶口，以防洗液外流。洗完后，将洗液分别由两端放出。如果滴定管太脏，可将洗液装满整根滴定管，并浸泡一段时间。为防止洗液流出，可在滴定管下方放一烧杯。最后用自来水、蒸馏水洗净。洗净后的滴定管内壁应被水均匀润湿而不挂水珠。如挂水珠，应重新洗涤。

滴定管洗涤好后，可在其中装入蒸馏水至零刻度线以上，并垂直地夹在滴定管架上，静置几分钟，观察是否漏水。然后试着滴定一下，看是否能灵活控制滴定速度。若滴定管漏水或操作不灵活，应进行下述处理：

(1) 对于酸式滴定管，应在旋塞与旋塞套内壁涂少许凡士林。涂凡士林时，不要涂得太多，以免堵住旋塞孔；也不要涂得太少，达不到转动灵活和防止漏水之目的。涂凡士林后，将旋塞直接插入旋塞套中。插入时旋塞孔应与滴定管平行，此时旋塞不要转动，以避免将凡士林挤到旋塞孔中去。然后，向同一方向不断旋转旋塞，直至旋塞周围呈均匀透明状为止。旋转时，注意应有一定的向旋塞小的一端挤的力，避免来回移动旋塞，使旋塞孔被堵住。最后将橡胶圈套在旋塞小端的沟槽上。若旋塞孔或出口尖嘴被凡士林堵塞，可将滴定管充满蒸馏水后（若室温较低，应加温蒸馏水），将旋塞打开，用洗耳球在滴定管上部挤压，将凡士林排出。

(2) 若为碱式滴定管，应检查乳胶管是否老化、玻璃珠大小是否合适。乳胶管老化则更换新的，玻璃珠过大（不便操作）或过小（会漏溶液）也应更换新的，以达到控制灵活、不漏溶液的目的。

(3) 若为带聚四氟乙烯旋塞的通用型滴定管，则通过调节螺丝即可。

2. 装溶液与排气

将待装的溶液摇匀，并注意使凝结在容器（一般为试剂瓶或容量瓶）内壁上的水珠混入溶液。再用该溶液润洗已清洗的滴定管内壁三次，每次用 10~15 mL 溶液。然后将瓶中的溶液直接倒入滴定管中（注意，不要借用其他容器，如烧杯、漏斗等来转移，以免带来误差），直至充满至零刻度线以上为止。

倒好溶液后，应检查尖嘴部分和乳胶管（碱式滴定管）内是否有气泡。若碱式滴定管中有气泡，可用右手拿滴定管，左手拇指和食指捏住玻璃珠部位，使橡胶管向上弯曲翘起，并捏挤乳胶管，使溶液从管口喷出，排除气泡（见图 3-2）。排除酸式滴定管及通用型滴定管中的气泡，可用右手拿滴定管，左手迅速打开旋塞，使溶液冲出管口，流入水槽，同时右手可上下抖动滴定管。排除酸式滴定管滴嘴部分的气泡,也可采用碱式滴定管排气泡的方法,但在排气泡前需在尖嘴上接上一根长约 10 cm 的乳胶管。排完气泡后,补加溶液至零刻度线以上,再在水槽上方调节液面至零刻度线或稍下处,读取刻度值。

3. 滴定管的读数

滴定管读数前,应检查滴定管尖嘴上是否挂着液珠。若尖嘴上挂有液珠,可通过轻触洁净烧杯或试剂瓶内壁的方法将其除去。滴定后,若尖嘴上挂有液珠,则无法准确确定滴定体积。读数时一般应遵循下列原则:

(1) 将滴定管从滴定管架上取下,用右手大拇指和食指捏住滴定管上部(即滴定管及溶液的重心以上),其他手指从旁辅助,使滴定管自然垂直,然后再读数。将滴定管夹在滴定管架上读数的方法,一般不宜采用,因为这样很难保证滴定管垂直和准确读数。

(2) 由于水的附着力和表面张力的作用,滴定管内的液面呈弯月形,无色和浅色溶液的弯月面比较清晰。读数时,视线应与弯月面下缘的最低点相切,即视线应与弯月面下缘的最低点在同一水平面上,如图 3-3 所示。对于有色溶液(如 $KMnO_4$,I_2 等),其弯月面不够清晰,读数时,视线应与液面两侧的最高点相切,这样才较易读准。

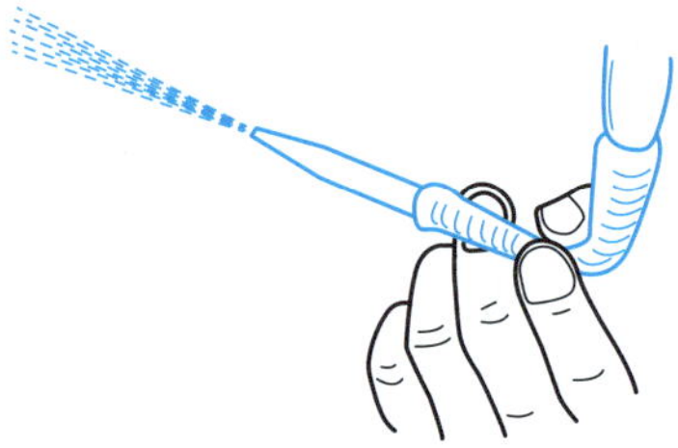

图 3-2 碱式滴定管排气泡的方法

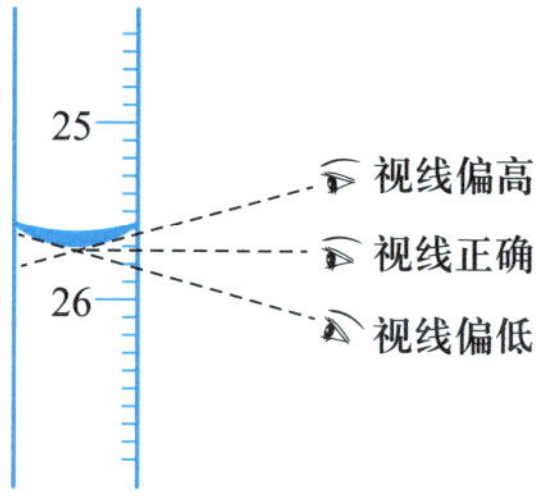

图 3-3 读数视线的位置

(3) 在滴定管装满或放出溶液后,必须等 1~2 min,使附着在内壁的溶液流下来后,再读数。如果放出溶液的速度较慢(如接近化学计量点时就是如此),那么可只等 0.5~1 min,即可读数。注意,在每次读数前,都应查看管壁内有没有挂液珠,尖嘴处有无悬液珠,尖嘴内有无气泡。

(4) 必须读至 0.01 mL 位。滴定管上两个小刻度之间为 0.1 mL,要正确估读其十分之一的值,需经严格训练方能做到。一般可以这样来估计:当液面在此两小刻度线中间时,最后一位即为 0.05 mL;若液面在两小刻度的三分之一处,即为 0.03 mL 或 0.07 mL;当液面在两小刻度的五分之一时,即为 0.02 mL 或 0.08 mL,等等。

(5) 对于有蓝带的滴定管,读数方法与上述方法相似。当蓝带滴定管内盛有溶液时，将出现似两个弯月面的上、下两个尖端相交，此上、下两尖端相交点的位置，即为蓝带管的读数的正确位置。

（6）为便于读数，可采用读数卡，它有利于初学者练习读数。读数卡是用贴有黑纸或涂有黑色长方形（约 3 cm×1.5 cm）的白纸板制成的。读数时，将读数卡放在滴定管背后，使黑色部分在弯月面下约 0.5 cm 处，此时即可看到弯月面的反射层全部成为黑色，如图 3-4 所示。然后，读此黑色弯月面下缘的最低点。对有色溶液须读其两侧最高点时，须用白色卡片作为背景。

4. 滴定操作

滴定操作

使用酸式滴定管时，左手握滴定管，其无名指和小指向手心弯曲，轻轻地贴着出口部分，用其余三指控制旋塞的转动，如图 3-5（a）所示。注意，不要向外用力，以免推出旋塞造成漏液，而应使旋塞稍有向手心的回力。通用型滴定管的操作与此类似。

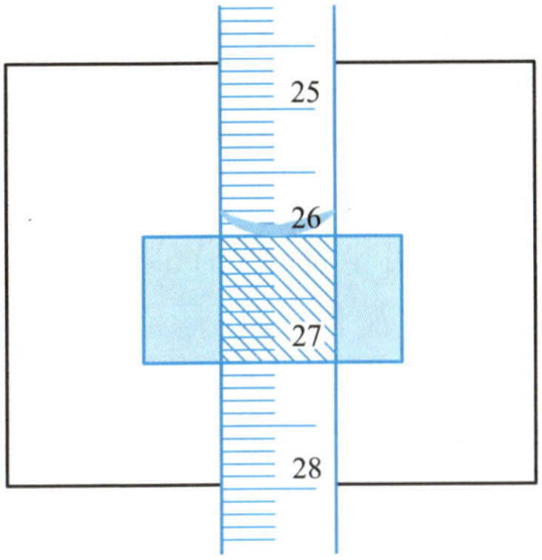

图 3-4　用读数卡读数

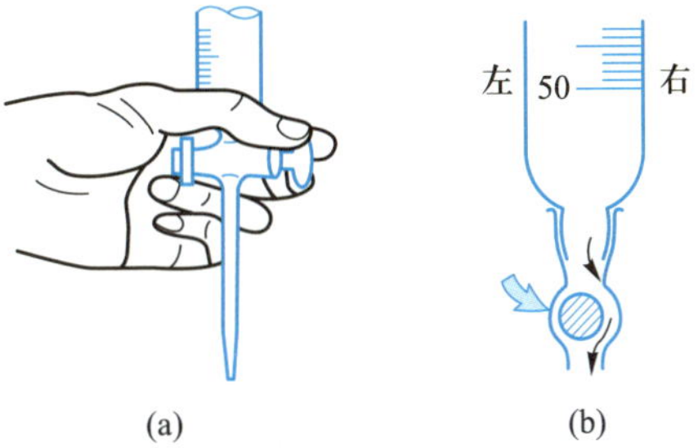

图 3-5　酸式滴定管和碱式滴定管的操作

若使用碱式滴定管，仍以左手握滴定管，其拇指在前，食指在后，其他三个手指辅助夹住出口管。用拇指和食指捏住玻璃珠所在部位，向右边挤橡胶管，使玻璃珠移至手心一侧，这样，溶液即可从玻璃珠旁边的空隙流出［见图 3-5（b）］。注意，不要用力捏玻璃珠，不要使玻璃珠上下移动；也不要捏玻璃珠下部橡胶管，以免空气进入而产生气泡。

滴定时要边滴边摇瓶，使滴定剂与被滴定物质迅速反应。若在锥形瓶中进行滴定，用右手的拇指、食指和中指抓住锥形瓶颈部，其余两指在下侧辅助，使瓶底离滴定台面 2～3 cm，滴定管的尖嘴伸入瓶内约 1 cm。左手控制滴定管滴加溶液，右手按顺（或反）时针方向摇动锥形瓶，如图 3-6 所示。

在烧杯中滴定时，将烧杯放在滴定台上，调节滴定管的高度，使其下端伸入烧杯内约 1 cm。滴定管下端应在烧杯中心的左后方处（放在中央影响搅拌，离杯壁过近不利于搅拌均匀）。左手控制滴定管滴加溶液，右手用玻璃棒搅拌溶液(见图 3-7)。玻璃棒应作圆周搅动,不要碰到烧杯壁和底部。当滴至接近终点需每次加入半滴溶液时,可用玻璃棒下端承接悬挂的半滴溶液于烧杯中。但要注意,玻璃棒只能接触液滴,不能接触滴定管尖嘴。

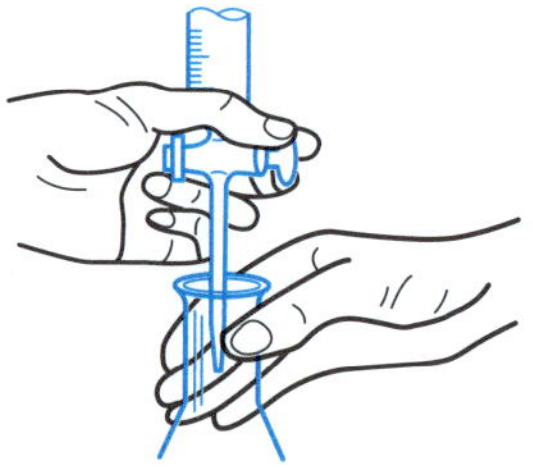

图 3-6 在锥形瓶中滴定的操作姿势

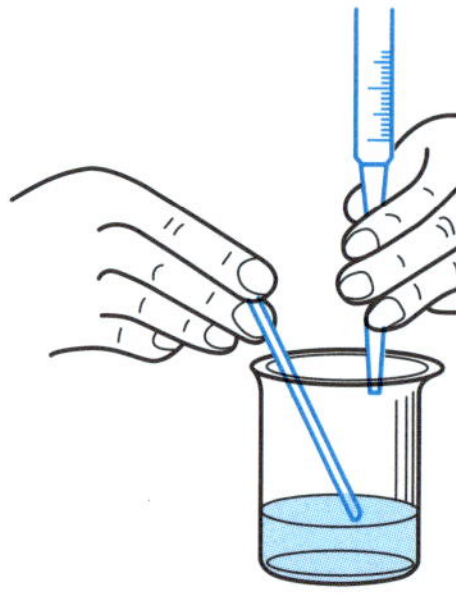

图 3-7 在烧杯中滴定的操作姿势

此外,在滴定时还应注意如下几点:

(1) 最好每次滴定都从 0.00 mL 开始,或接近零刻度线的某一刻度开始,这样可以减少滴定误差。

(2) 滴定时要站立好或坐端正(有时为操作方便也可坐着滴定),眼睛注视液滴落点周围颜色的变化。不要去看滴定管内液面刻度变化,而不顾滴定反应的进行。

(3) 滴定过程中,左手不能离开旋塞,而任溶液自流。右手摇瓶时,应微动腕关节,使溶液向同一方向旋转,不能前后振动,以免溶液溅出。摇瓶速度以使溶液旋转出现一旋涡为宜。摇得太慢,会影响化学反应的进行;摇得太快,易致溶液溅出或碰坏滴定管尖嘴。

(4) 开始滴定时,滴定速度可稍快,呈“见滴成线”状,即每秒 3~4 滴。但不要滴得太快,以致滴成“水线”状。在接近终点时,应一滴一滴加入,即加入一滴溶液后摇几下,再加,再摇。最后,每加入半滴溶液后,摇几下锥形瓶,直至溶液出现明显的颜色变化为止。

(5) 掌握半滴溶液的加入方法。若用酸式滴定管滴定,可轻轻转动旋塞,使溶液悬挂在定管尖嘴上,形成半滴,用锥形瓶内壁将其沾落,再用洗瓶吹洗。对于碱式滴定管,加半滴溶液时,应先松开拇指与食指,将悬挂的半滴溶液沾在锥形瓶内壁上,再放开无名指和小指,这样可避免管尖出现气泡。

加入半滴溶液时,也可使锥形瓶倾斜后再沾落液滴,这样液滴可落在锥形瓶的较下部位,便于用锥形瓶内的溶液将其涮至瓶中。如此可避免因吹洗次数太多而造成被滴定物过度稀释。

二、容量瓶

容量瓶是一种细颈梨形的平底玻璃瓶（见图 3-8），带有磨口玻璃塞或塑料塞。瓶颈上有标度刻线，一般表示在 20 ℃时当液体充满至标度刻线时液体的准确体积，其容量允差见附录 9。

图 3-8　容量瓶

容量瓶主要用于配制准确浓度的溶液或定量地稀释溶液，其使用方法及注意事项如下：

1. 检查容量瓶

检查容量瓶一是要看瓶塞是否漏水，其次是看标度刻线位置离瓶口是否太近。漏水则无法准确配制溶液；标度刻线离瓶口太近则不便混匀溶液。因此，两种情况下容量瓶都不宜使用。

检查瓶塞是否漏水的方法如下：加自来水至标度刻线附近，盖好瓶塞后，左手用食指按住瓶塞，其余手指拿住瓶颈标度刻线以上部分，右手用指尖托住瓶底边缘，如图 3-9 所示。将容量瓶倒立 2 min，如不漏水，将瓶直立；转动瓶塞 180°后，再倒立 2 min，如不漏水，便可使用。

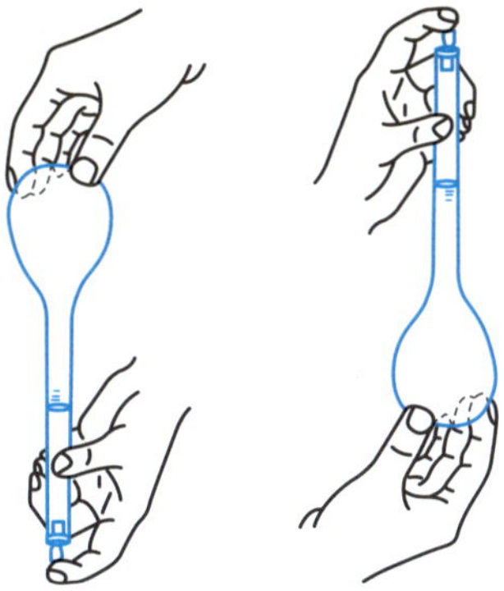

图 3-9　检查漏水和混匀溶液操作

容量瓶操作

使用容量瓶时，不要将其磨口玻璃塞随便取下放在台面上，以免沾污，可将瓶塞系在瓶颈上。若瓶塞为平头的塑料塞，可将瓶塞倒置在台面上。

2. 配制溶液

用容量瓶配制溶液时，最常用的方法如下：先称出固体试样于小烧杯中，加蒸馏水或其他溶剂将其溶解，然后将溶液定量转入容量瓶中。定量转移溶液时，右手拿玻璃棒，左手拿烧杯，使烧杯嘴紧靠玻璃棒，而玻璃棒则悬空伸入容量瓶口中，玻璃棒下端应靠在瓶颈内壁上，使溶液沿玻璃棒和内壁流入容量瓶中（见

图 3-10）。待烧杯中的溶液流完后，将玻璃棒和烧杯稍微向上提起，并使烧杯直立，再将玻璃棒放回烧杯中。然后，用洗瓶吹洗玻璃棒和烧杯内壁，再将溶液转入容量瓶中。如此吹洗、转移的操作，一般应重复 3 次以上，以保证定量转移。然后加蒸馏水至容量瓶容积的 3/4 左右时，用右手食指和中指夹住瓶塞的扁头，将容量瓶拿起，朝同一方向摇动几周，使溶液初步混匀。继续加蒸馏水至距离标度刻线约 1 cm 处后，等 1～2 min 使附在瓶颈内壁的溶液流下，再用滴管滴加蒸馏水至弯月面下缘与标度刻线相切（注意，勿使滴管接触溶液。也可用洗瓶加蒸馏水至刻度）。无论溶液有无颜色，均加蒸馏水至弯月面下缘与标刻度线相切为止。加蒸馏水至标度刻线后，盖上干燥的瓶塞，用左手食指按住瓶塞，其余手指拿住瓶颈标度刻线以上部分，而用右手的全部指尖托住瓶底边缘（见图 3-9），将容量瓶倒转，使气泡上升到顶部，同时可振荡容量瓶以混匀溶液。再将容量瓶直立过来，又再将容量瓶倒转，使气泡上升到顶部，振荡容量瓶。如此反复 10 次左右。

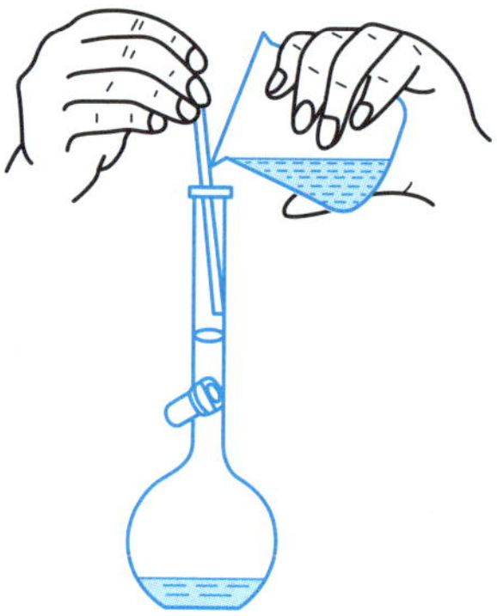

图 3-10　转移溶液的操作

3. 稀释溶液

用移液管移取一定体积的溶液置于容量瓶中，加蒸馏水至标度刻线，然后按上述方法混匀溶液。

4. 不宜长期保存溶液

配好的溶液若需长期保存，应将其转移至磨口试剂瓶中，不要将容量瓶当作试剂瓶使用。

5. 使用完毕应立即用水洗干净

若长期不用，在洗净擦干磨口后，用纸片将磨口隔开。

此外，容量瓶不能在烘箱中烘烤，也不能在电炉等加热器上直接加热。如需使用干燥的容量瓶，可在洗净后用乙醇等有机溶剂荡洗，然后晾干或用电吹风的冷风吹干。

三、移液管和吸量管

移液管是中间有一较大空腔的细长玻璃管，管颈上部刻有一标度刻线[见图 3-11(a)]，在标明的温度下，若使溶液的弯月面与移液管标度刻线相切，再让溶液按一定的方法自由流出，则流出溶液的体积与移液管上标明的体积相同。因此，移液管是用于准确量取一定体积溶液的玻璃仪器。

吸量管是带有分刻度的玻璃管，如图 3-11(b)，(c)，(d)所示。它一般用于量取较小体积的溶液。常用的吸量管有 1 mL，2 mL，5 mL，10 mL 等规格，吸量管量取溶液的准确度不如移液管。需要注意的是，有些吸量管的分刻度不是刻到管尖，而是离管尖尚有 1~2 cm。

移液管和吸量管的使用方法如下：

1. 润洗

润洗前，可用吸水纸将洗干净的移液管或吸量管的管尖端内外的水除去，然后用待吸溶液润洗 3 次。用于润洗的溶液可直接从待吸溶液中吸取，亦可将其从容器中倒入洁净干燥或润洗过的烧杯中，再吸取。吸取溶液时，用左手拿洗耳球，将食指或拇指放在洗耳球的上方，其余手指自然地握住洗耳球，用右手的拇指和中指拿住移液管（或吸量管）标度刻线以上的部分，无名指和小指辅助拿住移液管，将洗耳球对准移液管口，如图 3-12 所示。再将管尖端伸入溶液中吸取，待溶液被吸至管体积的约 1/4 处（注意，勿使溶液流回，以免稀释溶液）时，移开，润洗，然后让溶液从尖口放出、弃去，如此反复润洗 3 次。润洗是保证移取的溶液与待吸溶液浓度一致的重要步骤。

移液操作

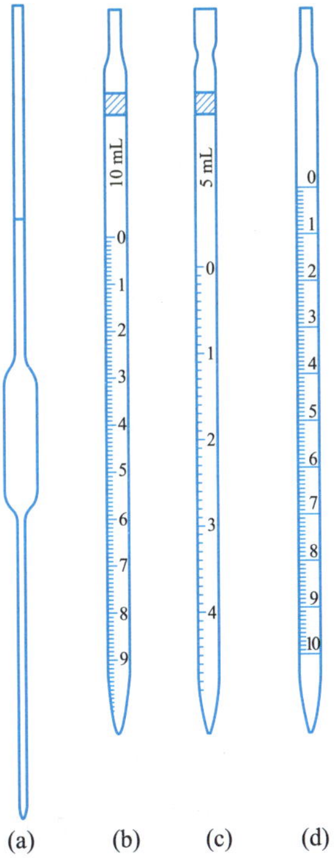

图 3-11　移液管(a)和吸量管(b，c，d)

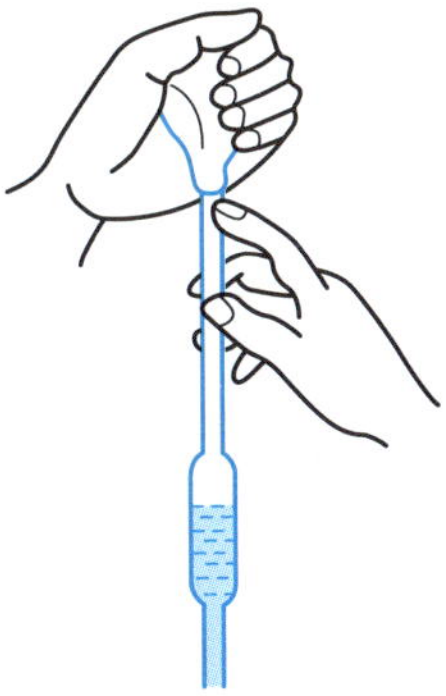

图 3-12　吸取溶液的操作

2. 移取溶液

移液管经润洗后,可直接插入待吸溶液液面下 1~2 cm 处吸取溶液。注意,管尖端不要伸入太浅,以免液面下降后造成空吸;也不宜伸入太深,以免移液管外部附有过多的溶液。吸取溶液时,应使管尖端随液面下降而下降。当洗耳球慢慢放松时,移液管中的液面徐徐上升,待液面上升至标度刻线以上时,迅速移去洗耳球。与此同时,用右手食指堵住管口,左手改拿盛待吸溶液的容器。然后,将移液管往上提起,使之离开液面,并使容器倾斜约 30°,让其内壁与移液管尖端紧贴。此时右手食指微微松动,使液面缓慢下降,直到视线平视时弯月面与标度刻线相切,立即用食指按紧管口。移开待吸溶液容器,左手改拿接受溶液的容器,并将接受容器倾斜约 30°,使内壁紧贴移液管尖端。接着放松右手食指,使溶液自然地顺壁流下,如图 3-13 所示。待液面下降到移液管尖端后,等待 15 s 左右,移出移液管。这时,移液管尖端仍留有少量溶液,对此,除特别注明“吹”字的以外,此留存溶液是不能吹入接受容器中的,因为在工厂生产检定移液管时没有把这部分体积算进去。需要指出的是,由于一些移液管尖端做得不是很圆滑,因此移液管尖端留存溶液的体积可能会因接受容器内壁与移液管尖端接触的位置不同而有所差别。为避免出现这种情况,可在等待的 15 s 过程中,左右旋动移液管,这样移液管尖端每次留存溶液的体积就会基本相同。

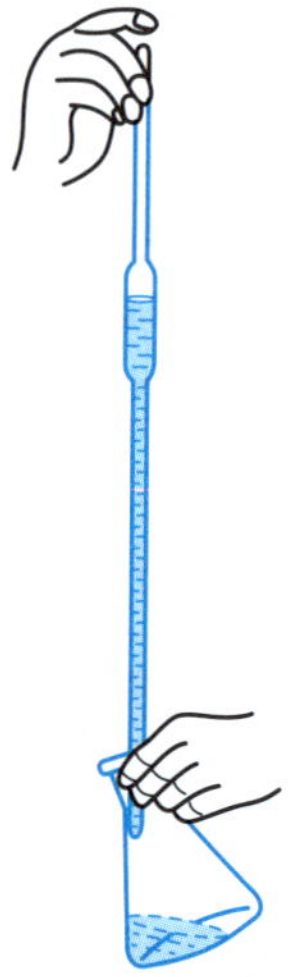

图 3-13 放出溶液的操作

用吸量管移取溶液的操作与用移液管移取溶液的操作基本相同。对于标有“吹”字的吸量管,在放出溶液时,应将吸量管尖端留存的溶液吹入接受容器内。有些吸量管的刻度离管尖端尚有 1~2 cm,放出溶液时也应注意。实验中,要尽量使用同一支吸量管,以免带来误差。

§ 3.2 沉淀重量分析法的操作与仪器

重量分析法是通过称量经适当方法处理所得的与待测组分含量相关的物质的质量来求得物质含量的方法。沉淀重量分析法是利用沉淀反应使待测组分先转变成沉淀,再转化成一定称量形式的称量分析法。它的分析过程因沉淀类型及性质不同而异，对于晶形沉淀（如 $BaSO_4$），一般分析过程如下：

试样溶解 → 沉淀 → 陈化 → 过滤和洗涤 → 烘干 → 炭化 → 灰化 → 灼烧至恒重 → 结果计算

可见，其操作与滴定分析法相比有较大区别，下面稍作介绍。

1. 试样溶解

溶样方法主要有两种，一种是用蒸馏水或酸等溶解，另一种是高温熔融后再用溶液溶解。

2. 沉淀

通过加入沉淀试剂使待测组分沉淀下来。为了得到较纯净、较易过滤的沉淀，操作时应遵循一定的原则。例如，对于晶形沉淀，沉淀操作时应使沉淀溶液适当稀，应将溶液加热，应缓慢加入沉淀试剂，且要一边加一边用玻璃棒不断搅拌。

3. 陈化

沉淀完全后，盖上表面皿，放置过夜或在水浴上保温 1 h 左右。陈化的目的是使小晶体长成大晶体，不完整的晶体转变成完整的晶体，同时减少共沉淀杂质。

4. 过滤和洗涤

重量分析法使用定量滤纸过滤，每张滤纸的灰分质量为 0.08 mg 左右，可以忽略。过滤 $BaSO_4$ 可采用慢速或中速滤纸。

过滤用的玻璃漏斗锥体角度应为 60°，漏斗颈的直径不能太大，一般应为 3~5 mm，漏斗颈长为 15~20 cm，漏斗颈口处磨成 45°角，如图 3-14 所示。漏斗的大小应与滤纸的大小相适应，折叠后的滤纸上缘应低于漏斗上沿 0.5~1 cm，绝不能超出漏斗边缘。

滤纸一般按四折法折叠，即先将滤纸整齐地对折，然后再对折，这时不要把两角按压对齐，如图 3-15(a)所示。将其打开后成为顶角稍大于 60°的圆锥体，如图 3-15(b)所示。然后将滤纸放入洁净且干燥的漏斗中，如果滤纸与漏斗不十分密合，可以稍稍改变滤纸折叠的角度，直到与漏斗密合为止。再用手按压滤纸，将第二次的折边折严，这样所得圆锥体的半边为三层，另半边为一层。然后取出滤纸，将三层的紧贴漏斗的外层撕下一角，保存于干燥的表面皿上备用。注意，在折叠滤纸前，应先将手洗净、擦干，以免弄脏滤纸。

将折叠好的滤纸放入漏斗中，三层的一边应放在漏斗出口短的一侧。用食指按紧三层的一边，用洗瓶吹入少量蒸馏水将滤纸润湿。然后，轻按滤纸边缘，使滤纸与漏斗密合（注意，三层与一层之间处也应与漏斗密合）。再用洗瓶加蒸馏水至滤纸边缘,此时漏斗颈内应充满蒸馏水,当漏斗中的蒸馏水流完后,漏斗颈内仍保留着水柱,且无气泡。若漏斗颈内没有形成完整的水柱,可以用手堵住漏斗下口,稍掀起滤纸三层的一边,用洗瓶向滤纸与漏斗间的空隙里加蒸馏水,直到漏斗颈和锥体的大部分被蒸馏水充满,然后按紧滤纸边缘,放开堵住出口的手指,此时水柱应可形成。最后再用蒸馏水冲洗一次滤纸,将漏斗放在漏斗架上,下面放一洁净的烧杯接滤液,并使漏斗出口长的一侧紧靠杯壁。过滤前漏斗和烧杯上均应盖好表面皿。

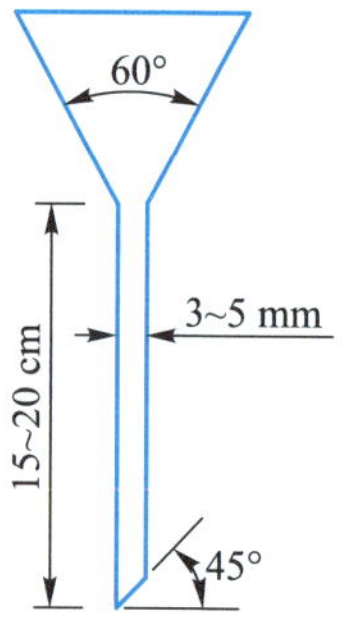

图 3-14 漏斗规格

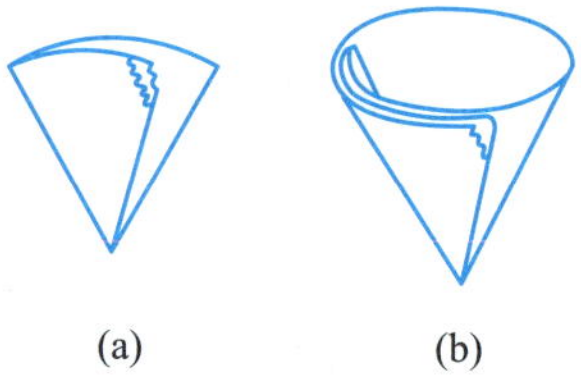

图 3-15 滤纸折叠方法

过滤一般分三步进行。首先,采用倾泻法过滤上层清液,如图 3-16 所示;其次,洗涤沉淀并将沉淀转移到漏斗内;最后,清洗烧杯和洗涤漏斗内的沉淀。过滤时应随时检查滤液是否透明,如不透明,说明有穿滤。这时必须换另一洁净烧杯接滤液,在原漏斗上将穿滤的滤液进行第二次过滤。如发现滤纸穿孔,则应更换滤纸重新过滤,而第一次用过的滤纸应保留。

采用倾泻法是为了避免沉淀堵塞滤纸上的空隙,影响过滤速度。等烧杯中的沉淀沉下以后,借助玻璃棒将清液倒入漏斗中。玻璃棒的下端应对着滤纸三层的一边,并尽可能接近滤纸,但不要触及滤纸。倒入溶液的体积一般不要超过滤纸圆锥体的 2/3,或液面离滤纸上缘不少于 5 mm,以免少量沉淀因毛细管作用越过滤纸上缘,造成损失。此外,沉淀离滤纸上缘太近也不便洗涤。若一次倾泻不能将清液转移完,应待烧杯中的沉淀沉下后再次倾泻。

暂停倾泻溶液时,烧杯嘴应沿玻璃棒向上滑动,使烧杯逐渐回复正放状态,以免烧杯嘴上的液滴流失。盛有沉淀和溶液的烧杯应按图 3-17 所示的方法放置,以利沉淀和清液分开,便于转移清液。同时玻璃棒不要靠在烧杯嘴上,以免烧杯嘴上的沉淀沾在玻璃棒上部。

图 3-16　倾泻法过滤

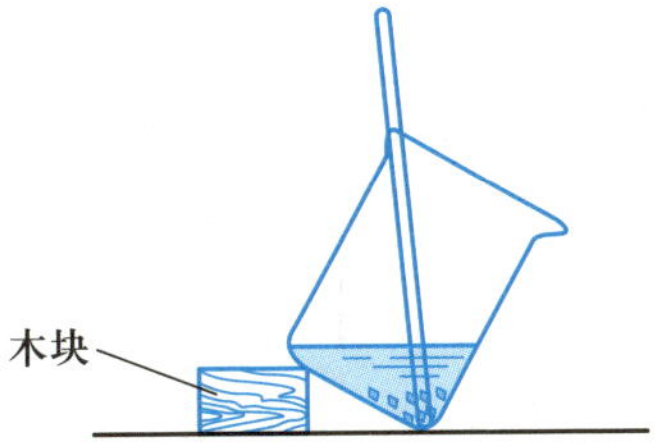

图 3-17　过滤时盛有沉淀和溶液的烧杯的放置方法

将清液转移完后，应对沉淀进行初步洗涤。洗涤时，每次用约 10 mL 洗涤液吹洗烧杯内壁，使黏附的沉淀集中到烧杯底部。每次洗涤后，用倾泻法过滤溶液，如此反复洗涤 3～4 次。然后再加少量洗涤液于烧杯中，搅动沉淀使之混匀，立即将沉淀和洗涤液一起通过玻璃棒转移至漏斗内。再加少量洗涤液于烧杯中，搅拌混匀后再转移至漏斗里，如此重复几次，使沉淀基本都被转移至漏斗中。再按图 3-18 所示的方法将残留的沉淀吹洗至漏斗中，即用左手拿起烧杯，使烧杯嘴向着漏斗，右手把玻璃棒从烧杯中取出平放在烧杯口上，并使玻璃棒伸出烧杯嘴 2～3 cm。然后用左手食指按住玻璃棒的较高部位，倾斜烧杯使玻璃棒下端指向滤纸三层一边，用右手拿洗瓶吹洗整个烧杯内壁，使洗涤液和沉淀沿玻璃棒流入漏斗中。如果仍有少量沉淀牢牢地黏附在烧杯壁上吹洗不下来，可将烧杯放在桌上，用沉淀帚（它是一头带橡胶的玻璃棒）在烧杯内壁自上而下、自左至右擦拭，使沉淀集中在底部，再将沉淀吹洗入漏斗里。对牢固黏附的沉淀，也可用前面折叠滤纸时撕下的滤纸角擦拭玻璃棒和烧杯内壁，并将此滤纸角放在漏斗中的沉淀上。处理完毕，还应在明亮处仔细检查烧杯，看是否吹洗、擦拭干净，玻璃棒、表面皿和沉淀帚也需认真检查。

沉淀全部转移到滤纸上后，应对它进行洗涤，目的是将沉淀表面所吸附的杂质和残留的母液除去。洗涤方法如图 3-19 所示，从滤纸的三层边缘开始用洗瓶轻轻吹洗，并螺旋形地往下移动，最后到三层部分停止，即所谓的“从缝到缝”。这样，便于将沉淀洗干净，还能使沉淀集中到漏斗的底部。洗涤沉淀时要遵循“少量多次”的原则，即每次洗涤用的洗涤剂的量要少，滤干后再行洗涤。一般情况下，如此反复洗涤 3～5 次。

图 3-18 吹洗沉淀的方法

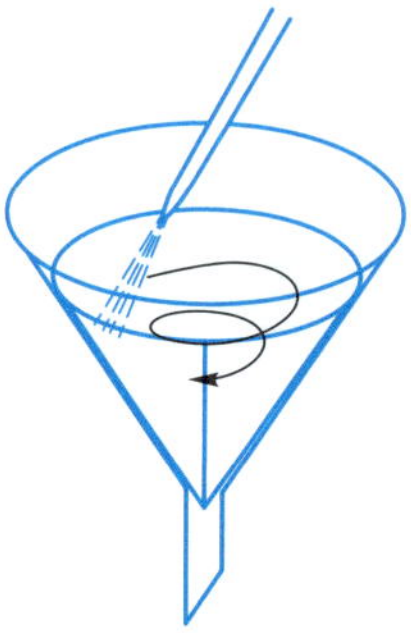

图 3-19 沉淀的洗涤

5. 烘干

滤纸和沉淀通常用煤气灯或电炉烘干。过滤完后用扁头玻璃棒将滤纸边挑起,向中间折叠,将沉淀盖住,如图 3-20 所示。再用玻璃棒轻轻转动滤纸包,以便擦净漏斗内壁可能沾有的沉淀。然后,将滤纸包转移至已恒重的坩埚中,再将它倾斜放置在煤气灯架上或电炉上,让三层滤纸部分朝上,以利烘烤。坩埚的外壁和坩埚盖上事先用蓝黑墨水或 $K_4[Fe(CN)_6]$溶液编号。烘干时,坩埚盖不要盖严,如图 3-21 所示,以便水汽逸出。

图 3-20 沉淀的包裹

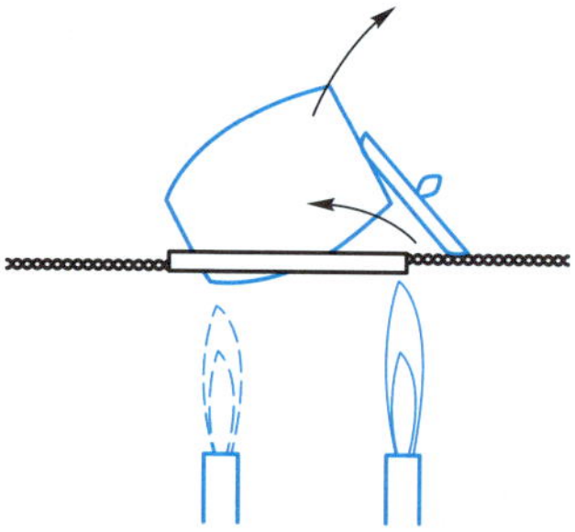

图 3-21 沉淀和滤纸在坩埚中烘干(右)、炭化和灰化(左)的火焰位置

6. 炭化和灰化

炭化是将烘干后的滤纸烤成炭黑状,灰化是将呈炭黑状的滤纸灼烧成灰。炭化和灰化时煤气灯的火焰应移至坩埚底部,如图 3-21 所示。若用电炉加热,则只好让坩埚处同一状态受热(倾斜或正放)。对应烘干、炭化、灰化,逐步增大火焰,一步一步完成,不要性急。炭化时如遇滤纸着火,可立即用坩埚盖盖住,使坩埚内的火焰熄灭(切不可用嘴吹灭),以避免沉淀随气流飞散而损失。待火熄灭后,将坩埚盖移至原来位置,继续加热至全部炭化直至灰化。

7. 灼烧至恒重

灰化后，将坩埚移入高温炉中（根据沉淀性质调节适当温度），盖上坩埚盖，但仍须留有空隙。在与灼烧空坩埚时相同的温度下，灼烧 40～45 min，取出，冷至室温，称量。然后进行第二次、第三次灼烧，直至相邻两次灼烧后的称量值差别不大于 0.4 mg，即为恒重。一般第二次以后每次灼烧 20 min 即可。空坩埚的恒重方法与此相同。坩埚与沉淀的恒重质量与空坩埚的恒重质量之差，即为被称物（如 $BaSO_4$）的质量。据此可计算出被测组分的含量。

现在，生产单位常用一次灼烧法，即先称恒重后沉淀与坩埚的总质量，然后，用毛笔刷去被称物（如 $BaSO_4$），再称出空坩埚的质量，两者之差即为被称物的质量。

当从高温炉中取出坩埚时，先将坩埚移至炉口，至红热稍退后，再将坩埚从炉中取出放在洁净瓷板上。在夹取坩埚时，坩埚钳应预热。待坩埚冷至红热退去后，将坩埚转至干燥器中，一般应放在瓷板圆孔上，再盖好盖子。注意，随后应开启干燥器盖 1～2 次，排出热气。置于干燥器内冷却，原则上应冷至室温，这样一般约需 30 min。为减少可能存在的误差，每次灼烧、称量和放置的时间，都应保持一致。

使用干燥器时，首先将干燥器擦干净，烘干多孔瓷板，再将干燥剂通过一纸筒装入干燥器的底部，以避免干燥剂沾污内壁的上部。然后盖上瓷板，再在干燥器的磨口上涂上一层薄而均匀的凡士林或真空脂，盖上干燥器盖。

干燥器一般采用变色硅胶、无水氯化钙等作干燥剂，由于各种干燥剂吸收水分的能力都有一定限度，因此干燥器中并不是绝对干燥的，只是湿度相对较低而已。所以，若在干燥器中放置的时间过长，则灼烧和干燥后的坩埚和沉淀可能会因吸收少量水分而变重，这点须引起注意。

打开干燥器时，左手按住干燥器的下部，右手按住盖子上的圆顶，向左前方推开器盖，如图 3-22 所示。盖子取下后用右手拿着或倒放在桌上安全的地方（注意磨口向上），用左手放入（或取出）坩埚等，并及时盖上干燥器盖。加盖时，手拿住盖子上圆顶，推着盖好。搬动干燥器时，应该用两手的拇指同时按住干燥器盖，防止滑落打破，如图 3-23 所示。

至于非晶形沉淀，其性质与晶形沉淀有所区别，相应的重量分析过程也与晶形沉淀有所不同，可在查阅有关分析方法后进行。

用有机试剂沉淀的重量分析法（如镍的丁二酮肟沉淀法）的过程一般如下：

试样溶解 → 沉淀 → 陈化 → 过滤和洗涤 → 烘干至恒重 → 结果计算

图 3-22 打开干燥器的方法

图 3-23 搬动干燥器的操作

显然,这与晶形沉淀重量分析法的大致相同,但一般不需灼烧。灼烧反而会使换算因子增大,不利于测定。此外,沉淀过滤采用砂芯漏斗或坩埚,如图 3-24 和图 3-25 所示。这种滤器的滤板是由玻璃粉末在高温熔结而成的。按照微孔的孔径大小可分为 6 级,G1~G6(或称 1 号~6 号,如表 3-2 所示)。1 号的孔径最大,6 号的孔径最小。在定量分析中,一般用 G3~G5 规格(相当于慢速滤纸)过滤细晶形沉淀。使用此类滤器时,需用减压过滤,装置如图 3-26 所示。凡是烘干后即可称量或热稳定性差的沉淀(如 AgCl),均应采用砂芯漏斗(或坩埚)过滤。但需要注意的是,不能用此类滤器过滤强碱性溶液,以免损坏漏斗或坩埚的微孔结构。

图 3-24 砂芯漏斗

图 3-25 砂芯坩埚

图 3-26 抽滤装置

新的砂芯滤器使用前应以热浓盐酸或铬酸洗液边抽滤边清洗,再用蒸馏水洗净。使用后的砂芯玻璃滤器,针对不同沉淀物采用适当的洗涤液洗涤。首先用洗涤剂、水反复抽洗或浸泡砂芯玻璃滤器,再用蒸馏水冲洗干净,在 110 ℃ 条件下烘干,保存在无尘的柜或有盖的容器中备用。表 3-3 列出洗涤砂芯玻璃滤器的常用洗涤液,可供选用。

表 3-2　砂芯漏斗(坩埚)的规格和用途

滤板编号	孔径/μm	用途	滤板编号	孔径/μm	用途
G1	20~30	滤除大沉淀物及胶状沉淀物	G4	3~4	滤除液体中细的沉淀物或极细沉淀物
G2	10~15	滤除大沉淀物及气体洗涤	G5	1.5~2.5	滤除较大的杆菌及酵母
G3	4.5~9	滤除细沉淀及水银过滤	G6	<1.5	滤除 1.4~0.6 μm 的细菌

表 3-3　洗涤砂芯玻璃滤器的常用洗涤液

沉淀物	洗涤液
AgCl	(1+1)氨水或 10% $Na_2S_2O_3$ 溶液
$BaSO_4$	100 ℃ 浓硫酸或 EDTA-NH_3 溶液(500 mL 3% EDTA 二钠盐溶液与 100 mL 浓氨水混合),加热洗涤
氧化铜	热 $KClO_4$ 或 HCl 混合液
有机物	铬酸洗液

§ 3.3 分析天平

常用的分析天平有等臂(双盘)分析天平、不等臂(单盘)分析天平和电子分析天平三类。前二者是基于杠杆原理,属机械式天平,后者则是基于电磁力平衡原理。一般分析天平的分度值为 0.1 mg,即可称出 0.1 mg 质量或分辨出 0.1 mg 的差别。微量分析天平的分度值为 0.01 mg,超微量分析天平的分度值更低,为 0.001 mg。根据分度值大小,有时也将它们分别称为万分之一天平、十万分之一天平和百万分之一天平。分析天平的最大载荷一般为 100~200 g。表 3-4 所示为常用分析天平的型号和规格。

表 3-4　常用分析天平的型号和规格

种　类	型　号	名　称	规　格
双盘天平	TG328A TG328B TG332A	全机械加码电光天平 半机械加码电光天平 微量天平	200 g/0.1 mg 200 g/0.1 mg 20 g/0.01 mg

续表

种　类	型　号	名　称	规　格
单盘天平	DT-100 DTG-160	单盘精密天平 单盘电光天平	100 g/0.1 mg 160 g/0.1 mg
电子天平	EL104 EL204	上皿式电子分析天平 上皿式电子分析天平	120 g/0.1 mg 220 g/0.1 mg

近些年来,基于杠杆原理的分析天平已逐渐被淘汰,取而代之的是电子分析天平。鉴于此,这里仅介绍电子分析天平。

一、电子分析天平

如上所述,电子分析天平是基于电磁力平衡来称量的天平。其原理可简述如下:在磁场中放置通电线圈,若磁场强度保持不变,线圈产生的磁力大小与线圈中的电流大小成正比,如图 3-27 所示。称量物体时,物体产生向下的重力,线圈产生向上的电磁力,为维持两者的平衡,反馈电路系统会很快调整好线圈中的电流大小。达到平衡时,线圈中的电流大小与物体的质量成正比。通过校正及 A/D 转换等,即可显示物体的质量。

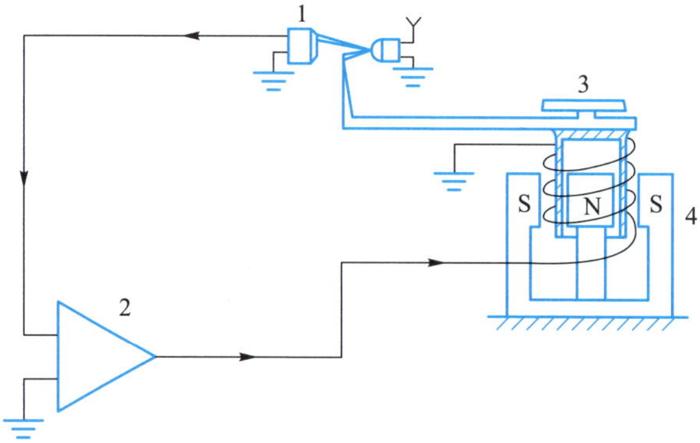

图 3-27　电子分析天平原理示意图

1—位置扫描器;2—反馈电路系统;3—称量盘;4—磁场与线圈

电子分析天平有即时称量、不需砝码、达到平衡快、直显读数、性能稳定、操作简便等特点。此外,电子分析天平还具有自动校正、自动去皮、超载显示、故障报警、信号输出及数据处理等功能。因此,电子分析天平具有机械式天平无法比拟的优点。

电子分析天平可分为上皿式和下皿式两种。称量盘在支架上面的为上皿式，称量盘吊挂在支架下面的为下皿式，目前使用较广泛的是上皿式电子分析天平。市面上电子分析天平型号繁多，其主要区别在外观和面板上，功能和使用方法则大同小异。现在大多数电子分析天平的面板上仅设有几个键供称量时使用，若要进行其他设置，则需进入菜单后再操作。而 FA1004 型电子分析天平的功能键基本都在面板上，如图 3-28 所示，为便于阐述，下面以其为例，简要介绍电子分析天平的使用方法。

天平称量操作

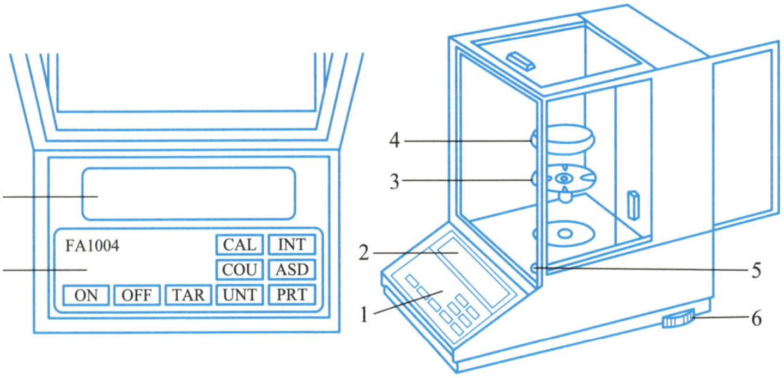

图 3-28　FA1004 型电子分析天平

1—键盘；2—显示屏；3—盘托；4—称量盘；5—水平仪；6—水平调节脚；ON—开启显示器键；OFF—关闭显示器键；TAR—清零、去皮键；CAL—校准功能键；INT—积分时间调整键；COU—点数功能键；ASD—灵敏度调整键；UNT—量制转换键；PRT—输出模式设定键

（1）水平调节　天平安装好后，先观察水平仪，如水平仪的小气泡偏移，需调整水平调节脚，使小气泡位于水平仪圆圈内。

（2）开启天平　接通电源，轻按 ON 键，显示器亮，同时天平进行自检，约2 s 后显示天平的型号，然后是称量模式，如 0.0000 g。稍预热后即可称量，若需对天平进行校准则需预热 1 h 后再操作。

（3）量制设置　按住 UNT 键不松手，显示屏会循环显示不同质量单位的符号，如“g”等，当显示某符号时松手，即为设置某量制单位。

（4）积分时间选择　积分时间有四种模式可供选择，即 INT-0，快速；INT-1，短；INT-2，较短；INT-3，较长。它由 INT 键控制，设置方法同“量制设置”。

（5）灵敏度选择　灵敏度分为四挡：ASD-0，最高；ASD-1，高；ASD-2，较高；ASD-3，低（其中 ASD-0 在生产调试时采用，用户不宜选择此模式），可通过 ASD 键调整，调整方法与“量制设置”相同。ASD 和 INT 两者配合使用情况

如下:

最快称量速度:	INT-1	ASD-3
通常情况:	INT-3	ASD-2
环境不理想时:	INT-3	ASD-3

天平的默认状态一般为通常情况(即 INT-3, ASD-2)、称量模式、g 量制单位。

(6) 天平校准　新安装好的天平及存放较长时间未使用的天平,在使用前应进行校准。此外,若天平位置移动,环境发生变化,或为了准确称量,在使用前也应对天平进行校准。本天平采用外校准(有的电子分析天平具有内校准功能),由 TAR 键清零及 CAL 键、100 g 校准砝码完成。

(7) 称量　按 TAR 键,显示为"0.0000 g"后,将被称物置于称量盘上,待显示屏左下角的"O"标志熄灭后,显示屏所示数字即为被称物的质量。

(8) 去皮称量　按 TAR 键清零,将容器置于称量盘上,天平显示容器质量,再按 TAR 键,显示"0.0000 g",即去皮重。再把待称物加入容器中,待显示屏左下角"O"熄灭,这时显示的是待称物的质量。按 TAR 键清零后,若从称量盘上取下物品,天平显示负值,该值即为取下物品的质量。

若称量过程中称量盘上的总质量超过最大载荷,天平仅显示上部线段,此时应立即减小载荷。

(9) 天平用完后,按 OFF 键关闭。若有较长时间不再使用天平,应拔下电源插头。

二、称量方法

根据不同的称量对象和实验要求,需采用相应的称量方法和操作步骤。以下介绍几种常用的称量方法。

1. 直接称量法

此法用于称量某物体的质量,如称量小烧杯的质量、坩埚的质量等。这种称量方法适于称量洁净、干燥、不易潮解或升华的固体试剂或试样。

2. 固定质量称量法

此法也称增量法,用于称量固定质量的试剂(如基准物质)或试样。这种称量的速度较慢,只适于称量不易潮解、在空气中能稳定存在的试样,且试样应为粉末状或小颗粒状(颗粒应小于 0.1 mg),以便调节其质量。固定质量称量操作如图 3-29

图 3-29　固定质量称量操作

所示，将一洁净的表面皿（或小烧杯）置于天平的称盘上称出其质量，然后慢慢加试样至所加量与所需量相同。称量时，若加入的试剂量超过了指定质量，则应重新称量。从试剂瓶中取出的试剂一般不应放回原试剂瓶中，以免沾污原试剂。操作时不能将试剂散落于表面皿（或小烧杯）以外的地方，称好的试剂必须定量地直接转入接受容器中。

3. 递减称量法

此法用于称量质量在一定范围内的试样或试剂。易吸水、易氧化或易与 CO_2 反应的试样，可用此法称量。需平行多次称取某试样时，也常用此法。由于称取试样的质量是由两次称量之差求得，故此法也称差减法。

用此法称量时，先借助小纸片从干燥器（或烘箱）中取出称量瓶（注意，不要让手指接触称量瓶和瓶盖，称量瓶应冷至室温），如图 3-30 所示，用小纸片夹住称量瓶和盖柄，打开瓶盖，用药匙加入适量试样，盖上瓶盖。将称量瓶置于称量盘上，关好天平门，称出称量瓶及试样的准确质量（也可按清零键，使其显示 0.0000 g）。再将称量瓶取出，在接受容器的上方，倾斜瓶身，用称量瓶盖轻敲瓶口上部使试样慢慢落入容器中，如图 3-31 所示。当敲落的试样接近所需量时（一般称量第 2 份时可根据第 1 份的量或体积估计），一边继续用称量瓶盖轻敲瓶口上部，一边逐渐将瓶身竖直，使黏附在瓶口上的试样落下，然后盖好瓶盖，将称量瓶放回天平称量盘，关好天平门，准确称出其质量。两次质量之差，即为试样的质量（若先清了零，则显示值即为试样质量）。若一次差减出的试样量未达到要求的质量范围，可重复相同的操作，直至合乎要求。按此方法连续递减，可称取多份试样。

图 3-30　称量瓶拿法

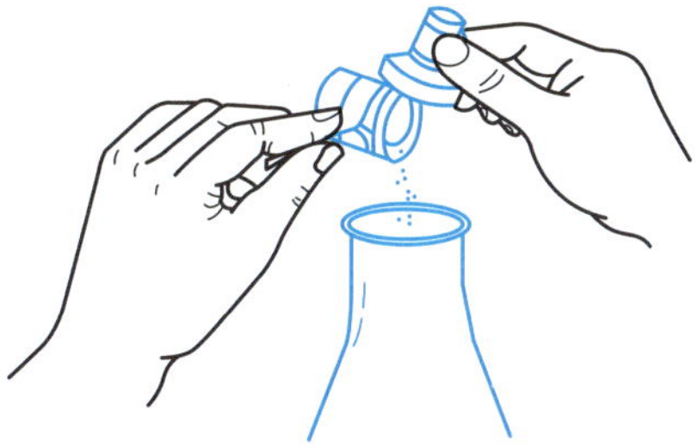

图 3-31　从称量瓶中敲出试样的操作

三、使用天平的注意事项

（1）开、关天平，放、取被称物，开、关天平门等，都要轻、缓，切不可用力按压、冲击天平称量盘，以免损坏天平。

(2) 清零和读取称量读数时,要留意天平门是否已关好。称量读数要立即记录在实验记录本上。

(3) 对于热的或过冷的被称物,应置于干燥器中直至其温度同天平室温度一致后才能进行称量。

(4) 天平的前门(有些天平无单独的前门)、顶门仅供安装、检修和清洁时使用,通常不要打开。

(5) 在天平防尘罩内放置变色硅胶干燥剂,当变色硅胶失效后应及时更换。注意保持天平、天平台和天平室的整洁及干燥。

(6) 如果发现天平不正常,应及时向教师或实验室工作人员报告,不要自行处理。称量结束后,应及时使天平还原,并在天平使用登记本上登记。

§3.4 酸度计

一、酸度计简介

酸度计亦称 pH 计或离子计,是一种用来准确测定溶液中某离子活度的仪器。它主要由电极和电位差测量部分组成。当采用氢离子选择电极时可测定溶液的 pH,若采用其他离子选择电极,则可以测量溶液中相应离子的浓度。

氢离子选择电极一般为玻璃电极(见图 3-32),其下端是一玻璃球泡,球泡内装有一定 pH 的内标准缓冲溶液(一般为 0.1 $mol \cdot L^{-1}$ HCl 溶液),电极内还有一个 Ag/AgCl 内参比电极,使用前须浸泡在酸或酸碱缓冲溶液中活化 24 h 以上。玻璃电极的电极电位随溶液 pH 的变化而改变。测试时将玻璃电极与一外参比电极组成两电极系统,浸入待测溶液中,再测量两电极间的电位差。

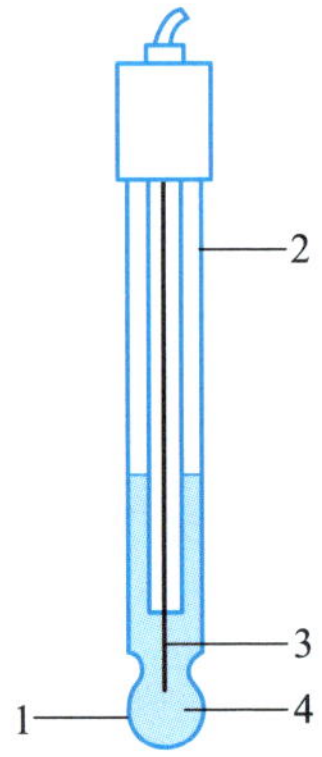

图 3-32 玻璃电极

1—玻璃薄膜;2—玻璃外壳;3—Ag/AgCl 参比电极;4—含 Cl^- 的缓冲溶液(一般为 0.1 $mol \cdot L^{-1}$ HCl 溶液)

目前广泛使用的测 pH 的复合电极是由玻璃电极与 Ag/AgCl 外参比电极组合而来的。它结构紧凑,比两支分离的电极用起来更方便,也不容易破碎(见图 3-33)。复合 pH 电极在第一次使用或在长期停用后再次使用前应在 KCl 溶液(一般为 3 $mol \cdot L^{-1}$)中浸泡 24 h 以上,使其活化。平时可浸泡在 3 $mol \cdot L^{-1}$

KCl 溶液中保存。

参比电极一般为饱和甘汞电极(见图 3-34)或 Ag/AgCl 电极,它们的电极电位不随溶液 pH 的变化而改变。因此,测得的两电极间的电位差(E)与溶液的 pH 有关。根据能斯特公式,可知

$$E=K'+(273+T)0.059\text{pH}/298$$

式中,K'为常数,可通过用 pH 标准溶液对酸度计进行校正将其抵消掉;T 为被测溶液的温度(℃),可通过温度补偿使其与实际温度一致。

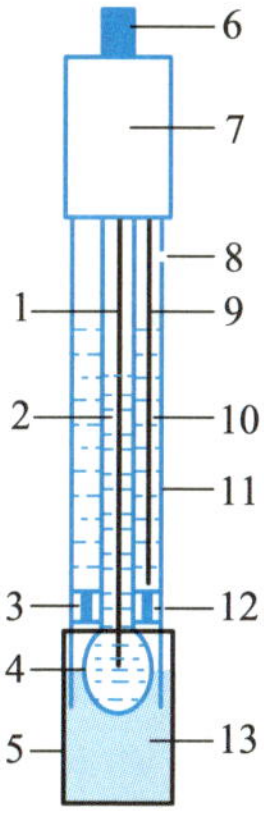

图 3-33 复合 pH 电极

1—Ag/AgCl 内参比电极;2—0.1 mol·L^{-1} HCl 溶液;3—密封胶;4—玻璃薄膜;5—保护套;6—导线;7—密封塑料;8—加液孔;9—Ag/AgCl 外参比电极;10—KCl 溶液;11—聚碳酸酯外壳;12—微孔陶瓷;13—KCl 溶液

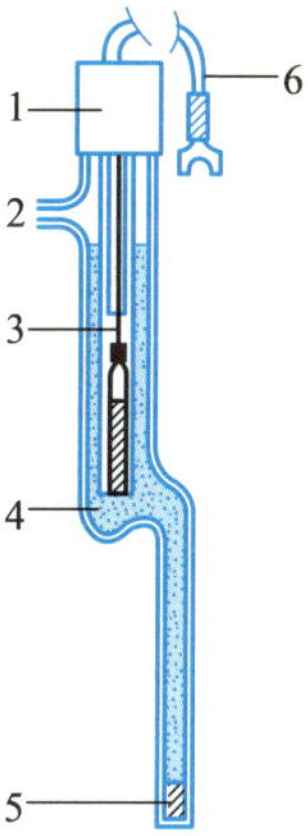

图 3-34 饱和甘汞电极

1—绝缘帽;2—加液口;3—内电极(Pt | Hg_2Cl_2,Hg);4—饱和 KCl 溶液;5—多孔性物质;6—导线

用于校正酸度计的 pH 标准溶液一般为标准缓冲溶液。不同温度下常用标准缓冲溶液的 pH 见表 3-5。常用标准缓冲溶液的配制方法见表 3-6。

表 3-5 不同温度下常用标准缓冲溶液的 pH

T/℃	0.05 mol·L^{-1} 草酸三氢钾溶液	饱和酒石酸氢钾溶液	0.05 mol·L^{-1} 邻苯二甲酸氢钾溶液	0.025 mol·L^{-1} 磷酸二氢钾和磷酸氢二钠溶液	0.01 mol·L^{-1} 硼砂溶液
0	1.67	—	4.01	6.98	9.40
5	1.67	—	4.01	6.95	9.39
10	1.67	—	4.00	6.92	9.33

续表

T/℃	0.05 mol·L^{-1} 草酸三氢钾溶液	饱和酒石酸氢钾溶液	0.05 mol·L^{-1} 邻苯二甲酸氢钾溶液	0.025 mol·L^{-1} 磷酸二氢钾和磷酸氢二钠溶液	0.01 mol·L^{-1} 硼砂溶液
15	1.67	—	4.00	6.90	9.27
20	1.68	—	4.00	6.88	9.22
25	1.69	3.56	4.01	6.86	9.18
30	1.69	3.55	4.01	6.84	9.14
35	1.69	3.55	4.02	6.84	9.10
40	1.70	3.54	4.03	6.84	9.07
45	1.70	3.55	4.04	3.83	9.04
50	1.71	3.55	4.06	6.83	9.01
55	1.72	3.56	4.08	6.84	8.99
60	1.73	3.57	4.10	6.84	8.96

表 3-6 常用标准缓冲溶液的配制方法

试剂名称	分子式	浓度/(mol·L^{-1})	试剂的干燥与预处理	配制方法
草酸三氢钾	$KH_3(C_2O_4)_2\cdot 2H_2O$	0.05	(57±2)℃下干燥至恒重	12.7096 g $KH_3(C_2O_4)_2\cdot 2H_2O$ 溶于适量蒸馏水中,定量稀释至 1 L
酒石酸氢钾	$KHC_4H_4O_6$	饱和	不必预先干燥	$KHC_4H_4O_6$ 溶于(25±3)℃蒸馏水中直至饱和
邻苯二甲酸氢钾	$KHC_8H_4O_4$	0.05	(110±5)℃干燥至恒重	10.2112 g $KHC_8H_4O_4$ 溶于适量蒸馏水中,定量稀释至 1 L
磷酸二氢钾和磷酸氢二钠	KH_2PO_4 和 Na_2HPO_4	0.025	KH_2PO_4 在(110±5)℃下干燥至恒重;Na_2HPO_4 在(120±5)℃下干燥至恒重	3.4021 g KH_2PO_4 和 3.5490 g Na_2HPO_4 溶于适量蒸馏水中,定量稀释至 1 L
硼砂	$Na_2B_4O_7\cdot 10H_2O$	0.01	$Na_2B_4O_7\cdot 10H_2O$ 放在含有 NaCl 和蔗糖饱和溶液的干燥器中	3.8137 g $Na_2B_4O_7\cdot 10H_2O$ 溶于适量除去 CO_2 的蒸馏水中,定量稀释至 1 L

标准缓冲溶液应保存在盖紧的玻璃瓶或塑料瓶中，以免受空气中 CO_2 或溶剂挥发等的影响。标准缓冲溶液一般在几周内可保持 pH 稳定不变。在校正时，应先用蒸馏水冲洗电极，并用滤纸轻轻吸干，以免沾污标准缓冲溶液及影响电极的响应速率（复合电极里面容易夹带水）。为了减少测量误差，应选用与待测溶液的 pH 相近的 pH 标准缓冲溶液来校正酸度计。

二、pHS-3C 型酸度计

酸度计型号较多，目前实验室广泛使用的有 pHS-2 型、pHS-3B 型、pHS-3C 型和梅特勒 320-SpH 计等。它们的结构、功能和使用方法大同小异。下面简单介绍 pHS-3C 型酸度计的使用方法。

pHS-3C 型酸度计是一种精密数字显示酸度计，其稳定性较好，操作较简便，图 3-35 所示为该酸度计的示意图。

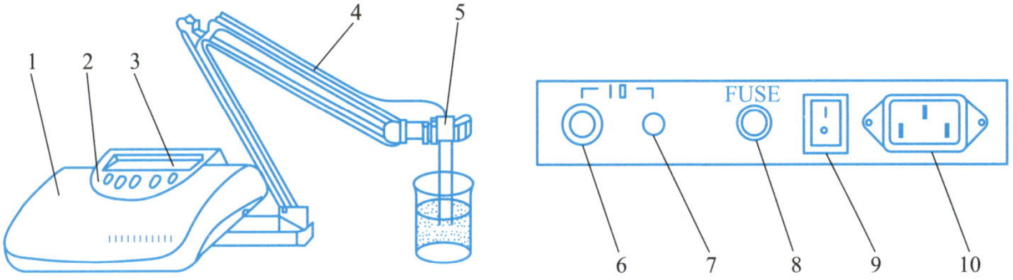

(a) 仪器外形结构　　(b) 仪器后面板

酸度计使用方法

图 3-35　pHS-3C 型酸度计示意图

1—机箱；2—键盘（从左到右分别为“确认”键、“温度”键、“斜率”键、“定位”键、“pH/mV”键）；3—显示屏；4—多功能电极架；5—电极；6—测量电极插座；7—参比电极插口；8—保险丝；9—电源开关；10—电源插座

用 pHS-3C 型酸度计测量溶液 pH 的操作步骤如下：

（1）安装电极架和电极　将多功能电极架插入电极架插座中，把 pH 复合电极安装在电极架另一端，拔下电极下端的电极保护套，并且拉下电极上端的橡胶套使其露出上端加液孔，再用蒸馏水清洗电极，用滤纸吸干电极底部的水。

（2）开机　将电源线插入电源插座，按下电源开关。电源接通后，预热 30 min，接下来进行校正。

（3）校正　按“pH/mV”键使 pH 指示灯亮，即进入 pH 测量状态；按“温度”键设定溶液温度，再按“确认”键。将清洗过的电极插入一种标准缓冲溶液（一般选 25 ℃时 pH = 6.86 的磷酸二氢钾-磷酸氢二钠缓冲溶液)中,待读数稳定后,按“定位”键,使仪器显示读数与该缓冲溶液在此温度下的 pH 一致,然后按“确认”键。用蒸馏水清洗电极,并用滤纸吸干存留在电极下端的水,再将其插入另一种标准缓冲溶液(如 25 ℃时 pH = 4.00 的邻苯二甲酸氢钾、pH = 9.18 的硼砂缓冲溶液)中,待读数稳定后,按“斜率”使仪器显示读数为该缓冲溶液在此温度下的 pH,然后按“确认”键。仪器的校正到此完成,可进行 pH 的测量。需要注意的是,校正好后仪器的“定位”键及“斜率”键不应再按。若不小心触动了这些键,则不要按“确认”键,而是按“pH/mV”键使仪器重新进入 pH 测量,这样就不需要再进行校正。一般情况下,每天校正一次即可。

(4) 测量溶液的 pH　用蒸馏水清洗电极,用滤纸吸干(也可用待测溶液洗一次),将电极浸入待测溶液中,摇动烧杯,使溶液均匀,然后让溶液静置,待读数稳定后读出溶液的 pH。若待测溶液与用于校正的溶液的温度不同,则先按“温度”键使仪器显示待测溶液的温度,再按“确认”键,然后进行 pH 测量。

(5) 还原仪器　测定完毕,关闭电源,洗净电极并套上电极保护套(内盛 3 $mol \cdot L^{-1}$ KCl 溶液),盖上防尘罩,并进行仪器使用情况登记。

§ 3.5 分光光度计

一、分光光度计简介

分光光度计分为红外分光光度计、紫外-可见分光光度计、可见分光光度计等几类,有时也称为分光光度仪或光谱仪。可见分光光度计用于可见光吸光光度法测定,较普遍使用的有 721B 型、722 型和 7220 型,它们主要由图 3-36 所示的五部分组成。

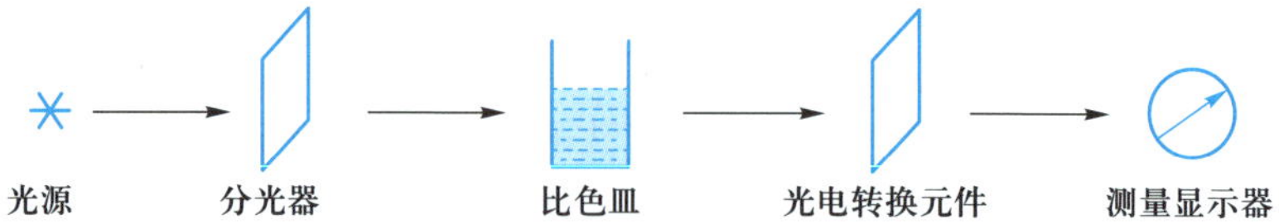

图 3-36　分光光度计主要部件示意图

下面简单介绍 7220 型分光光度计的结构和使用方法。

二、7220 型分光光度计

1. 结构

分光光度计使用方法

图 3-37 和图 3-38 所示为 7220 型分光光度计光学系统与外形示意图。7220 型分光光度计采用寿命较长的钨灯(W)作光源，由其发出的复合光经透镜 T_1、滤光片 $F_1 \sim F_4$、保护片 M_1，汇聚在入射狭缝 S_1 上；入射光被平面反射镜 M_2 反射到准直镜 M_3 后变成平行光束，再经光栅 G 色散、准直镜 M_4 聚焦，出射狭缝 S_2 后，成为单色光。单色光由透镜 T_2 汇聚，透过试样池 R，到达接收器光电管 N。光电管将光信号转变为电信号，电信号经放大器放大后，由 A/D 转换器将模拟信号转换为数字信号，送往单片机处理，处理结果通过显示屏显示出来。使用者则通过操作键盘(如图 3-39 所示)输入指令。

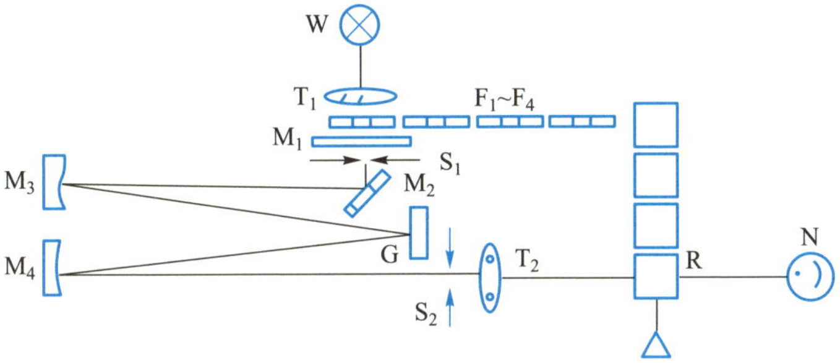

图 3-37　7220 型分光光度计光学系统示意图

W—钨灯；T_1，T_2—透镜；M_3，M_4—准直镜；S_1，S_2—狭缝；$F_1 \sim F_4$—滤光片；G—光栅；M_1—保护片；M_2—平面反射镜；N—光电管；R—试样池

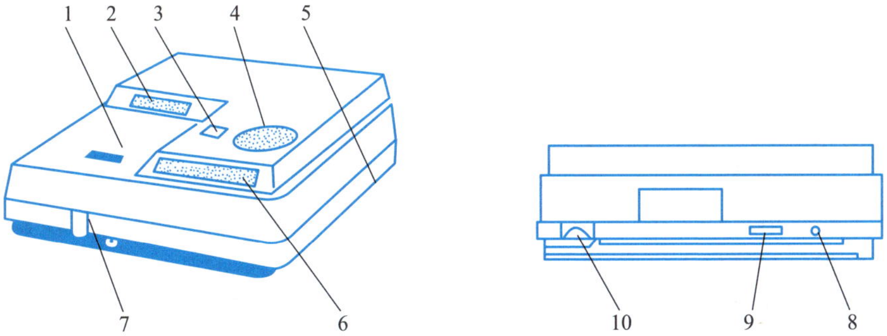

图 3-38　7220 型分光光度计外形示意图

1—试样室门；2—显示屏；3—波长显示窗；4—波长调节旋钮；5—仪器电源开关；6—仪器操作键盘；7—试样池拉手；8—输出端口；9—打印输出口；10—电源插座

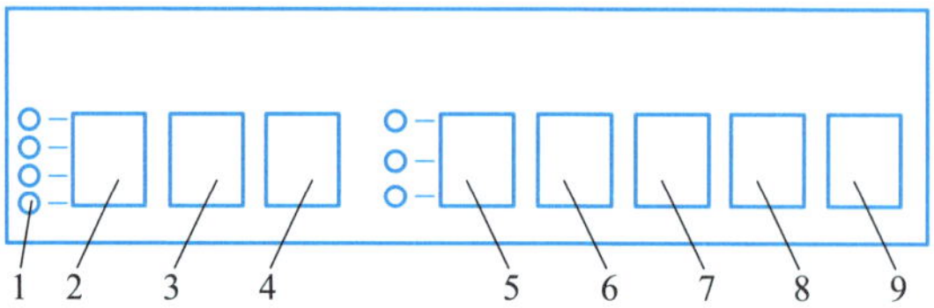

图 3-39 7220 型分光光度计操作键盘示意图

1—功能指示灯;2—“方式选择”键;3—“100.0% T”或“ABS 0”键;4—“0% T”键;
5—“选标样点”键;6—“置数加”键;7—“置数减”键;8—“确认”键;9—“打印”键

2. 使用方法

(1) 仪器预热　接通电源,打开电源开关,推开试样室门(改进型不用打开,直接将试样池拉手推到底即可,此时,光被试样池架挡住),按“方式选择”键,使“透射比(即 T)”灯亮,仪器显示数字即表示正常。然后让仪器预热 10 min 左右。

(2) 测定透射比　调节波长旋钮至所需值,将装有参比溶液和待测溶液的比色皿置于试样池架中(注意:比色皿透明的面朝向入射光,手拿毛玻璃面),关上试样室门。将参比溶液拉入光路,按“100.0% T”键,使其显示为“100.0”。打开试样室门,看显示屏是否显示 0.00,若不是则按“0% T”键,使其显示为“0.00”。重复此两项操作,直至仪器显示稳定。然后将待测溶液依次拉入光路,读取各溶液的透射比。注意:每当改变波长时,都应重新用参比溶液校正透射比“0.00”和“100.0%”。

(3) 测定吸光度　在用参比溶液调好 T“100.0%”和“0.00”后[如第(2)步],按“方式选择”键,选择“ABS”,再将待测溶液依次拉入光路,在显示屏上读出各溶液的吸光度。通过测定标准溶液和未知溶液的吸光度,绘制 $A-c$ 工作曲线,根据未知溶液的吸光度可从工作曲线上找出对应的浓度值。作图时应合理选取横坐标与纵坐标数据单位比例,使图形接近正方形,工作曲线位于对角线附近。

(4) 浓度直读　在如(2)用参比溶液调好 T“100.0%”和“0.00”后,按“方式选择”,使“c_0”指示灯亮,将标准溶液 1 拉入光路,按“选标样点”键至“1”亮,再按“置数加”键或者“置数减”键使显示屏显示该标准溶液的浓度值(或其整数倍数值),按“确认”键。再将标准溶液 2 拉入光路,按“选标样点”键至“2”亮,再按“置数加”键或者“置数减”键使显示屏显示该标准溶液的浓度值(或其同标准溶液 1 的整数倍数值),按“确认”键。如此操作,可再将标准溶液 3 的浓度输入。然后将待测溶液拉入光路,按“方式选择”键,使“conc.”指示灯亮,显示屏即显示此溶液的浓度值(或其整数倍数值)。用这种方法,可在输入 1 个或 2 个标准溶液浓度后测未知溶液浓度。该仪器最多允许设 3 个标准溶液浓度。

(5) 还原仪器　仪器使用完毕,关闭电源,拔下电源插头,取出比色皿,洗净,使仪器复原。然后盖上防尘罩,并进行仪器使用情况登记。

第4章

定量分析基本操作实验

· 实验一　分析天平称量练习 ·

一、实验目的

1. 熟悉电子分析天平的原理和使用规则。
2. 学习电子分析天平的基本操作和常用称量方法。

二、实验原理

电子分析天平的称量原理参见本教材 §3.3 有关部分。

三、主要试剂和仪器

1. 石英砂或 $K_2Cr_2O_7$ 粉末试样。
2. 电子分析天平。
3. 表面皿。
4. 称量瓶。
5. 烧杯(50 mL)。
6. 小药匙。

四、实验步骤

1. 固定质量称量(称取 0.5000 g 试样 3~5 份)①

打开电子分析天平,待其显示数字后将洁净干燥的表面皿或 50 mL 烧杯放在称量盘上(注意:拿称量器皿时手不要直接接触,可垫上滤纸条或者戴手套拿,尽量将其放在天平称量盘的中央,以使天平受力均匀),关好天平门。然后按清零键(即 TAR 或 ON/OFF 键),等待天平显示 0.0000 g。若显示其他数字,可再次按清零键,使其显示 0.0000 g。

打开天平门,用小药匙将试样慢慢加到表面皿或小烧杯的中央,直到天平显示 0.5000 g。然后关好天平门,看读数是否仍然为 0.5000 g。若读数小于该值,

---

① 考虑到试样粒度不够细,练习称量时最后一位可放宽要求,如称至(0.5000±0.0002)g 即可。

可继续加试样；若天平读数超过该值，则需重新称量。称完一份后，可将试样倒入回收瓶中（也可不倒，直接以此为起点继续进行称量练习），再进行后续称量。每次称好后均应及时在记录本上记录称量数据。

2. 递减称量（称取 0.30～0.32 g 试样 3～5 份）

按电子分析天平的清零键，使其显示 0.0000 g，然后打开天平门，将一个洁净干燥的 50 mL 烧杯（或瓷坩埚）放在称量盘上，关好天平门，读取并记录其质量。

另取一只洁净干燥的称量瓶，向其中加入约五分之一体积的试样（可根据称量次数估计取试样的量），盖好瓶盖。然后将其置于天平称量盘上，关好天平门，按清零键，使其显示 0.0000 g。取出称量瓶，将部分试样轻敲至烧杯中，再称量，看天平读数是否在-0.32～-0.30 g 范围内。若敲出试样的质量不够，则继续敲出，直至天平读数在此范围内，并记录数据。然后称量烧杯的质量，比较烧杯中试样的质量与从称量瓶中敲出试样的质量，看其差别是否合乎要求（一般应小于 0.4 mg）。若敲出试样的质量超过 0.32 g，则需重新称量。重复上述操作，共称取 3～5 份试样。

每次递减时，可根据称量瓶中试样的质量或前一次所称试样的体积来判断敲出多少试样合适，这样有助提高称量速度。

五、实验数据记录表格

表 4-1-1　固定质量称量

	编号				
	1	2	3	4	5
m/g					

表 4-1-2　递 减 称 量

	编号				
	1	2	3	4	5
$m_{空烧杯}$/g					
称量瓶敲出试样的质量 m_1/g					
$m_{烧杯+试样}$/g					
烧杯中试样的质量 m_2/g					
偏差（m_2-m_1）/mg					

六、思考题

1. 用电子分析天平称量的方法有哪几种？固定质量称量法和递减称量法各

有何优缺点?分别在什么情况下选用这两种方法?

2. 称量时,应尽量将物体放在天平称量盘的中央,为什么?
3. 使用称量瓶时,如何操作才能保证不损失试样?
4. 本实验中要求称量试样量偏差小于 0.4 mg,为什么?

• 实验二 滴定分析操作练习 •

一、实验目的

1. 学习滴定分析常用仪器的洗涤和正确使用方法。
2. 掌握确定以甲基橙、酚酞为指示剂的滴定终点。

二、实验原理

HCl 溶液和 NaOH 溶液相互滴定时,其化学计量点的 pH 为 7.0,若它们的浓度均为 0.1 $mol \cdot L^{-1}$左右,滴定的 pH 突跃范围为 4~10。在此突跃范围内变色的指示剂有甲基橙(变色范围:pH 3.1~4.4)、甲基红(变色范围:pH 4.4~6.2)和酚酞(变色范围:pH 8.0~9.6)等,以它们为指示剂确定滴定终点,则滴定就有足够的准确性。当 HCl 溶液和 NaOH 溶液浓度一定时,滴定至终点所消耗 HCl 溶液和 NaOH 溶液的体积比(V_{HCl}/V_{NaOH})应是一定的,但实际滴定结果可能并不完全相同,这与滴定操作和判断终点的技能有关。因此,通过多次滴定可检验滴定操作者的实验技能。

三、主要试剂和仪器

1. 盐酸(质量分数约为 36%,常称为浓盐酸)。
2. 固体 NaOH。
3. 甲基橙指示剂(1 $g \cdot L^{-1}$)。
4. 酚酞指示剂(2 $g \cdot L^{-1}$,乙醇溶液)。
5. 百里酚蓝-甲酚红混合指示剂。
6. 滴定管(50.00 mL)。
7. 锥形瓶(250 mL)。
8. 烧杯(50 mL)。

9. 量筒（10 mL）。

10. 移液管（25.00 mL）。

四、实验步骤

1. 溶液配制

在通风橱中用洁净的量筒量取约 5 mL 浓盐酸，倒入装有适量蒸馏水的试剂瓶中，加蒸馏水稀释至约 500 mL，盖上玻璃塞，充分摇匀，即得 0.1 $mol \cdot L^{-1}$ HCl 溶液。

称取约 2 g 固体 NaOH 于 50 mL 烧杯中，加蒸馏水使之溶解，稍冷却后转入试剂瓶中，加蒸馏水稀释至约 500 mL①，用橡胶塞塞好瓶口②，充分摇匀，即得 0.1 $mol \cdot L^{-1}$ NaOH 溶液。

2. 滴定操作练习

用 0.1 $mol \cdot L^{-1}$ NaOH 溶液润洗碱式滴定管 2~3 次（每次用 5~10 mL 溶液）。然后将 NaOH 溶液倒入碱式滴定管中，调节液面至 0.00 mL 或接近 0.00 mL 刻度。

用 0.1 $mol \cdot L^{-1}$ HCl 溶液润洗酸式滴定管 2~3 次（每次用 5~10 mL 溶液），然后将 HCl 溶液倒入酸式滴定管中，调节液面至 0.00 mL 或接近 0.00 mL 刻度。

从碱式滴定管中放出约 20 mL NaOH 溶液于 250 mL 锥形瓶中（注意：放出溶液时一般以每秒滴入 3~4 滴溶液为宜，若溶液放出速度较快，则应稍等一会后再读数），再加入 1 滴甲基橙指示剂，然后用酸式滴定管中的 HCl 溶液滴定锥形瓶中的 NaOH 溶液，进行滴定操作练习，同时观察指示剂颜色的变化。练习过程中，可在加入过量 HCl 溶液后再用 NaOH 溶液滴定 HCl 溶液，或在补加 NaOH 溶液后用 HCl 溶液滴定，如此反复或交替滴定，直至操作比较熟练后，再进行下面的实验。

3. HCl 溶液与 NaOH 溶液相互滴定

由碱式滴定管中放出 20~25 mL NaOH 溶液于 250 mL 锥形瓶中，再加入 1 滴甲基橙指示剂，用 0.1 $mol \cdot L^{-1}$ HCl 溶液滴定至黄色转变为橙色③，记下读数。

---

① 这种配制方法对于初学者较为方便，但不严格。因为市售的固体 NaOH 常因吸收 CO_2 而混有少量 Na_2CO_3，以致分析结果产生误差。如要求严格，应设法除去 CO_3^{2-}，如在溶解前先用蒸馏水漂洗固体 NaOH。

② NaOH 溶液腐蚀玻璃，不能使用玻璃塞，应用橡胶塞，否则长久放置后瓶子不易打开。需较久保存的 NaOH 标准溶液应装入广口瓶中，瓶塞上部装一碱石灰装置，以防止吸收 CO_2 和水分。

③ 如果甲基橙的变色终点不好确定，可与令甲基橙显不同颜色的 3 种溶液对照。溶液配制如下：一锥形瓶中加入 50 mL 蒸馏水，滴入 1 滴甲基橙指示剂、1 滴 0.1 $mol \cdot L^{-1}$ HCl 溶液，呈现红色；另一锥形瓶中加入 50 mL 蒸馏水，滴入 1 滴甲基橙指示剂、1/4 或 1/2 滴 0.1 $mol \cdot L^{-1}$ HCl 溶液，则呈现橙色；再取一锥形瓶，向其中加入 50 mL 蒸馏水，滴入 1 滴甲基橙指示剂、1 滴 0.1 $mol \cdot L^{-1}$ NaOH 溶液，则呈现深黄色。

如此操作,平行滴定 3~5 份。计算体积比 V_{HCl}/V_{NaOH},要求相对偏差在±0.3%以内。

用移液管吸取 25.00 mL 0.1 mol·L^{-1} HCl 溶液于 250 mL 锥形瓶中,再加入 2~3滴酚酞指示剂,用 0.1 mol·L^{-1} NaOH 溶液滴定至溶液呈微红色,并保持 30 s 不褪色,即为终点。平行滴定 3~5 份,要求各次滴定所消耗 NaOH 溶液体积之间的最大差值不超过 0.04 mL。

以百里酚蓝-甲酚红混合指示剂(从黄色变成紫色)代替酚酞指示剂,进行上述操作。平行滴定 3~5 份,记录所消耗的 NaOH 溶液体积,要求各次滴定所消耗 NaOH 溶液体积之间的最大差值不超过±0.04 mL。

五、实验数据记录表格

表 4-2-1 HCl 溶液滴定 NaOH 溶液(指示剂:甲基橙)

	编号				
	1	2	3	4	5
V_{NaOH}/mL					
V_{HCl}/mL					
V_{HCl}/V_{NaOH}					
V_{HCl}/V_{NaOH}平均值					
d_r/%					
$\bar{d}_r$/%					

表 4-2-2 NaOH 溶液滴定 HCl 溶液(指示剂:酚酞)

	编号				
	1	2	3	4	5
V_{HCl}/mL					
V_{NaOH}/mL					
$\bar{V}_{NaOH}$/mL					
V_{NaOH}的极差/mL					

表 4-2-3　NaOH 溶液滴定 HCl 溶液(指示剂:百里酚蓝-甲酚红)

	编号				
	1	2	3	4	5
V_{HCl}/mL					
V_{NaOH}/mL					
$\overline{V}_{NaOH}$/mL					
V_{NaOH}的极差/mL					

六、思考题

1. 配制 NaOH 溶液时,应选用何种天平称取试剂?为什么?
2. 能直接配制准确浓度的 HCl 溶液和 NaOH 溶液吗?为什么?
3. 在滴定分析实验中,滴定管、移液管为何需要分别用滴定剂和要移取的溶液润洗几次?滴定中使用的锥形瓶是否也需要润洗?为什么?
4. 为什么用 HCl 溶液滴定 NaOH 溶液时一般采用甲基橙指示剂,而用 NaOH 溶液滴定 HCl 溶液时以酚酞为指示剂?

· 实验三　容量仪器的校准 ·

一、实验目的

1. 了解容量仪器校准的意义。
2. 学习滴定管、容量瓶的校准方法及移液管和容量瓶的相对校准方法。

二、实验原理

滴定管、移液管和容量瓶等玻璃仪器,其刻度和标示容量与实际值并不完全相符(存在允差等)。因此,对于准确度要求较高的分析测试,有必要对所使用的容量仪器进行校准。

容量仪器的校准方法有称量法和相对校准法。称量法是指用分析天平称量被校容量仪器量入或量出的纯水的质量 m,再根据纯水的密度 ρ 计算出被校容量仪器的实际容量的方法。

各种容量仪器上标示的刻度和容量,一般为 20 ℃时的数值。但在实际校准时,温度不一定是 20 ℃,且容量仪器中纯水的质量是在空气中称量的。因此,用称量法校准时须考虑三种因素的影响,即空气浮力所致称量质量的改变,纯水的密度随温度的变化和玻璃容器本身容积随温度的变化,并加以校正。由于玻璃的膨胀系数极小,在温度相差不太大时其容量变化可以忽略。

表 4-3-1 给出了 20 ℃时容量为 1 L 的玻璃容量仪器在不同温度时所盛纯水的质量。据此可计算其他玻璃容量仪器的校正值。如某支 25 mL 移液管在 25 ℃时放出的纯水质量为 24.921 g,纯水的密度为 0.99617 $g \cdot mL^{-1}$,则该移液管在 20 ℃时的实际容量为

$$V_{20} = 24.921\ g/(0.99617\ g \cdot mL^{-1}) = 25.02\ mL$$

这支移液管的校正值为 25.02 mL−25.00 mL = +0.02 mL。

需要指出的是,校准不当和使用不当都会产生容量误差,其误差甚至可能超过允差或容量仪器本身的误差。因此,在校准时必须正确、仔细地进行操作。凡要使用校正值的,校准次数不应少于两次,且两次校正数据的偏差应不超过该容量仪器容量允许偏差的 1/4,并取其平均值作为校正值。

表 4-3-1 20 ℃时容量为 1 L 的玻璃容量仪器在不同温度时所盛纯水的质量(在空气中用黄铜砝码称量)

温度/℃	质量/g	温度/℃	质量/g	温度/℃	质量/g
10	998.39	19	997.34	28	995.44
11	998.33	20	997.18	29	995.18
12	998.24	21	997.00	30	994.91
13	998.15	22	996.80	31	994.64
14	998.04	23	996.60	32	994.34
15	997.92	24	996.38	33	994.06
16	997.78	25	996.17	34	993.75
17	997.64	26	995.93	35	993.45
18	997.51	27	995.69		

有时,只要求两种容量仪器之间有一定的比例关系,而无需知道它们各自的准确容量,这时可用相对校准法。对于经常配套使用的移液管和容量瓶,采用相对校准法更为合适。例如,用 25 mL 移液管移取纯水于干净且倒立晾干的 100 mL容量瓶中,重复操作 4 次后,观察瓶颈处纯水的弯月面下缘是否刚好与标度刻线上缘相切。若不相切,应重新做一记号为标度刻线,以后此移液管和容量瓶配套使用时就用校准的标度刻线。若想更全面、详细地了解容量仪器的校准,

可参考相关手册。

三、主要试剂和仪器

1. 分析天平。
2. 滴定管(50.00 mL)。
3. 容量瓶(100 mL)。
4. 移液管(25.00 mL)。
5. 锥形瓶(50 mL,带磨口玻璃塞)。

四、实验步骤

1. 滴定管的校准

取一洗净、外表干燥且带磨口玻璃塞的锥形瓶,用分析天平称出空瓶质量①,可只记录至 0.001 g。再向已洗净的滴定管中加纯水,并将液面调至 0.00 mL刻度或稍低处,然后从滴定管中放出一定体积(如 10 mL)的纯水于已称量的锥形瓶中,盖紧玻璃塞②,称出其质量,两次质量之差即为放出纯水的质量。放水时滴定管滴嘴应与锥形瓶内壁接触,以便收集管尖余液,放完等待 1 min 后再准确读数。用此法称量每次从滴定管中放出的约 5 mL 或 10 mL 纯水(记为 V_0)的质量,直到放至 50 mL,用每次称得的纯水的质量除以实验水温时纯水的密度③,即可得到滴定管各部分的实际容量 V_{20}。重复校准一次,两次相应区间纯水的质量相差应小于 0.02 g,求出平均值,并计算校正值 $\Delta(V_{20}-V_0)$。

表 4-3-2 为 50 mL 滴定管校正表,给出了在水温 21 ℃时校准一支 50 mL 滴定管的部分实验数据。最后一项为总校正值,等于前面几次校正值的代数和。校准时也可每次都从滴定管的 0.00 mL 刻度或稍低处开始分别放不同体积(如 10 mL,20 mL,30 mL)的纯水后称量,求得总校正值。

移液管和吸量管也可采用上述称量法进行校准。用称量法校准容量瓶时,不必用锥形瓶称量,且称准至 0.01 g 即可。

2. 移液管和容量瓶的相对校准

用洗净的 25 mL 移液管移取纯水于干净且倒立晾干的 100 mL 容量瓶中,重

---

① 拿取锥形瓶时,可像拿取称量瓶那样用纸条(三层以上)套取。

② 锥形瓶磨口部位不要沾到水。

③ 测量实验水温时,须将温度计插入水中 5~10 min 后再读数,读数时温度计球部仍应浸在水中。严格地说,必须使用分度值为 0.1 ℃的温度计。

复操作 4 次后,观察液面的弯月面下缘是否刚好与标度刻线上缘相切。若不相切,则用胶布在瓶颈上另做标记,在以后的实验中,若此移液管和容量瓶配套使用,以新标记为准。

表 4-3-2　50 mL 滴定管校正表(水温 21 ℃,纯水的密度为 0.99700 g·mL^{-1})

滴定管读数/mL	读数的容积/mL	$m_{瓶+纯水}$/g	$m_{纯水}$/g	V_{20}/mL	ΔV 校正值/mL	总校正值/mL
0.03		29.200(空瓶)				
10.13	10.10	39.280	10.080	10.12	+0.02	+0.02
20.10	9.97	49.190	9.910	9.95	−0.02	0.00
30.17	10.07	59.270	10.080	10.12	+0.05	+0.05
40.20	10.03	69.240	9.970	10.01	−0.02	+0.03
49.99	9.79	79.070	9.830	9.87	+0.08	+0.11

五、实验数据记录表格

表 4-3-3　滴定管校准

滴定管读数/mL	读数的容积/mL	$m_{瓶+纯水}$/g	$m_{纯水}$/g	V_{20}/mL	ΔV 校正值/mL	总校正值/mL

六、思考题

1. 校准滴定管时,锥形瓶和纯水的质量只需称准到 0.001 g,为什么?
2. 容量瓶校准时为什么需要晾干?在用容量瓶配制标准溶液时是否也要晾干?
3. 在实际分析工作中如何应用滴定管的校正值?
4. 怎样用称量法校准移液管(单标度刻线吸量管)?

第5章

酸碱滴定实验

实验一 有机酸摩尔质量的测定(常量、微型滴定)

一、实验目的

1. 学习有机酸摩尔质量的测定方法。
2. 熟悉微型滴定操作。
3. 了解 $KHC_8H_4O_4$ 基准物质的性质及应用。

二、实验原理

大多数有机酸是固体弱酸,如草酸($pK_{a_1}=1.23$,$pK_{a_2}=4.19$)、酒石酸($pK_{a_1}=2.85$,$pK_{a_2}=4.34$)、柠檬酸($pK_{a_1}=3.15$,$pK_{a_2}=4.77$,$pK_{a_3}=6.39$)等,它们一般在水中有一定溶解性。若浓度达 0.1 $mol\cdot L^{-1}$左右,且 $cK_a\geqslant10^{-8}$,则可用 NaOH 标准溶液滴定。因滴定突跃在弱碱性范围内,常选用酚酞作指示剂,滴定至终点溶液呈微红色,根据 NaOH 标准溶液的浓度和滴定时所消耗的体积及称取的纯有机酸的质量,可计算该有机酸的摩尔质量。当有机酸为多元酸时,应根据每一级解离的 H^+能否被准确滴定的判别式($c_{a_i}K_{a_i}\geqslant10^{-8}$)及相邻两级解离的 H^+之间能否分级滴定的判别式($c_{a_i}K_{a_i}/c_{a_{i+1}}K_{a_{i+1}}\geqslant10^5$)来判断多元酸与 NaOH 之间反应的计量关系,据此计算有机酸的摩尔质量。

本实验选用邻苯二甲酸氢钾($KHC_8H_4O_4$,缩写为 KHP,$pK_{a_2}=5.41$)作为基准物质来标定 NaOH 溶液的浓度。邻苯二甲酸氢钾纯度高、稳定、不吸水,而且有较大的摩尔质量,标定时可用酚酞作指示剂。

三、主要试剂和仪器

1. NaOH 溶液(0.1 $mol\cdot L^{-1}$)。
2. 邻苯二甲酸氢钾基准物质:在 100~125 ℃下干燥后备用。干燥温度不宜过高,否则邻苯二甲酸氢钾脱水而成为邻苯二甲酸酐。
3. 酚酞指示剂(2 $g\cdot L^{-1}$,乙醇溶液)。
4. 有机酸试剂(如草酸、酒石酸、柠檬酸、乙酰水杨酸等)。
5. 常量滴定用仪器(50.00 mL 滴定管,25.00 mL 移液管,250 mL 容量瓶,

250 mL 锥形瓶,50 mL 烧杯)。

6. 微型滴定用仪器(3.000 mL 滴定管、2.00 mL 移液管、50 mL 容量瓶、25 mL 锥形瓶、50 mL 烧杯)。

四、实验步骤

1. NaOH 溶液的标定(常量滴定)

用差减法准确称取 0.4~0.6 g $KHC_8H_4O_4$ 基准物质于 250 mL 锥形瓶中,加 40~50 mL蒸馏水溶解,摇匀,再加 2~3 滴酚酞指示剂,用待标定的 NaOH 溶液滴至溶液呈微红色,并保持 30 s 不褪色,即为终点。平行滴定 3~5 份,计算 NaOH 溶液的浓度和各次标定结果的相对偏差(相对偏差应小于或等于±0.2%,否则须重新标定)。

2. 有机酸摩尔质量的测定(常量滴定)

准确称取适量有机酸试样①于干燥的 50 mL 烧杯中,加蒸馏水溶解,定量转入 250 mL 容量瓶中,用蒸馏水稀释至刻度,摇匀。用 25.00 mL 移液管平行移取 3~5 份该溶液,分别置于 250 mL 锥形瓶中,加 2~3 滴酚酞指示剂,用 NaOH 标准溶液滴至溶液刚好由无色变为粉红色,且 30 s 内不褪色,即为终点。计算有机酸摩尔质量。

3. NaOH 溶液的标定(微型滴定)

准确称取约 1.0 g $KHC_8H_4O_4$ 基准物质于干燥的 50 mL 烧杯中,加蒸馏水溶解,定量转入 50 mL 容量瓶中,用蒸馏水稀释至刻度,摇匀。用移液管准确移取 2.00 mL 上述 $KHC_8H_4O_4$ 标准溶液于 25 mL 锥形瓶中,加 1 滴酚酞指示剂,用待标定的 NaOH 溶液滴至溶液呈微红色,并保持 30 s 不褪色,即为终点。平行标定 3~5 次,计算 NaOH 溶液的浓度和各次标定结果的相对偏差(相对偏差应小于或等于±0.2%,否则须重新标定)。

4. 有机酸摩尔质量的测定(微型滴定)

准确称取适量有机酸试样于干燥的 50 mL 烧杯中,加蒸馏水溶解,定量转入 50 mL 容量瓶中,用蒸馏水稀释至刻度,摇匀。用 2.00 mL 移液管平行移取 3~5 份,分别置于 25 mL 锥形瓶中,加 1 滴酚酞指示剂,用 NaOH 标准溶液滴至溶液刚好由无色变为粉红色,且 30 s 内不褪色,即为终点。计算有机酸摩尔质量。

---

① 称取有机酸试样的质量应按不同试样预先估算。应提前告知有机酸的摩尔质量范围以及 *n* 值,以便学生预习时计算。

五、实验数据记录表格

表 5-1-1 $KHC_8H_4O_4$ 标定 NaOH 溶液

	编号				
	1	2	3	4	5
$m_{KHC_8H_4O_4}$/g					
V_{NaOH}/mL					
$c_{NaOH}/(mol \cdot L^{-1})$					
$\bar{c}_{NaOH}/(mol \cdot L^{-1})$					
d_r/%					
$\bar{d}_r$/%					

表 5-1-2 有机酸摩尔质量的测定

	编号				
	1	2	3	4	5
$m_{有机酸}$/g					
$V_{试液}$/mL					
V_{NaOH}/mL					
$M_{有机酸}/(g \cdot mol^{-1})$					
$\bar{M}_{有机酸}/(g \cdot mol^{-1})$					
d_r/%					
$\bar{d}_r$/%					

六、思考题

1. 如果 NaOH 标准溶液在保存过程中吸收了空气中的二氧化碳,用此标准溶液滴定同一种 HCl 溶液时,分别选用甲基橙和酚酞为指示剂有何区别？为什么？

2. 草酸、柠檬酸、酒石酸等有机多元酸能否用 NaOH 溶液滴定？

3. $Na_2C_2O_4$ 能否作为酸碱滴定的基准物质？为什么？

• 实验二 食用醋总酸度的测定（常量、微型滴定）•

一、实验目的

1. 了解强碱滴定弱酸过程中溶液 pH 的变化及指示剂的选择。
2. 学习食用醋总酸度的测定方法。

二、实验原理

食用醋的主要酸性物质是乙酸（HAc，也称醋酸），此外还含有少量其他弱酸，如乳酸等。乙酸的解离常数 $K_a = 1.8 \times 10^{-5}$，用 NaOH 标准溶液滴定乙酸，化学计量点的 pH 约为 8.7，可选用酚酞为指示剂，滴定终点时溶液由无色变为微红色。滴定时，不仅 HAc 与 NaOH 反应，食用醋中可能存在的其他酸也与 NaOH 反应，故滴定所得为总酸度，以 ρ_{HAc}（$g \cdot L^{-1}$）表示。

三、主要试剂和仪器

1. NaOH 溶液（$0.1\ mol \cdot L^{-1}$）。
2. 邻苯二甲酸氢钾（$KHC_8H_4O_4$）基准物质。
3. 酚酞指示剂（$2\ g \cdot L^{-1}$，乙醇溶液）。
4. 食用醋试液（使用食用白醋）。
5. 仪器（同本章实验一）。

四、实验步骤

1. NaOH 溶液的标定（参见本章实验一）

2. 食用醋总酸度的测定（常量滴定）

准确移取 25.00 mL 食用醋试液于 250 mL 容量瓶中，用新煮沸并冷却的蒸馏水稀释至刻度，摇匀。用移液管移取 25.00 mL 上述稀释后的试液于 250 mL 锥形瓶中，加 2～3 滴酚酞指示剂，用上述已标定的 NaOH 标准溶液滴至溶液呈微红色，且 30 s 内不褪色，即为终点。平行滴定 3～5 份，根据消耗的 NaOH 标准溶液的体积,计算食用醋总酸度 $\rho_{HAc}(g\cdot L^{-1})$。

3. 食用醋总酸度的测定(微型滴定)

准确移取 5.00 mL 食用醋试液于 50 mL 容量瓶中,用新煮沸并冷却的蒸馏水稀释至刻度,摇匀。用移液管移取 2.00 mL 上述稀释后的试液于 25 mL 锥形瓶中,加 5 mL 蒸馏水和 1 滴酚酞指示剂,用上述已标定的 NaOH 标准溶液滴至溶液呈微红色,且 30 s 内不褪色,即为终点。平行滴定 3~5 份,根据消耗的 NaOH 标准溶液的体积,计算食用醋总酸度 $\rho_{HAc}(g\cdot L^{-1})$。

五、实验数据记录表格

表 5-2-1 $KHC_8H_4O_4$ 标定 NaOH 溶液

	编号				
	1	2	3	4	5
$m_{KHC_8H_4O_4}/g$					
V_{NaOH}/mL					
$c_{NaOH}/(mol\cdot L^{-1})$					
$\bar{c}_{NaOH}/(mol\cdot L^{-1})$					
$d_r/\%$					
$\bar{d}_r/\%$					

表 5-2-2 食用醋总酸度的测定

	编号				
	1	2	3	4	5
$V_{食用醋}/mL$					
$V_{稀释后}/mL$					
V_{NaOH}/mL					
$\rho_{HAc}/(g\cdot L^{-1})$					
$\bar{\rho}_{HAc}/(g\cdot L^{-1})$					
$d_r/\%$					
$\bar{d}_r/\%$					

六、思考题

1. 以 NaOH 溶液滴定 HAc 溶液,属于哪类滴定?怎样选择指示剂?
2. 测定乙酸含量时,所用的蒸馏水不能含二氧化碳,为什么?

• 实验三　阿司匹林药片中乙酰水杨酸含量的测定 •

一、实验目的

1. 学习返滴定法的原理与操作。
2. 熟悉用酸碱滴定法测定阿司匹林药片。

二、实验原理

阿司匹林是一种解热镇痛药,它的主要成分是乙酰水杨酸。乙酰水杨酸是一种有机弱酸($K_a = 3.1 \times 10^{-4}$),摩尔质量为 180.16 g·mol^{-1},微溶于水,易溶于乙醇。在强碱性溶液中溶解并水解为水杨酸(邻羟基苯甲酸,$K_{a_1} = 1.1 \times 10^{-3}$)和乙酸盐,反应式为

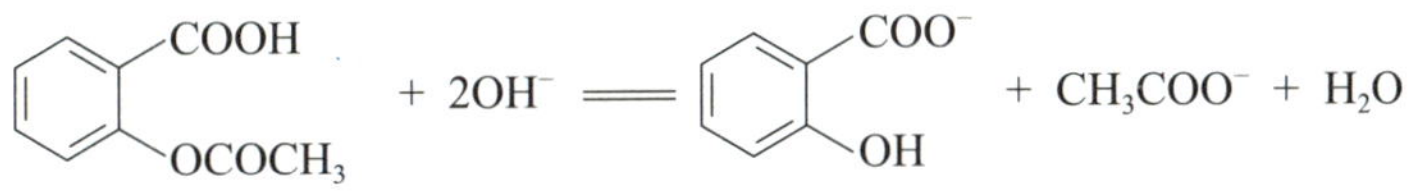

药片中一般都添加了一定量的赋形剂,如硬脂酸镁、淀粉等不溶物,不宜直接滴定,可采用返滴定法进行测定。将药片研磨成粉末状后加入过量的 NaOH 标准溶液,加热一段时间使乙酰基水解完全,再以酚酞为指示剂,用 HCl 标准溶液返滴定过量的 NaOH 溶液,滴至溶液由红色变为接近无色,即为终点。在这一反应过程中,1 mol 乙酰水杨酸消耗 2 mol NaOH。

纯品乙酰水杨酸可用 NaOH 溶液直接滴定,以酚酞为指示剂。滴定反应为

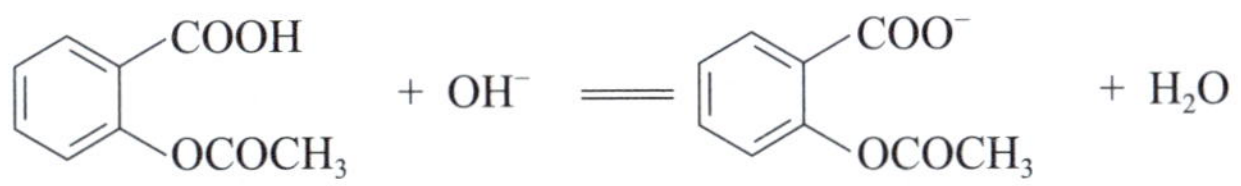

滴定应在 10 ℃以下的中性乙醇介质中进行,以防止乙酰基水解。

三、主要试剂和仪器

1. NaOH 溶液(1 $mol\cdot L^{-1}$,0.1 $mol\cdot L^{-1}$)。

2. HCl 溶液(0.1 $mol\cdot L^{-1}$)。

3. 甲基橙指示剂。

4. 甲基红指示剂。

5. 酚酞指示剂(2 $g\cdot L^{-1}$,乙醇溶液)。

6. 邻苯二甲酸氢钾($KHC_8H_4O_4$)基准物质。

7. 无水 Na_2CO_3 基准物质。

8. 硼砂($Na_2B_4O_7\cdot 10H_2O$)基准物质。

9. 阿司匹林药片。

10. 乙醇(95%)。

11. 纯乙酰水杨酸。

12. 仪器(50.00 mL 碱式滴定管、25.00 mL 移液管、100 mL 烧杯、250 mL 锥形瓶、100 mL 容量瓶、量筒、表面皿、研钵)。

13. 电炉。

四、实验步骤

1. HCl 溶液的标定

(1) 以无水 Na_2CO_3 基准物质标定　用差减法准确称取 0.13~0.15 g 无水 Na_2CO_3 基准物质于 250 mL 锥形瓶中,加 20~30 mL 蒸馏水溶解,再加 1 滴甲基橙指示剂,用待标定的 HCl 溶液滴至溶液由黄色变为橙色,即为终点。平行滴定 3~5 份,根据所消耗的 HCl 溶液的体积,计算 HCl 溶液的浓度。

(2) 以硼砂($Na_2B_4O_7\cdot 10H_2O$)基准物质标定　用差减法准确称取 0.4~0.6 g 硼砂基准物质于 250 mL 锥形瓶中,加 50 mL 蒸馏水溶解,再加 2 滴甲基红指示剂,用待标定的 HCl 溶液滴至溶液恰好由黄色变为浅红色,即为终点。平行滴定 3~5 份,计算 HCl 溶液的浓度。

2. 药片中乙酰水杨酸含量的测定

将阿司匹林药片研成粉末试样后,准确称取约 0.6 g 药粉试样于干燥的 100 mL烧杯中,用移液管准确加入 25.00 mL 1 $mol\cdot L^{-1}$ NaOH 标准溶液后,用量筒加 30 mL 蒸馏水,盖上表面皿,轻摇几下,置于约 90 ℃水浴中加热 15 min,迅速用流水冷却,将烧杯中的溶液定量转移至 100 mL 容量瓶中,用蒸馏水稀释至刻度，摇匀。

准确移取 10.00 mL 上述试液于 250 mL 锥形瓶中，加 20～30 mL 蒸馏水和 2～3 滴酚酞指示剂，用 0.1 $mol \cdot L^{-1}$ HCl 标准溶液滴至红色刚好消失，即为终点。平行滴定 3～5 次，根据所消耗的 HCl 溶液的体积，计算药片中乙酰水杨酸的质量分数。

3. NaOH 标准溶液与 HCl 标准溶液体积比的测定（空白试验）

用移液管准确移取 25.00 mL 1 $mol \cdot L^{-1}$ NaOH 标准溶液于 100 mL 烧杯中，在与测定药粉试样相同的实验条件下进行加热，冷却后，定量转移至 100 mL 容量瓶中，稀释至刻度，摇匀。准确移取 10.00 mL 上述试液于 250 mL 锥形瓶中，加 20～30 mL 蒸馏水和 2～3 滴酚酞指示剂，用 0.1 $mol \cdot L^{-1}$ HCl 标准溶液滴至红色刚好消失，即为终点。平行滴定 3～5 份，计算 V_{NaOH}/V_{HCl}的值。

4. NaOH 溶液的标定（参见本章实验一）

5. 乙醇的预中和

量取约 60 mL 乙醇，置于 100 mL 烧杯中，加 8 滴酚酞指示剂，在搅拌下滴加 0.1 $mol \cdot L^{-1}$ NaOH 溶液至溶液刚好出现微红色，盖上表面皿，泡在冰水中。

6. 乙酰水杨酸（晶体）纯度的测定

准确称取约 0.4 g 乙酰水杨酸试样于干燥的 250 mL 锥形瓶中，加 20 mL 中性冷乙醇，摇动溶解后立即用 0.1 $mol \cdot L^{-1}$ NaOH 标准溶液滴至溶液呈微红色，并保持 30 s 不褪色，即为终点。平行测定 3～5 份，计算乙酰水杨酸试样的纯度（%）。

五、实验数据记录表格

表 5-3-1　HCl 溶液的标定

	编号				
	1	2	3	4	5
$m_{硼砂}$ 或 $m_{Na_2CO_3}/g$					
V_{HCl}/mL					
$c_{HCl}/(mol \cdot L^{-1})$					
$\bar{c}_{HCl}/(mol \cdot L^{-1})$					
$d_r/\%$					
$\bar{d}_r/\%$					

表 5-3-2 药片中乙酰水杨酸含量的测定

	编号				
	1	2	3	4	5
$m_{药粉试样}$/g					
$V_{移取试液}$/mL					
V_{HCl}/mL					
$w_{乙酰水杨酸}$					
$\overline{w}_{乙酰水杨酸}$					
d_r/%					
$\overline{d}_r$/%					

表 5-3-3 NaOH 标准溶液与 HCl 标准溶液体积比的测定

	编号				
	1	2	3	4	5
V_{NaOH}/mL					
V_{HCl}/mL					
V_{NaOH}/V_{HCl}					
V_{NaOH}/V_{HCl}平均值					
d_r/%					
$\overline{d}_r$/%					

表 5-3-4 乙酰水杨酸(晶体)纯度的测定

	编号				
	1	2	3	4	5
$m_{乙酰水杨酸}$/g					
V_{NaOH}/mL					
$w_{乙酰水杨酸}$					
$\overline{w}_{乙酰水杨酸}$					
d_r/%					
$\overline{d}_r$/%					

六、思考题

1. 在测定药片的实验中,为什么 1 mol 乙酰水杨酸消耗 2 mol,而不是 3 mol NaOH? 返滴定后的溶液中,水解产物的存在形式是什么?

2. 用返滴定法测定乙酰水杨酸含量,为何须做空白试验?

实验四　非水滴定法测定乙酸钠含量（常量、微型滴定）

一、实验目的

1.掌握非水溶液酸碱滴定的原理及操作。

2. 掌握结晶紫指示剂滴定终点的判断方法。

二、实验原理

乙酸钠是一种较弱的碱($pK_b=9.24$),其水溶液不能用强酸准确滴定。选择适当的溶剂如冰乙酸,可大大提高乙酸钠的碱性,以致可用 $HClO_4$ 的 HAc 溶液滴定。其滴定反应为

$$H_2Ac^+ + ClO_4^- + NaAc \longrightarrow 2HAc + NaClO_4$$

邻苯二甲酸氢钾常作为标定 $HClO_4$-HAc 标准溶液的基准物质,其反应为

$$KHC_8H_4O_4 + H_2Ac^+ + ClO_4^- \longrightarrow H_2C_8H_4O_4 + HAc + KClO_4$$

由于测定和标定的产物为 $NaClO_4$ 和 $KClO_4$,它们在非水介质中的溶解度都较小,故滴定过程中随着 $HClO_4$-HAc 标准溶液的不断加入,慢慢有白色混浊物产生,但并不影响滴定结果。本实验选用乙酸酐-冰乙酸混合溶剂,以结晶紫为指示剂。有关计算式为

$$c_{HClO_4}=\frac{1000\,m}{(V-V_0)M_{KHC_8H_4O_4}} \tag{1}$$

式中,m 为 $KHC_8H_4O_4$ 的质量(g);$M_{KHC_8H_4O_4}$ 为 $KHC_8H_4O_4$ 的摩尔质量($204.2\ g\cdot mol^{-1}$);V 为滴定 $KHC_8H_4O_4$ 溶液所消耗的高氯酸标准溶液体积

(mL);V_0 为滴定空白溶液所消耗的高氯酸标准溶液体积(mL)。

$$w_{NaAc}=\frac{(V-V_0)c\ M_{NaAc}}{1000\ m}\times 100\% \quad (2)$$

式中,w_{NaAc}为 NaAc 的质量分数;V 为滴定 NaAc 溶液所消耗的高氯酸标准溶液体积(mL);V_0 为滴定空白溶液所消耗的高氯酸标准溶液体积(mL);c 为高氯酸标准溶液的浓度($mol\cdot L^{-1}$);M_{NaAc}为 NaAc 的摩尔质量(82.03 $g\cdot mol^{-1}$);m 为所取 NaAc 的质量(g)。

三、主要试剂和仪器

1. $HClO_4$-HAc 溶液(0.1 $mol\cdot L^{-1}$):在 700~800 mL 的冰乙酸中缓慢加入 8.5 mL 72%(质量分数)的高氯酸,摇匀;在室温下缓慢滴加 24 mL 乙酸酐,边加边摇,加完后再摇匀,冷却,加适量的无水冰乙酸,稀释至 1 L,摇匀,放置 24 h,使乙酸酐与溶液中的水充分反应。
2. 结晶紫指示剂:0.2 g 结晶紫溶于 100 mL 冰乙酸中。
3. 冰乙酸。
4. 邻苯二甲酸氢钾($KHC_8H_4O_4$)基准物质。
5. 乙酸酐。
6. 无水乙酸钠试样。
7. 仪器(50.00 mL 滴定管、2.00 mL 移液管、50 mL 烧杯、250 mL 锥形瓶、25 mL 锥形瓶、50 mL 容量瓶、量筒、细滴管)。

四、实验步骤

1. $HClO_4$-HAc 溶液的标定

(1) 常量滴定　准确称取 0.3~0.4 g(若室温在 25℃左右,基准物质的溶解度较大,常量滴定可称 0.4~0.5 g,微型滴定可称约 0.5 g)$KHC_8H_4O_4$ 基准物质于洁净、干燥的 250 mL 锥形瓶中,加 40 mL 冰乙酸溶解,加 1 滴结晶紫指示剂,用待标定的 $HClO_4$-HAc 溶液滴至溶液呈蓝绿色,即为终点。平行滴定 3~5 份,同时取40 mL冰乙酸进行空白试验。根据 $KHC_8H_4O_4$ 的质量和所消耗的 $HClO_4$-HAc 溶液体积,计算 $HClO_4$ 溶液的浓度。

(2) 微型滴定　准确称取约 0.4 g $KHC_8H_4O_4$ 基准物质于洁净、干燥的 50 mL 烧杯中,加约 20 mL 冰乙酸,溶解后定量转移至 50 mL 容量瓶中,用冰乙酸稀释至刻度,摇匀。移取 2.00 mL 该溶液于干燥的 25 mL 锥形瓶内,用细滴管加 1 滴结晶紫指示剂,用待标定的 $HClO_4$-HAc 溶液滴至溶液由紫色变为蓝绿色,即为终点。平行滴定 3~5 份,同时取 2 mL 冰乙酸进行空白试验。根据 $KHC_8H_4O_4$ 的质量和所消耗的 $HClO_4$-HAc 溶液体积,计算 $HClO_4$ 溶液的浓度。

2. 乙酸钠含量的测定

(1) 常量滴定 准确称取 0.20~0.25 g 无水乙酸钠试样于干燥的 250 mL 锥形瓶中,加 30 mL 冰乙酸溶解,加 8 mL 乙酸酐,加 1 滴结晶紫指示剂,用 $HClO_4$-HAc 溶液滴至溶液由紫色变为蓝色,即为终点。平行滴定 3~5 份,根据所消耗的 $HClO_4$-HAc 溶液体积,计算试样中乙酸钠的质量分数。同时进行空白试验,校正实验结果。

(2) 微型滴定 准确称取 0.4~0.5 g 无水乙酸钠试样于干燥的 50 mL 烧杯中,加 20 mL 冰乙酸,加 8 mL 乙酸酐,溶解后定量转移至 50 mL 容量瓶中,用冰乙酸稀释至刻度,摇匀。准确移取 2.00 mL 该溶液于干燥的 25 mL 锥形瓶中,用细滴管加 1 滴结晶紫指示剂,用 $HClO_4$-HAc 溶液滴至溶液由紫色变为蓝绿色,即为终点。平行滴定 3~5 份,根据所消耗的 $HClO_4$-HAc 溶液体积,计算试样中乙酸钠的质量分数。同时进行空白试验,校正实验结果。

五、注意事项

1. 乙酸酐$(CH_3CO)_2O$是由 2 个乙酸分子脱去 1 个 H_2O 分子而成的,它与水发生剧烈反应,反应式为

$$(CH_3CO)_2O + H_2O = 2CH_3COOH$$

同时放出大量的热,过热易引起高氯酸爆炸,因此,配制时不可使高氯酸与乙酸酐直接混合,只能将高氯酸缓缓滴入冰乙酸中,再滴加乙酸酐。

2. 非水滴定过程不能带入水,锥形瓶、量筒等容器均要干燥。

六、实验数据记录表格

表 5-4-1 $HClO_4$-HAc 溶液的标定

	编号				
	1	2	3	4	5
$m_{KHC_8H_4O_4}$/g					
V_{HClO_4-HAc}/mL					
$V_{空白}$/mL					
$c_{HClO_4}/(mol \cdot L^{-1})$					

续表

	编号				
	1	2	3	4	5
$\bar{c}_{HClO_4}/(mol \cdot L^{-1})$					
$d_r/\%$					
$\bar{d}_r/\%$					

表 5-4-2 乙酸钠含量的测定

	编号				
	1	2	3	4	5
m_{NaAc}/g					
V_{HClO_4-HAc}/mL					
$V_{空白}/mL$					
$w_{NaAc}/\%$					
$\bar{w}_{NaAc}/\%$					
$d_r/\%$					
$\bar{d}_r/\%$					

七、思考题

1. 什么叫非水滴定?
2. NaAc 在水中的 pH 与在冰乙酸溶剂中的 pH 是否一样? 为什么?
3. $HClO_4$-HAc 溶液中为什么要加入乙酸酐呢?
4. 邻苯二甲酸氢钾常用于标定 NaOH 溶液的浓度,为何在本实验中可作标定 $HClO_4$-HAc 溶液的基准物质?

• 实验五 HCl-HAc 混合液的电位滴定 •

一、实验目的

1. 掌握酸度计的使用方法。
2. 学习利用电位法确定滴定终点。

二、实验原理

电位滴定法是根据滴定过程中，指示电极的电位或 pH 产生“突跃”，从而确定终点的一种分析方法。

强酸和弱酸混合液的滴定要比单一组分的酸碱滴定复杂，可采用电位滴定法测定。在滴定过程中，随着滴定剂的不断加入，溶液的 pH 不断在变化。当用 NaOH 标准溶液滴定 HCl-HAc 混合液时，HCl 首先被滴定，到达第一化学计量点即出现第一个“突跃”时，滴定产物为 NaCl+HAc。继续用 NaOH 标准溶液滴定，则 HAc 与 NaOH 溶液定量反应，到达第二化学计量点时，形成第二个“突跃”，滴定产物为 NaAc+NaCl。由加入的 NaOH 标准溶液的体积（mL）和测得相应的 pH，可绘制 pH-V 滴定曲线。如图 5-1 所示，以三切线法作图，可分别确定 HCl 和 HAc 的滴定终点，从而计算混合液中 HAc 和 HCl 的浓度。

以三切线法作图时，先在滴定曲线两端平坦处作 AB 及 CD 两条切线，在“突跃”部分作 EF 切线，与 AB，CD 两线相交于 Q，P 两点，在 P，Q 两点作 PG，QH 两条平行于横轴的线。然后在这两条线之间作垂直线，在垂直线一半的 J 点处，作 JJ'线平行于横轴，J'点称为拐点，即为滴定终点。此 J'点投影于 pH 与 V 坐标轴上分别得到滴定终点时的 pH 和滴定剂的体积 V，如图 5-1 所示。

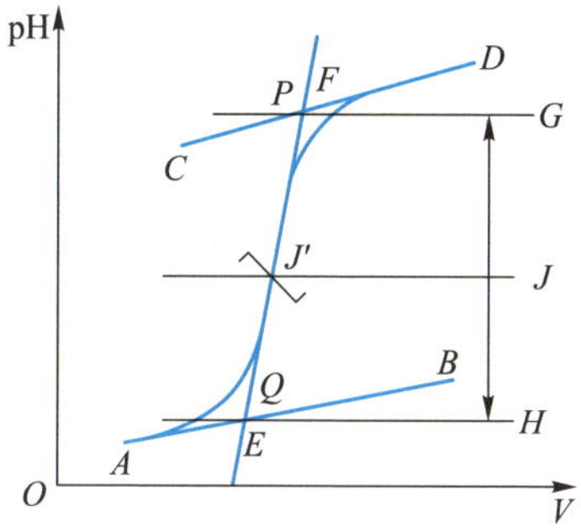

图 5-1　三切线法作图

为了更好地确定滴定终点，也可以 ΔpH/ΔV 对 V 作图，得到一级微分滴定曲线。

三、主要试剂和仪器

1. NaOH 溶液（0.2 mol·L^{-1}）。
2. HAc 溶液（0.4 mol·L^{-1}）与 HCl 溶液（0.4 mol·L^{-1}）等体积混合液。
3. 酚酞指示剂（2 g·L^{-1}，乙醇溶液）。
4. pHS-3C 型酸度计。
5. 仪器（50.00 mL 碱式滴定管、25.00 mL 移液管、150 mL 烧杯、250 mL 锥形瓶）。

四、实验步骤

1. NaOH 溶液的标定(参见本章实验一)

2. 酸度计的校正

(1) 电极安装 将复合电极插入酸度计电极插口内,使用时把复合电极下面的电极保护套拔去,测量完毕时,再套上保护套。

(2) 接通电源,打开开关,预热 0.5 h 左右。

(3) 将选择挡转到 pH 处。

(4) 定位 调节温度补偿旋钮使其和被测溶液温度相同。将斜率旋钮顺时针旋转到底,将标准缓冲溶液倒入烧杯中,将清洗后的电极插入溶液中,调节定位旋钮直至显示屏上所示读数与标准缓冲溶液的 pH 一致。

(5) 调节斜率 将另一标准缓冲溶液倒入烧杯中,将清洗后的电极插入溶液中,调节斜率旋钮直至显示屏上所示读数与标准缓冲溶液的 pH 一致。斜率和定位调好后,不要再动,否则需要重新定位及调节斜率。

3. 混合酸的电位滴定

准确移取 25.00 mL HCl-HAc 混合液于 150 mL 烧杯中,用 NaOH 标准溶液($0.2\ mol\cdot L^{-1}$)滴定。开始时,每次滴入 5 mL 左右,将清洗后的电极插入溶液测定相应的 pH,两次后,连续 5 次每滴入约 2 mL NaOH 标准溶液,测定相应的 pH。接近第一个突跃之前,每滴入 0.1 mL 或 0.2 mL NaOH 标准溶液,测定相应的 pH。

在第一个突跃过后,继续用 NaOH 标准溶液滴定,测定相应的 pH,至第二个突跃过后,每滴入约 2 mL 测一次 pH,继续滴定 3~4 次后即可停止实验。记录滴入的 NaOH 标准溶液的体积和 pH,绘制滴定曲线,计算混合液中 HCl 和 HAc 的浓度。

五、实验数据记录表格

表 5-5-1 NaOH 溶液($0.2\ mol\cdot L^{-1}$)的标定

	编号				
	1	2	3	4	5
$m_{KHC_8H_4O_4}/g$					
V_{NaOH}/mL					
$c_{NaOH}/(mol\cdot L^{-1})$					
$\bar{c}_{NaOH}/(mol\cdot L^{-1})$					

续表

	编号				
	1	2	3	4	5
$d_r/\%$					
$\bar{d}_r/\%$					

表 5-5-2　混合酸的电位滴定

$V_{HCl-HAc}$/ mL	
滴加 NaOH 总体积 V_{NaOH}/mL	
溶液 pH	
滴定 HCl 的 V_{NaOH}/mL	
滴定 HAc 的 V_{NaOH}/mL	
c_{HCl}	
c_{HAc}	

六、思考题

1. 酸度计测量未知溶液的 pH 前，为什么要用标准缓冲溶液定位？
2. 酸度计测量缓冲溶液 pH 的原理是什么？
3. 0.4 mol·L^{-1}HAc 溶液与 0.4 mol·L^{-1}HCl 溶液等体积混合液的 pH 为多少？实验测量值与理论计算值比较，相对误差为多少？
4. 分别滴定至 pH 为 4.00 和 7.00 时，各有多少 HAc 参加反应？

• 实验六　缓冲溶液的配制及 pH 的测定 •

一、实验目的

1. 了解缓冲溶液的配制方法。
2. 学会使用酸度计测定溶液的 pH。

二、实验原理

酸碱缓冲溶液一般由浓度较大的弱酸及其共轭碱所组成,如 $HAc-Ac^-$,$NH_4^+-NH_3$等,这类缓冲溶液不仅具有抗外加强酸强碱的作用,还有抗稀释的作用。

对于 $HB-B^-$缓冲溶液,其 pH 可采用如下公式计算:

$$pH = pK_a + \lg \frac{[B^-]}{[HB]}$$

据此,可通过改变 HB 和 B^-的比例,配制出一定 pH 的缓冲溶液。一般是先配制出大致所需 pH 的溶液,然后测定其 pH,再加酸或碱,使 pH 达到所需值。

溶液的 pH 常用酸度计测定,有关酸度计的构造及原理参见第三章。

三、主要试剂和仪器

1. 标准缓冲溶液(pH = 4.003 邻苯二甲酸氢钾、pH = 6.864 混合磷酸盐、pH = 9.182 硼砂)。
2. 冰乙酸。
3. 乙酸钠溶液($1\ mol \cdot L^{-1}$)。
4. 六亚甲基四胺溶液($2\ mol \cdot L^{-1}$)。
5. HCl 溶液($6\ mol \cdot L^{-1}$)。
6. 氯化铵溶液($1\ mol \cdot L^{-1}$)。
7. 浓氨水。
8. 100 mL 烧杯。
9. pHS-3C 型酸度计。
10. 复合电极。

四、实验步骤

1. 配制缓冲溶液

根据表 5-6-1 所示溶液,分别在 100 mL 烧杯中配制总体积约为 60 mL 的 NaAc-HAc(pH = 4.0),$(CH_2)_6N_4-HCl$(pH = 5.0),NH_3-NH_4Cl(pH = 10.0)缓冲溶液。

2. 酸度计的校正(参见本章实验五及第三章酸度计部分内容)

3. 缓冲溶液 pH 的测定

用蒸馏水吹洗复合电极,并用滤纸片吸干电极上的水,再将复合电极插入待测缓冲溶液中,轻轻摇动溶液,待显示屏上的数值稳定后读出缓冲溶液的 pH。然后再清洗复合电极,测定其他缓冲溶液的 pH。测量完毕,将复合电极吹洗干净,套上盛满饱和 KCl 溶液的电极保护套,取下复合电极放回电极盒内,关闭电源。

五、实验数据记录表格

表 5-6-1　缓冲溶液 pH

缓冲溶液及 pH	组分含量	体积/mL	pH 测量值
NaAc-HAc,4.0	36% HAc		
	$1\ mol\cdot L^{-1}$ NaAc	30	
$(CH_2)_6N_4$-HCl, 5.0	$2\ mol\cdot L^{-1}(CH_2)_6N_4$		
	$6\ mol\cdot L^{-1}$ HCl	10	
NH_3-NH_4Cl, 10.0	$1\ mol\cdot L^{-1}$ NH_4Cl	45	
	浓氨水		

六、思考题

1. 复合电极有哪些优缺点? 使用前后应如何处理? 为什么?

2. 试对本实验中配制的缓冲溶液的 pH 进行理论计算,并与实验测量值对比。

· 实验七　乙酸解离度和解离常数的测定 ·

一、实验目的

1. 掌握测定弱酸解离度和解离常数的方法。

2. 进一步熟悉滴定管、移液管的使用方法。

二、实验原理

乙酸是弱酸,在水溶液中存在下述解离平衡:

$$HAc \rightleftharpoons H^+ + Ac^-$$

若 HAc 的起始浓度为 c,$[H^+]$,$[Ac^-]$和$[HAc]$分别为 H^+,Ac^-和 HAc 的平衡浓度,α 为解离度,K_a 为解离常数,平衡时$[H^+]=[Ac^-]$,$[HAc]=c(1-\alpha)$,则

$$K_a=\frac{[H^+][Ac^-]}{[HAc]}=\frac{[H^+]^2}{c-[H^+]}$$

$$\alpha=\frac{[H^+]}{c}\times 100\%$$

当 $\alpha<5\%$时:
$$K_a \approx \frac{[H^+]^2}{c}$$

因此,测定已知浓度的 HAc 溶液的 pH,即可计算其解离度和解离常数。

三、主要试剂和仪器

1. 标准缓冲溶液(pH=4.003 邻苯二甲酸氢钾、pH=6.864 混合磷酸盐、pH=9.182 硼砂)。

2. NaOH 溶液($0.1\ mol\cdot L^{-1}$)。

3. HAc 溶液($0.1\ mol\cdot L^{-1}$)。

4. 酚酞指示剂($2\ g\cdot L^{-1}$,乙醇溶液)。

5. 邻苯二甲酸氢钾($KHC_8H_4O_4$)基准物质。

6. 仪器(50.00 mL 滴定管、25.00 mL 移液管、50 mL 容量瓶、250 mL 锥形瓶、50 mL 烧杯)

7. pHS-3C 型酸度计。

8. 复合电极。

四、实验步骤

1. NaOH 溶液的标定(参见本章实验一)

2. HAc 溶液的测定

用移液管准确移取 25.00 mL $0.1\ mol\cdot L^{-1}$ HAc 溶液 3~5 份,分别置于250 mL

锥形瓶中，加 2~3 滴酚酞指示剂，用上述 NaOH 标准溶液滴定至溶液呈微红色，且 30 s 内不褪色，即为终点。计算此 HAc 溶液的浓度。

3. 配制不同浓度的 HAc 溶液

用移液管（或滴定管）分别移取上述 HAc 标准溶液 25 mL，10 mL 和 5 mL，分别置于 50 mL 容量瓶中，用蒸馏水稀释至刻度，摇匀。

4. 测定不同浓度 HAc 溶液的 pH（参见本章实验六）

将原溶液及上述 3 种不同浓度的 HAc 溶液分别转入 4 只干燥的 50 mL 烧杯中，按由稀至浓的顺序用酸度计分别测定它们的 pH，记录数据和室温。计算 HAc 的解离度和解离常数。

五、实验数据记录表格

表 5-7-1 HAc 溶液浓度的测定

	编号				
	1	2	3	4	5
V_{HAc}/mL					
V_{NaOH}/mL					
$c_{HAc}/(mol \cdot L^{-1})$					
$\bar{c}_{HAc}/(mol \cdot L^{-1})$					
d_r/%					
$\bar{d}_r$/%					

表 5-7-2 HAc 解离度 α 和解离常数 K_a 的测定

	HAc 溶液编号			
	1	2	3	4
c_{HAc}				
pH				
$[H^+]$				
解离度 α				
解离常数 K_a				
$\overline{K}_a$				

六、思考题

1. 若所用 HAc 溶液的浓度极稀,是否还可用 $K_a = \frac{[H^+]^2}{c}$ 求解离常数?

2. 改变所测 HAc 溶液的浓度或温度,则解离度和解离常数有无变化?若有变化,会有怎样的变化?

3. 为什么 HAc 溶液的 pH 要用酸度计来测定?HAc 溶液的浓度与 HAc 溶液的酸度有何区别?

4. 如何使用酸度计测量溶液的 pH?请写出主要的操作步骤。

5. 298K 时 HAc 的解离常数的文献值为 $1.75\times10^{-5}\ mol\cdot L^{-1}$,求本实验测定值的相对误差,并分析产生误差的原因。

· 实验八　酸碱滴定设计实验 ·

设计实验的目的是培养学生独立操作、独立分析问题和解决问题的能力。

一般要求学生根据所选定的实验题目,查阅有关的参考资料,并作详细记录。

学生在查阅参考资料的基础上,拟定分析方案,经教师审阅后,进行实验工作,写出实验报告。

分析方案的设计应包括方法原理、试剂配制、标准溶液的配制和标定、指示剂的选择、所需仪器、取样量的确定、固体试样的溶样方法、具体的分析步骤以及分析结果的计算等(详见第 11 章)。本书中的设计实验部分列出了多个实验题目供选用。

1. 硅酸盐试样中 SiO_2 含量的测定

实验原理　通常采用费时较长的重量法,也可采用氟硅酸钾滴定法。硅酸盐试样经 KOH 熔融分解后,转化为可溶性硅酸盐。它在强酸介质中与 KF 形成难溶的氟硅酸钾:

$$2K^+ + SiO_3^{2-} + 6F^- + 6H^+ \longrightarrow K_2SiF_6 \downarrow + 3H_2O$$

沉淀溶解度较大,沉淀时需加入固体 KCl 降低其溶解度。将生成的 K_2SiF_6 沉淀滤出,加入沸腾的蒸馏水使之水解,所产生的 HF 可用标准碱溶液滴定,反应式为

$$K_2SiF_6 + 3H_2O \longrightarrow 2KF + H_2SiO_3 + 4HF$$

由于生成的 HF 对玻璃有腐蚀作用，因此操作必须在塑料容器中进行。

2. 饼干中 $NaHCO_3$ 和 Na_2CO_3 含量的测定

实验原理　参见混合碱的测定方法。

3. 矿渣中三氧化二硼的测定

实验原理　硼酸酸性极弱（$K_a = 5.8 \times 10^{-10}$），不能直接用碱滴定。但硼酸能与甘油、甘露醇等形成稳定的配位化合物，从而促进硼酸在水中的解离，使硼酸转变为中强酸。反应式为

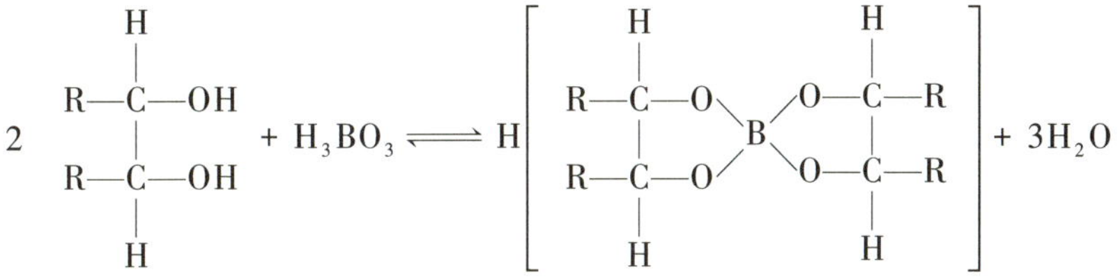

该配位化合物的 $pK_a = 4.26$，可用 NaOH 标准溶液准确滴定，滴定反应为

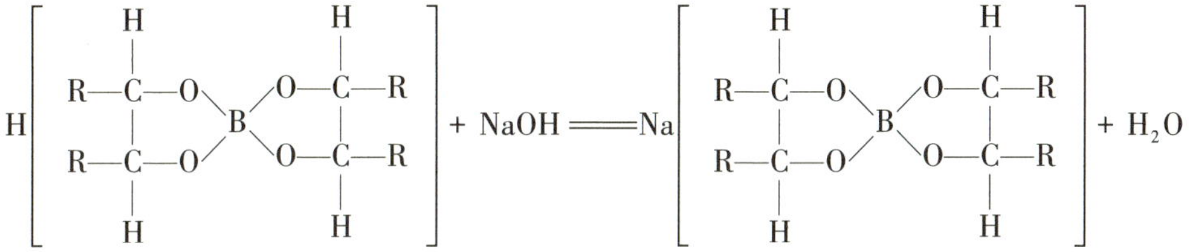

此反应是等物质的量进行的，化学计量点的 pH 约为 9.2，可选酚酞或百里酚蓝为指示剂。

硼镁矿中含有一定量的铁，尤其是在制取硼酸后的矿渣中，含有较多的铁干扰三氧化二硼的测定，须在测定前先分离除去，加过氧化氢溶液可使溶液中的 Fe^{2+} 变成 Fe^{3+}，加碳酸钙粉末可使 Fe^{3+} 全部转变成为碳酸铁沉淀而析出，通过过滤除去铁杂质。

4. $NaOH-Na_3PO_4$ 混合溶液中 NaOH 与 Na_3PO_4 浓度的测定

以百里酚酞为指示剂，用 HCl 标准溶液将 NaOH 滴定至 NaCl，PO_4^{3-} 滴定至 HPO_4^{2-}。以甲基橙为指示剂，用 HCl 标准溶液将 HPO_4^{2-} 滴定至 $H_2PO_4^-$。

5. NH_3-NH_4Cl 混合溶液中 NH_3 与 NH_4^+ 浓度的测定

用甲基红为指示剂，以 HCl 标准溶液将 NH_3 滴定至 NH_4^+。用甲醛法强化 NH_4^+ 后，用 NaOH 标准溶液滴定。

6. $HCl-NH_4Cl$ 混合溶液中 HCl 与 NH_4Cl 浓度的测定

用甲基红为指示剂，以 NaOH 标准溶液将 HCl 滴定至 NaCl。用甲醛法强化

NH_4^+ 后,以酚酞为指示剂,用 NaOH 标准溶液滴定。

7. $HCl-H_3BO_3$ 混合溶液中 HCl 与 H_3BO_3 浓度的测定

与 $HCl-NH_4Cl$ 混合溶液类似,唯 H_3BO_3 的强化要用甘油或甘露醇。

8. $H_3BO_3-Na_2B_4O_7$ 混合溶液中 H_3BO_3 与 $Na_2B_4O_7$ 浓度的测定

以甲基红为指示剂,用 HCl 标准溶液将 $Na_2B_4O_7$ 滴定至 H_3BO_3,加入甘油或甘露醇强化 H_3BO_3 后,用 NaOH 滴定总量,差减法求出原试液中 H_3BO_3 的含量。

第6章

配位滴定实验

• 实验一 EDTA 溶液的标定 •

一、实验目的

1. 了解常用金属指示剂及其变色原理。
2. 掌握 EDTA 溶液的标定方法。

二、实验原理

EDTA 是配位滴定中最常用的滴定试剂,它能与大多数金属离子形成稳定的 1∶1 配位化合物。但 EDTA 试剂(常用的为带结晶水的二钠盐)常吸附少量水分并含有少量其他杂质,因此不能作为基准物质直接用于配制标准溶液。通常先将其配制成接近所需浓度的溶液,然后用基准物质进行标定。

常用于标定 EDTA 溶液的基准物质有 Cu, Zn, Ni, Pb, CuO, $ZnSO_4 \cdot 7H_2O$, $MgSO_4 \cdot 7H_2O$, $CaCO_3$ 等。当选用金属基准物质标定时,应注意去除金属表面可能存在的氧化膜。一般可先采用细砂纸擦掉或稀酸溶掉氧化膜,再用蒸馏水、乙醇或丙酮冲洗,于 110 ℃的烘箱中烘几分钟,再置于干燥器中冷却备用。

标定时一般选择铬黑 T 或二甲酚橙作指示剂。不同指示剂适应的条件有所不同,应视情况而定。为了减少误差,选用的标定条件应尽可能与测定待测物的条件一致。滴定过程中溶液中发生的反应如下:

滴定前: M(金属离子)+ In(指示剂,显乙色) ══ MIn(显甲色)(省去了所带电荷,下同)

滴定开始至终点前: M + Y ══ MY

终点时: MIn(显甲色)+ Y ══ MY + In(显乙色)

滴定至溶液由甲色刚好变为乙色,即为终点。若变色灵敏,也可滴定至溶液由甲色变为甲乙混合色为终点。但需注意,如果采用的指示剂相同,相关滴定的终点颜色应尽量一致。

三、主要试剂和仪器

1. 乙二胺四乙酸二钠盐($Na_2H_2Y \cdot 2H_2O$,相对分子质量 372.24)。
2. NH_3-NH_4Cl 缓冲溶液:称取 20 g NH_4Cl,溶于蒸馏水后,加 100 mL 市售

浓氨水试剂，用蒸馏水稀释至 1 L，pH 约等于 10。

3. 铬黑 T 指示剂（5 $g \cdot L^{-1}$）：称取 0.50 g 铬黑 T，溶于 25 mL 三乙醇胺与 75 mL 无水乙醇的混合溶液中，低温保存，有效期约 100 天。

4. 锌片（纯度为 99.99%）。

5. $CaCO_3$ 基准物质：于 110 ℃ 烘箱中干燥 2h，稍冷后置于干燥器中冷却至室温备用。

6. Mg^{2+}-EDTA 溶液：先配制 0.05 $mol \cdot L^{-1}$ $MgCl_2$ 溶液和 0.05 $mol \cdot L^{-1}$ EDTA 溶液各 500 mL，然后在 pH =10 的 NH_3-NH_4Cl 缓冲溶液中，以铬黑 T 作指示剂，用上述 EDTA 溶液滴定 Mg^{2+}，按所得比例将 $MgCl_2$ 和 EDTA 混合，确保 $n_{Mg^{2+}} : n_{EDTA} = 1 : 1$。

7. 六亚甲基四胺溶液（200 $g \cdot L^{-1}$）。

8. 二甲酚橙指示剂（2 $g \cdot L^{-1}$）：低温保存，有效期半年。

9. HCl 溶液（约 6 $mol \cdot L^{-1}$）：市售浓盐酸与蒸馏水等体积混合。

10. 氨水（约 7 $mol \cdot L^{-1}$）：市售浓氨水与蒸馏水等体积混合。

11. 甲基红指示剂（1 $g \cdot L^{-1}$，60% 乙醇溶液）。

12. 仪器（略）。

四、实验步骤

1. 配制标准溶液和 EDTA 溶液

（1）Ca^{2+} 标准溶液　用差减法准确称取 0.23~0.27 g $CaCO_3$ 基准物质于干净的 50 mL 或 100 mL 烧杯中，加少量蒸馏水润湿 $CaCO_3$，盖上表面皿，从烧杯嘴处往烧杯中滴加约 10 mL 6 $mol \cdot L^{-1}$ HCl 溶液，加热使 $CaCO_3$ 全部溶解。冷却后用蒸馏水冲洗烧杯内壁和表面皿，将溶液定量转移至 250 mL 容量瓶中，加蒸馏水稀释至刻度，摇匀，计算 Ca^{2+} 标准溶液的浓度。

（2）Zn^{2+} 标准溶液　准确称取 0.15~0.20 g 锌片于干净的 50 mL 烧杯中，加约 5 mL 6 $mol \cdot L^{-1}$ HCl 溶液，立即盖上表面皿。待锌片完全溶解后，以少量蒸馏水冲洗表面皿，将溶液定量转移至 250 mL 容量瓶中，加蒸馏水稀释至刻度，摇匀，计算 Zn^{2+} 标准溶液的浓度。

（3）EDTA 溶液　用电子天平称取 1.8~2.0 g 乙二胺四乙酸二钠盐于干净的 200 mL 烧杯中，加蒸馏水溶解，然后倒入聚乙烯塑料（或玻璃）瓶中，再加蒸馏水稀释至 500 mL 左右，摇匀。

2. 标定 EDTA 溶液

（1）用 Zn^{2+} 标准溶液标定　用移液管移取 25.00 mL Zn^{2+} 标准溶液于锥形瓶中，加 1 滴甲基红指示剂，滴加 7 $mol \cdot L^{-1}$ 氨水至溶液由红变黄，以中和溶液中过量的 HCl。然后,加 20 mL 蒸馏水、10 mL NH_3-NH_4Cl 缓冲溶液和 2~3 滴铬黑 T 指示剂,用待标定的 EDTA 溶液滴至溶液由紫红色刚好变为蓝绿色,记下消耗的 EDTA 溶液的体积。如此再重复滴定 2~4 次(开始可同时移取 3~5 份 Zn^{2+} 标准溶液),取平均值后计算 EDTA 溶液的准确浓度。

用移液管移取 25.00 mL Zn^{2+} 标准溶液于锥形瓶中,加 2 滴二甲酚橙指示剂,滴加 200 $g \cdot L^{-1}$ 六亚甲基四胺溶液至溶液呈现稳定的紫红色,再加 5 mL 六亚甲基四胺溶液。然后用 EDTA 溶液滴至溶液由紫红色刚好变为黄色,记下消耗的 EDTA 溶液的体积。平行滴定 3~5 份,取平均值后计算 EDTA 溶液的准确浓度。

(2) 用 Ca^{2+} 标准溶液标定　用移液管移取 25.00 mL Ca^{2+} 标准溶液于锥形瓶中,加 1 滴甲基红指示剂,滴加 7 $mol \cdot L^{-1}$ 氨水至溶液由红变黄。再加 20 mL 蒸馏水、5 mL Mg^{2+}-EDTA 溶液、10 mL NH_3-NH_4Cl 缓冲溶液和 2~3 滴铬黑 T 指示剂,用待标定的 EDTA 溶液滴至溶液由紫红色刚好变为蓝绿色,记下消耗的 EDTA 溶液的体积。平行滴定 3~5 次,计算 EDTA 溶液的准确浓度。

五、实验数据记录表格

表 6-1-1　用 Zn^{2+} 标准溶液标定 EDTA 溶液

(m_{Zn} =　　　g,铬黑 T 指示剂)

	编号				
	1	2	3	4	5
V_{EDTA}/mL					
$\overline{V}_{EDTA}$/mL					
$c_{EDTA}/(mol \cdot L^{-1})$					
d_r/%					
$\overline{d}_r$/%					

表 6-1-2　用 Zn^{2+} 标准溶液标定 EDTA 溶液

(m_{Zn} =　　　g,二甲酚橙指示剂)

	编号				
	1	2	3	4	5
V_{EDTA}/mL					
$\overline{V}_{EDTA}$/mL					

续表

	编号				
	1	2	3	4	5
$c_{EDTA}/(mol\cdot L^{-1})$					
$d_r/\%$					
$\bar{d}_r/\%$					

表 6-1-3　用 Ca^{2+} 标准溶液标定 EDTA 溶液

（m_{CaCO_3} =　　　g，铬黑 T 指示剂）

	编号				
	1	2	3	4	5
V_{EDTA}/mL					
$c_{EDTA}/(mol\cdot L^{-1})$					
$\bar{c}_{EDTA}/(mol\cdot L^{-1})$					
$d_r/\%$					
$\bar{d}_r/\%$					

六、思考题

1. 在中和标准溶液中的 HCl 时，能否用酚酞代替甲基红来指示？为什么？
2. 简述 Mg^{2+}-EDTA 提高终点颜色变化灵敏度的原理。
3. 配位滴定为什么要在缓冲溶液中进行？

• 实验二　自来水硬度的测定 •

一、实验目的

1. 学会用配位滴定法测定水硬度。
2. 了解水硬度的含义及其测定的实际意义。

二、实验原理

水硬度分为水的总硬度和钙、镁硬度两种。前者是指单位体积水样中 Ca^{2+}，

Mg^{2+}的总含量,即总浓度;后者则分别为 Ca^{2+}和 Mg^{2+}的含量。用 EDTA 配位滴定法测定水的总硬度时,可在 pH = 10 的缓冲溶液中进行,以铬黑 T 为指示剂,用三乙醇胺掩蔽水中的 Fe^{3+},Al^{3+},Cu^{2+},Pb^{2+},Zn^{2+}等共存离子,再用 EDTA 溶液滴定。计算式为

$$水的总硬度 = cV_{EDTA}M_{CaCO_3}/V_{水样}$$

在测定 Ca^{2+}的含量(或浓度)时,先用 NaOH 溶液调节溶液的 pH 为 12~13,使 Mg^{2+}转变为 $Mg(OH)_2$ 沉淀。再加入钙指示剂,用 EDTA 溶液滴定至溶液由红色(即钙指示剂-Ca^{2+}配合物的颜色)变成蓝色(即钙指示剂的颜色),即为终点。根据用去的 EDTA 溶液的体积计算 Ca^{2+}的含量,从相同水样的 Ca^{2+},Mg^{2+}总量中减去 Ca^{2+}的量,即得 Mg^{2+}的含量。

需要注意的是,在滴定水中的 Ca^{2+},Mg^{2+}总量时,若水中 Mg^{2+}的浓度很小,则需在滴定前向水样中加入少量 Mg^{2+}-EDTA 溶液,以提高滴定终点颜色变化的灵敏度。

各国表示水硬度的方法不尽相同,表 6-2-1 为一些国家水硬度的换算关系。我国采用 $mmol(CaCO_3)\cdot L^{-1}$或 $mg(CaCO_3)\cdot L^{-1}$为单位表示水的硬度。

表 6-2-1 一些国家水硬度的换算关系

硬度单位	$mmol\cdot L^{-1}$	德国硬度	法国硬度	英国硬度	美国硬度
1 $mmol\cdot L^{-1}$	1.00000	2.8040	5.0050	3.5110	50.050
1 德国硬度	0.35663	1.0000	1.7848	1.2521	17.848
1 法国硬度	0.19982	0.5603	1.0000	0.7015	10.000
1 英国硬度	0.28483	0.7987	1.4255	1.0000	14.255
1 美国硬度	0.01998	0.0560	0.1000	0.0702	1.000

三、主要试剂和仪器

1. EDTA 溶液($0.01\ mol\cdot L^{-1}$):配制方法同本章实验一,下同。
2. NH_3-NH_4Cl 缓冲溶液。
3. Mg^{2+}-EDTA 溶液。
4. 铬黑 T 指示剂($5\ g\cdot L^{-1}$)。
5. 三乙醇胺溶液($200\ g\cdot L^{-1}$)。
6. Na_2S 溶液($20\ g\cdot L^{-1}$)。

7. HCl 溶液(约 6 mol·L^{-1})。

8. NaOH 溶液(6 mol·L^{-1})。

9. 钙指示剂(0.05 g·L^{-1}):配制方法同铬黑 T 指示剂。

10. 仪器(略)。

四、实验步骤

1. EDTA 溶液的标定

参见本章实验一,在 NH_3-NH_4Cl 缓冲溶液中标定。

2. 自来水总硬度的测定

取一干净的大烧杯或试剂瓶接自来水 500~1000 mL,用移液管移取 100.00 mL自来水于 250 mL 锥形瓶中①,加 3 mL 200 g·L^{-1}三乙醇胺溶液、5 mL NH_3-NH_4Cl 缓冲溶液和 2~3 滴铬黑 T 指示剂,用 0.01 mol·L^{-1}EDTA 标准溶液滴至溶液刚好由红色变为蓝色,记下消耗的 EDTA 标准溶液的体积。平行滴定 3~5 份,计算水样的总硬度,以 mg($CaCO_3$)·L^{-1}为单位表示结果。

3. Ca^{2+},Mg^{2+}含量的测定

用移液管移取 100.00 mL 自来水于 250 mL 锥形瓶中,加 2 mL 6 mol·L^{-1} NaOH 溶液(若沉淀较多,可加蒸馏水稀释)和 4~5 滴钙指示剂,用 0.01 mol·L^{-1} EDTA 标准溶液滴至溶液刚好变成蓝色,记下消耗的 EDTA 标准溶液的体积。再重复滴定 2~4 次,计算 Ca^{2+}的含量,进而计算 Mg^{2+}的含量。

五、实验数据记录表格

表 6-2-2　标定 EDTA 溶液

(基准物质：　　　;$m_{基准}$ =　　　g)

	编号				
	1	2	3	4	5
V_{EDTA}/mL					
$\overline{V}_{EDTA}$/mL					

---

① 若水样中含有较多 CO_2 和重金属离子,可先加入 1~2 滴 HCl 溶液使水样酸化,煮沸数分钟以除去 CO_2。冷却后,再加 1 mL 20 g·$L^{-1}$$Na_2S$ 溶液以掩蔽重金属离子。

续表

	编号				
	1	2	3	4	5
$c_{EDTA}/(mol·L^{-1})$					
$d_r/\%$					
$\bar{d}_r/\%$					

表 6-2-3 自来水总硬度的测定

($V_{水样}$ = mL)

	编号				
	1	2	3	4	5
V_{EDTA}/mL					
$\bar{V}_{EDTA}/mL$					
水样总硬度/[mg($CaCO_3$)·L^{-1}]					
$d_r/\%$					
$\bar{d}_r/\%$					

表 6-2-4 Ca^{2+},Mg^{2+}含量的测定

($V_{水样}$ = mL)

	编号				
	1	2	3	4	5
V_{EDTA}/mL					
$\bar{V}_{EDTA}/mL$					
$c_{Ca^{2+}}/(mmol·L^{-1})$					
$c_{Mg^{2+}}/(mmol·L^{-1})$					

六、思考题

1. 本实验中最好采用哪种基准物质来标定 EDTA 溶液,为什么?

2. 在测定水的硬度时,先于 3 个锥形瓶中加水样,再加 NH_3-NH_4Cl 缓冲液、三乙醇胺溶液、铬黑 T 指示剂,然后用 EDTA 溶液滴定,结果会怎样?

· 实验三 Bi^{3+}-Pb^{2+}混合溶液的连续滴定 ·

一、实验目的

1. 了解酸度对 EDTA 选择性的影响。
2. 掌握用 EDTA 进行连续滴定的方法。

二、实验原理

Bi^{3+},Pb^{2+}均能与 EDTA 形成稳定的 1∶1 配合物,它们的 $\lg K$ 分别为 27.94 和 18.04。由于两者的 $\lg K$ 相差很大,故可利用 EDTA 的酸效应,在不同酸度下进行分别滴定。在 pH 为 1 左右时可滴定 Bi^{3+},在 pH 为 5~6 时可滴定 Pb^{2+}。

因此,可先将 Bi^{3+}-Pb^{2+}混合溶液的 pH 调为 1 左右,以二甲酚橙为指示剂,用 EDTA 标准溶液滴定 Bi^{3+},当溶液由紫红色刚好变为黄色时,即为滴定 Bi^{3+}的终点。在此 pH 下,Bi^{3+}与指示剂形成紫红色配合物,但 Pb^{2+}不与二甲酚橙显色。

在滴定完 Bi^{3+}后的溶液中,加入六亚甲基四胺溶液,调节溶液 pH 为 5~6。此时 Pb^{2+}与二甲酚橙形成紫红色配合物,溶液再次呈现紫红色。然后用 EDTA 标准溶液继续滴定,当溶液由紫红色刚好变为黄色时,即为滴定 Pb^{2+}的终点。

三、主要试剂和仪器

1. EDTA 溶液(0.01~0.015 $mol·L^{-1}$)。
2. 二甲酚橙指示剂(2 $g·L^{-1}$)。
3. 六亚甲基四胺溶液(200 $g·L^{-1}$)。
4. HCl 溶液(约 6 $mol·L^{-1}$)。
5. Bi^{3+}-Pb^{2+}混合溶液(含 Bi^{3+},Pb^{2+}各约 0.01 $mol·L^{-1}$):称取 49 g $Bi(NO_3)_3·5H_2O$和 33 g $Pb(NO_3)_2$,将它们加入盛有 312 mL HNO_3 的烧杯中,在电炉上微热溶解后,稀释至 10 L。
6. 浓硝酸。
7. 仪器(略)。

四、实验步骤

1. EDTA 溶液的标定(参见本章实验一)

2. $Bi^{3+}-Pb^{2+}$混合溶液的滴定

用移液管移取 25.00 mL $Bi^{3+}-Pb^{2+}$混合溶液 3~5 份于 250 mL 锥形瓶中,分别加 1~2 滴二甲酚橙指示剂,用上述 EDTA 标准溶液滴至溶液由紫红色刚好变为黄色。平行滴定 3~5 份,记下消耗的 EDTA 溶液的体积,计算混合溶液中 Bi^{3+}的含量(以 $g\cdot L^{-1}$表示)。

向滴定 Bi^{3+}后的溶液中滴加 200 $g\cdot L^{-1}$六亚甲基四胺溶液至呈现稳定的紫红色,再多加入 5 mL,此时溶液的 pH 为 5~6。然后用 EDTA 标准溶液滴定,当溶液由紫红色刚好变为黄色,即为滴定 Pb^{2+}的终点。如此平行滴定 3~5 份,根据消耗的 EDTA 溶液的体积计算混合溶液中 Pb^{2+}的含量(以 $g\cdot L^{-1}$表示)。

五、实验数据记录表格

表 6-3-1 标定 EDTA 溶液

(基准物质: ;$m_{基准}$ = g)

	编号				
	1	2	3	4	5
V_{EDTA}/mL					
$\overline{V}_{EDTA}$/mL					
c_{EDTA}/($mol\cdot L^{-1}$)					
d_r/%					
$\overline{d}_r$/%					

表 6-3-2 $Bi^{3+}-Pb^{2+}$混合溶液的滴定

	编号				
	1	2	3	4	5
V_{EDTA}(滴定 Bi^{3+})/mL					
$\overline{V}_{EDTA}$/mL					
$\rho_{Bi^{3+}}$/($g\cdot L^{-1}$)					

续表

	编号				
	1	2	3	4	5
d_r/%					
$\bar{d}_r$/%					
V_{EDTA}(滴定 Pb^{2+})/mL					
$\overline{V}_{EDTA}$/mL					
$\rho_{Pb^{2+}}$/($g\cdot L^{-1}$)					
d_r/%					
$\bar{d}_r$/%					

六、思考题

1. 描述连续滴定 Bi^{3+},Pb^{2+} 的过程中,锥形瓶中溶液颜色变化的情形,并说明溶液颜色变化的原因。
2. 为什么不用 NaOH,NaAc 或 $NH_3\cdot H_2O$,而用六亚甲基四胺调节 pH 到 5~6?

· 实验四　铝合金中铝含量的测定 ·

一、实验目的

熟悉置换滴定法的原理,了解其应用。

二、实验原理

Al^{3+}-EDTA 配合物的稳定常数较大,但 Al^{3+} 与 EDTA 作用缓慢(可能与易形成多核羟基配合物有关),因此不能直接用 EDTA 滴定。通常采用返滴定法或置换滴定法测定铝含量。用返滴定法测定时,先将溶液的 pH 调为 3~4,再向其中加入定量且过量的 EDTA 标准溶液,加热煮沸几分钟,使 Al^{3+} 与 EDTA 反应完全。冷却后再将其 pH 调为 5~6,以二甲酚橙为指示剂,用 Zn^{2+} 标准溶液返滴定过量的 EDTA,根据所用 EDTA 与 Zn^{2+} 的量的差可求得 Al^{3+} 的含量。但若溶液中存在其他能与 EDTA 形成稳定配合物的离子,则测定结果会有较大误差。对于这种情况,采用置换滴定法较合适。即在用 Zn^{2+} 返滴定过量的 EDTA 后,加入过量的 NH_4F,并加热至沸,使 AlY^- 与 F^- 之间发生置换反应,释放出与 Al^{3+} 等量的 EDTA:

$$AlY^- + 6F^- + 2H^+ \xlongequal{} AlF_6^{3-} + H_2Y^{2-}$$

再用 Zn^{2+} 标准溶液滴定释放出来的 EDTA,可得铝的含量。

由于 Ti^{4+},Zr^{4+},Sn^{4+} 等离子也像 Al^{3+} 一样可发生上述反应,因此,若溶液中含有这些离子,它们会干扰 Al^{3+} 的测定。要消除这些离子的干扰,需采用掩蔽等方法。

铝合金的主要成分为铝,还含有 Si,Mg,Cu,Mn,Fe,Zn 等元素,其中铝的含量可用置换滴定法测定。试样通常用 HNO_3-HCl 混合酸溶解,或在塑料烧杯中以 NaOH 溶液溶解后再用 HCl 溶液或 HNO_3 溶液酸化。

三、主要试剂和仪器

1. NaOH 溶液(200 $g \cdot L^{-1}$)。
2. HCl 溶液(约 6 $mol \cdot L^{-1}$)。
3. EDTA 溶液(0.02 $mol \cdot L^{-1}$)。
4. 二甲酚橙指示剂(2 $g \cdot L^{-1}$)。
5. 氨水(约 7 $mol \cdot L^{-1}$)。
6. 六亚甲基四胺溶液(200 $g \cdot L^{-1}$)。
7. Zn^{2+} 标准溶液(0.02 $mol \cdot L^{-1}$)。
8. NH_4F 溶液(200 $g \cdot L^{-1}$,贮于塑料瓶中)。
9. 铝合金试样。
10. 仪器(略)。

四、实验步骤

1. 铝合金试样的溶解

准确称取 0.10~0.11 g 铝合金试样于 50 mL 塑料烧杯中,加 10 mL 200 $g \cdot L^{-1}$ NaOH 溶液,盖上表面皿,水浴加热使其完全溶解。冲洗表面皿,然后滴加 6 $mol \cdot L^{-1}$ HCl溶液至有絮状沉淀产生,再多加 10 mL HCl 溶液。将试液定量转移至 250 mL 容量瓶中,加蒸馏水至刻度,摇匀。

2. 铝含量的置换滴定

移取 25.00 mL 上述试液于 250 mL 锥形瓶中，加 30 mL 0.02 mol·L^{-1}EDTA溶液和 2 滴二甲酚橙指示剂，滴加 7 mol·L^{-1} 氨水至溶液呈紫红色，再滴加 6 mol·L^{-1}HCl溶液使溶液再变为黄色，将溶液煮沸约 3min。稍冷后，加 20 mL 200 g·L^{-1}六亚甲基四胺溶液。此时溶液应为黄色，若呈红色，则滴加 6 mol·L^{-1} HCl 溶液使其变为黄色①。补加 2 滴二甲酚橙指示剂，用 0.02 mol·L^{-1} Zn^{2+}标准溶液滴至溶液从黄色刚好变为紫红色（这次滴定所消耗的 Zn^{2+}标准溶液体积不需记录）。再向溶液中加 10 mL 200 g·L^{-1} NH_4F 溶液，并将其加热至微沸。稍冷后，补加 2 滴二甲酚橙指示剂，此时溶液应为黄色，若呈红色，则滴加 6 mol·L^{-1} HCl 溶液使其变为黄色。再用 0.02 mol·L^{-1}Zn^{2+}标准溶液滴至溶液由黄色刚好变为紫红色，记下读数。平行滴定 3～5 份，根据所消耗的 Zn^{2+}标准溶液的体积计算铝的质量分数。

五、实验数据记录表格

表 6-4-1　铝含量的测定

（$m_{铝合金}$ =　　　　g；m_{Zn} =　　　　g）

	编号				
	1	2	3	4	5
$V_{Zn^{2+}}$/mL（置换滴定）					
w_{Al}/mL					
$\bar{w}_{Al}$/%					
d_r/%					
$\bar{d}_r$/%					

六、思考题

1. 试述返滴定法和置换滴定法各适用于哪些铝合金试样的测定。
2. 对于复杂的铝合金试样，不用置换滴定法，而用返滴定法测定，所得结果

① 若 Zn^{2+}标准溶液中过量的酸较多，此时也可不滴加 HCl 溶液。这样在用 Zn^{2+}标准溶液滴定时，溶液先由红变黄，再由黄变红至滴定终点，下同。

是偏高还是偏低?

3. 置换滴定中所使用的 EDTA 溶液为何不需标定?

4. 阐述实验过程中溶液颜色反复变化的原因。

· 实验五 胃舒平药片中 $Al(OH)_3$ 和 MgO 含量的测定 ·

一、实验目的

1. 熟悉返滴定法的原理与操作。
2. 学习试样的处理方法。

二、实验原理

胃舒平又称复方氢氧化铝,是一种常见的胃药。其主要成分为氢氧化铝、三硅酸镁($2MgO·3SiO_2·xH_2O$)、颠茄浸膏及糊精。其主要有效成分氢氧化铝和三硅酸镁的含量可用 EDTA 配位滴定法测定。滴定前先用 HNO_3 溶液溶解药片,再取药片溶液,将溶液的 pH 调为 3~4,加入定量且过量的 EDTA 标准溶液,加热煮沸数分钟,冷却后再将其 pH 调为 5~6,以二甲酚橙为指示剂,用 Zn^{2+} 标准溶液返滴定过量的 EDTA,求得氢氧化铝的含量。

测定镁含量时,先调节溶液的 pH,使 Al^{3+} 转变为 $Al(OH)_3$ 沉淀,过滤分离后,在 pH = 10 的条件下,以铬黑 T 为指示剂,用 EDTA 标准溶液滴定滤液中的 Mg^{2+},求得其含量。

三、主要试剂和仪器

1. EDTA 标准溶液($0.01\ mol·L^{-1}$)。
2. Zn^{2+} 标准溶液($0.01\ mol·L^{-1}$)。
3. 氨水(约 $7\ mol·L^{-1}$)。
4. HNO_3 溶液(约 $7\ mol·L^{-1}$)。
5. 六亚甲基四胺溶液($200\ g·L^{-1}$)。
6. NH_3-NH_4Cl 缓冲溶液(pH≈10)。
7. 三乙醇胺溶液:1 体积三乙醇胺与 3 体积蒸馏水混合。
8. 甲基红指示剂($2\ g·L^{-1}$,60%乙醇溶液)。

9. 二甲酚橙指示剂($2\ g\cdot L^{-1}$)。

10. 铬黑 T 指示剂($5\ g\cdot L^{-1}$)。

11. NH_4Cl 固体。

12. 仪器(略)。

四、实验步骤

1. EDTA 溶液的标定(参见本章实验一)

2. 药片的处理

准确称取约 0.7 g 研磨均匀的胃舒平药片粉末于 100 mL 烧杯中①,在搅拌下加入 20 mL $7mol\cdot L^{-1} HNO_3$ 溶液、25 mL 蒸馏水,盖上表面皿,加热煮沸 5 min。冷却后定量转入 250 mL 容量瓶中,加蒸馏水至刻度,摇匀。

3. $Al(OH)_3$ 含量的测定

摇匀容量瓶中的药片溶液(没有过滤,溶液中可能有胶状沉淀),移取 5.00 mL该溶液于 250 mL 锥形瓶中,加 1 滴甲基红指示剂,再滴加 $7\ mol\cdot L^{-1}$氨水至溶液变黄,加 25 mL 蒸馏水,滴加 $6\ mol\cdot L^{-1}$ HCl 溶液至溶液刚好变红。准确加入 25.00 mL $0.01\ mol\cdot L^{-1}$EDTA 标准溶液,加热煮沸几分钟。冷却后,加 10 mL $200\ g\cdot L^{-1}$六亚甲基四胺溶液和 2~3 滴二甲酚橙指示剂②,用 $0.01\ mol\cdot L^{-1} Zn^{2+}$标准溶液滴至溶液由黄色变为紫红色。平行滴定 3 份,根据 EDTA 溶液和 Zn^{2+}的量,计算药片中 $Al(OH)_3$ 的质量分数。

4. MgO 含量的测定

移取 25.00 mL 试液于 250 mL 锥形瓶中,加 1 滴甲基红指示剂,再滴加 $7\ mol\cdot L^{-1}$氨水至溶液变黄,滴加 $6\ mol\cdot L^{-1}$ HCl 溶液至溶液刚好变红,加 2 g NH_4Cl,滴加 $200\ g\cdot L^{-1}$六亚甲基四胺溶液至沉淀出现,再多加 15 mL。然后加热到约 80 ℃,并保持 10~15 min。冷却后过滤,用少量蒸馏水洗涤沉淀数次,将滤液收集于 250 mL 锥形瓶中,加 10 mL 三乙醇胺、10 mL NH_3-NH_4Cl 缓冲溶液和 3~5 滴铬黑 T 指示剂,用 $0.01\ mol\cdot L^{-1}$EDTA 标准溶液滴至溶液变为蓝绿色。再重复滴定 2 份,计算药片中 MgO 的质量分数。

---

① 欲使测定结果有良好的代表性,所取药片的数量不能太少,且应研细、混匀。对于一般实验练习,取量可少一些,也可每人称一片半左右。

② 此时溶液可能呈黄色或红色,若为红色说明 pH 偏高,后面用 Zn^{2+}标准溶液滴定时,其中多余的 HCl 一般可使溶液 pH 降下来,滴定过程中溶液则从红色变为黄色,再变成紫红色。如果滴定过程中溶液一直呈红色,则应滴加 HCl 溶液使其变黄色后再滴定。

五、实验数据记录表格

表 6-5-1 标定 EDTA 溶液

(基准物质:　　　　;$m_{基准}$ =　　　　g)

	编号		
	1	2	3
V_{EDTA}/mL			
$\overline{V}_{EDTA}$/mL			
c_{EDTA}/(mol·L^{-1})			
d_r/%			
$\overline{d}_r$/%			

表 6-5-2 $Al(OH)_3$ 含量的测定

($m_{胃舒平}$ =　　　　g,m_{Zn} =　　　　g,$V_{试液}$ =　　　　mL)

	编号		
	1	2	3
V_{EDTA}/mL			
$V_{Zn^{2+}}$/mL			
$w_{Al(OH)_3}$/%			
$\overline{w}_{Al(OH)_3}$/%			
d_r/%			

表 6-5-3 MgO 含量的测定

($V_{试液}$ =　　　　mL)

	编号		
	1	2	3
V_{EDTA}/mL			
$\overline{V}_{EDTA}$/mL			
w_{MgO}/%			
d_r/%			

六、思考题

1. 能否采用掩蔽法将 Al^{3+} 掩蔽后再滴定 Mg^{2+}？若可以，试列举可用的掩蔽剂，并说明其适应的条件。

2. 本实验中测定 MgO 含量的误差来源有哪些？

3. 测定 $Al(OH)_3$ 含量时，加六亚甲基四胺溶液和二甲酚橙指示剂后，为什么有些人的溶液为黄色，有些人的则为红色？

· 实验六 水样中 SO_4^{2-} 含量的测定 ·

一、实验目的

学习运用配位滴定的返滴定法，测定水样中 SO_4^{2-} 的含量。

二、实验原理

溶液中 SO_4^{2-} 的含量不能用直接配位滴定法滴定，需采用返滴定法测定。即先向含 SO_4^{2-} 的溶液中加入定量且过量的 $BaCl_2$ 溶液，使 SO_4^{2-} 生成 $BaSO_4$ 沉淀，再在氨性缓冲溶液（$pH\approx10$）中，以铬黑 T 为指示剂，用 EDTA 标准溶液返滴定过量的 Ba^{2+}，进而计算 SO_4^{2-} 的含量。

由于 Ba^{2+} 与铬黑 T 指示剂显色灵敏度低，为减小滴定误差，可加入少量与铬黑 T 显色灵敏度高的 Mg^{2+} 溶液。即通过加入定量且过量的 $Mg^{2+}-Ba^{2+}$ 混合溶液来代替 $BaCl_2$ 溶液，以便得到变色敏锐的终点。

水样中的 Ca^{2+}，Mg^{2+}，Cu^{2+}，Pb^{2+}，Al^{3+}，Fe^{3+} 等离子会产生干扰。其中 Ca^{2+} 和 Mg^{2+} 对测定结果的影响可通过平行取样滴定进行校正；Cu^{2+} 和 Pb^{2+} 分别用 Na_2S 和 KCN 掩蔽；Fe^{3+} 和 Al^{3+} 用三乙醇胺掩蔽。水样中 SO_4^{2-} 含量小于 $5\ mg\cdot L^{-1}$ 时，滴定误差较大。若 SO_4^{2-} 含量大于 $70\ mg\cdot L^{-1}$，生成的 $BaSO_4$ 沉淀较多，会影响终点的观察。此时可将 $BaSO_4$ 沉淀过滤除去，或将沉淀与溶液一起转入容量瓶中，定量稀释后静置，待沉淀下沉后，移取上层清液进行滴定。

三、主要试剂和仪器

1. EDTA 溶液（0.01 mol · L^{-1}）。

2. $Mg^{2+}-Ba^{2+}$混合溶液：准确称取 0.4 g $MgCl_2 \cdot 6H_2O$ 和 0.5 g $BaCl_2$于烧杯中，加水溶解后，定量转入 250 mL 容量瓶中，用蒸馏水稀释至刻度，摇匀。

3. NH_3-NH_4Cl 缓冲溶液（pH≈10）：配制方法见本章实验一。

4. 三乙醇胺溶液（20%）。

5. Na_2S 溶液（20 g · L^{-1}）。

6. 铬黑 T 指示剂（5 g · L^{-1}）。

7. 甲基红指示剂（1 g · L^{-1}，60%乙醇溶液）。

8. HCl 溶液（约 6 mol · L^{-1}）。

9. 锌片（纯度为 99.9%）。

10. 氨水（5 mol · L^{-1}）。

11. 仪器（略）。

四、实验步骤

1. EDTA 溶液的标定（参见本章实验一）

2. 水样中 Ca^{2+}，Mg^{2+}含量的测定（参见本章实验二）

3. $Mg^{2+}-Ba^{2+}$混合溶液的标定

用移液管准确移取 10.00 mL $Mg^{2+}-Ba^{2+}$混合溶液于 250 mL 锥形瓶中①，加 40 mL 蒸馏水、10 mL NH_3-NH_4Cl 缓冲溶液（pH≈10）、1 mL 三乙醇胺溶液、0.5 mL Na_2S 溶液和 2~3 滴铬黑 T 指示剂，用 EDTA 标准溶液滴至溶液由紫红色刚好变为蓝色，即为终点，记下消耗的 EDTA 溶液的体积。平行滴定 3~5 份，计算 $Mg^{2+}-Ba^{2+}$混合溶液的浓度。

4. 水样中 SO_4^{2-} 含量的测定

准确移取 100.00 mL 水样于 250 mL 锥形瓶中②，用 6 mol · L^{-1}HCl 溶液调至酸性，再根据 SO_4^{2-} 含量多少，准确加入过量的 $Mg^{2+}-Ba^{2+}$混合溶液（10~25 mL），并加热至沸③。然后放置冷却至室温，加 1 滴甲基红指示剂，滴加氨水至溶液由

---

① 若水样中含有 Mg^{2+}，则只加 $BaCl_2$溶液即可。

② 测定 $Mg^{2+}-Ca^{2+}$ 含量和 SO_4^{2-} 含量的水样应相同，体积一致。

③ 加 $Mg^{2+}-Ba^{2+}$混合溶液或 $BaCl_2$溶液后加热煮沸，能使 $BaSO_4$沉淀更完全，有利于准确测定。

红色刚好变为黄色，再加 2 mL 三乙醇胺溶液、10 mL NH_3-NH_4Cl 缓冲溶液、0.2 mL Na_2S 溶液和 3~4 滴铬黑 T 指示剂，用 EDTA 标准溶液滴至溶液由紫红色刚好变为蓝绿色，即为终点，记下消耗的 EDTA 溶液的体积。平行滴定 3~5 份，计算水样中 SO_4^{2-} 的含量(以 $mg\cdot L^{-1}$计)。

五、实验数据记录表格

表 6-6-1 标定 EDTA 溶液

	编号				
	1	2	3	4	5
$V_{Zn^{2+}}/mL$					
V_{EDTA}/mL					
$c_{EDTA}/(mol\cdot L^{-1})$					
$\bar{c}_{EDTA}/(mol\cdot L^{-1})$					
$d_r/\%$					
$\bar{d}_r/\%$					

表 6-6-2 水样中 Ca^{2+}，Mg^{2+}含量的测定

	编号				
	1	2	3	4	5
$V_{水样}/mL$					
V_{EDTA}/mL					
$c_{Ca^{2+},Mg^{2+}}/(mmol\cdot L^{-1})$					
$\bar{c}_{Ca^{2+},Mg^{2+}}/(mmol\cdot L^{-1})$					
$d_r/\%$					
$\bar{d}_r/\%$					

表 6-6-3 $Mg^{2+}-Ba^{2+}$混合溶液的标定

	编号				
	1	2	3	4	5
$V_{Mg^{2+}-Ba^{2+}}$/mL					
V_{EDTA}/mL					
$c_{Mg^{2+}-Ba^{2+}}/(mol \cdot L^{-1})$					
$\bar{c}_{Mg^{2+}-Ba^{2+}}/(mol \cdot L^{-1})$					
d_r/%					
$\bar{d}_r$/%					

表 6-6-4 水样中 SO_4^{2-}含量的测定

	编号				
	1	2	3	4	5
$V_{水样}$/mL					
$V_{Mg^{2+}-Ba^{2+}}$/mL					
V_{EDTA}/mL					
$c_{SO_4^{2-}}/(mg \cdot L^{-1})$					
$\bar{c}_{SO_4^{2-}}/(mg \cdot L^{-1})$					
d_r/%					
$\bar{d}_r$/%					

六、思考题

1. 测定可溶性 SO_4^{2-} 含量可用哪些方法？试比较它们的优缺点。

2. 试比较 Mg^{2+},Ca^{2+},Ba^{2+}与铬黑 T 指示剂显色的灵敏性,并简述本实验中滴定 Ba^{2+}时加入少量 Mg^{2+},是如何提高结果准确性的。

· 实验七 配位滴定设计实验 ·

1. 硫酸铝中铝和硫含量的测定

试样用稀盐酸或稀硝酸溶解，用返滴定法测定铝含量；加过量 Ba^{2+} 后再用 EDTA 返滴定多余的 Ba^{2+}，测定硫酸根含量。

2. Bi^{3+}-Fe^{3+} 混合溶液中 Bi^{3+} 和 Fe^{3+} 浓度的测定

这两种离子与 EDTA 的配合物的稳定常数相近，不能通过控制酸度对它们进行分别滴定。可先滴定总量，再用氧化还原掩蔽法掩蔽 Fe^{3+} 后，滴定 Bi^{3+}。

3. 炉甘石中 ZnO，$PbCO_3$，Fe_2O_3 及（$CaCO_3$+$MgCO_3$）含量的测定

试样用酸溶解，控制酸度滴定 Fe^{3+}，Zn^{2+} 和 Pb^{2+}，Ca^{2+} 和 Mg^{2+}，再用 CN^- 掩蔽（或解蔽）Zn^{2+}，Fe^{3+}，滴定 Pb^{2+}。

4. Mg^{2+}-EDTA 混合溶液中各组分浓度的测定

可用 Zn^{2+} 标准溶液或者 EDTA 标准溶液先滴定溶液中过量的 EDTA 或 Mg^{2+}，再在较高酸度下用 Zn^{2+} 滴定 MgY 的浓度。

5. 合金中 Pb^{2+}，Ni^{2+}，La^{3+} 含量的测定

Pb^{2+}，Ni^{2+}，La^{3+} 与 EDTA 的配合物的稳定常数相近，需采用合适的试剂（如 CN^-，S^{2-}，F^- 等）掩蔽（或解蔽）后滴定各组分的含量。

第7章

氧化还原滴定实验

• 实验一　过氧化氢含量的测定 •

一、实验目的

1. 掌握 $KMnO_4$ 溶液的配制和标定方法,了解自催化反应。
2. 学习高锰酸钾法测定 H_2O_2 含量的原理和方法。
3. 了解 $KMnO_4$ 自身指示剂的特点。

二、实验原理

在稀硫酸溶液中,H_2O_2 在室温下能定量、迅速地被高锰酸钾氧化,因此,可用高锰酸钾法测定其含量。有关反应式为

$$5H_2O_2 + 2MnO_4^- + 6H^+ \xlongequal{} 2Mn^{2+} + 5O_2\uparrow + 8H_2O$$

该反应在开始时比较缓慢,滴入的第一滴 $KMnO_4$ 溶液不容易褪色,待生成少量 Mn^{2+}后,由于 Mn^{2+}的催化作用,反应速率逐渐加快。化学计量点后,稍微过量的滴定剂 $KMnO_4$(约 10^{-6} $mol \cdot L^{-1}$)呈现微红色,从而指示终点的到达。根据 $KMnO_4$标准溶液的浓度和滴定所消耗的体积,可算出试样中 H_2O_2 的含量。

$KMnO_4$ 溶液的浓度可用基准物质 As_2O_3、纯铁丝或 $Na_2C_2O_4$ 等标定。若以 $Na_2C_2O_4$ 标定,其反应式为

$$2MnO_4^- + 5C_2O_4^{2-} + 16H^+ \xlongequal{} 2Mn^{2+} + 10CO_2\uparrow + 8H_2O$$

若 H_2O_2 试样中含有乙酰苯胺等稳定剂,则不宜用高锰酸钾法测定,因为此类稳定剂也消耗 $KMnO_4$。这时可采用碘量法测定,利用 H_2O_2 与 KI 作用析出 I_2,然后用硫代硫酸钠标准溶液滴定生成的 I_2。

过氧化氢在工业、生物、医药等方面应用广泛。它可用于漂白毛、丝织物及消毒、杀菌;纯 H_2O_2 可用作火箭燃料的氧化剂;工业上可利用 H_2O_2 的还原性除去氯气。在生物方面,则可利用过氧化氢酶对 H_2O_2 分解反应的催化作用来测量过氧化氢酶的活性。由于过氧化氢有着这样广泛的应用,故常需测定它的含量。

三、主要试剂和仪器

1. $Na_2C_2O_4$ 基准物质:在 105~115 ℃条件下烘干 2 h,备用。

2. H_2SO_4 溶液（6 mol·L^{-1}）。

3. $KMnO_4$ 固体。

4. H_2O_2 溶液（30 g·L^{-1}）：由市售 30% H_2O_2 溶液稀释 10 倍而成，贮存在棕色试剂瓶中。

5. 仪器（略）。

四、实验步骤

1. $KMnO_4$ 溶液（0.02 mol·L^{-1}）的配制

在电子天平上称取约 1.6 g $KMnO_4$ 固体，置于 1000 mL 烧杯中，加 500 mL 蒸馏水使其溶解，盖上表面皿，加热至沸并保持微沸状态约 1 h。中间可补加一定量的蒸馏水，以保持溶液体积基本不变。冷却后将溶液转移至棕色瓶内，在暗处放置 2～3 天①，然后用 G3 或 G4 砂芯漏斗过滤除去 MnO_2 等杂质，滤液贮存于棕色试剂瓶中备用。另外，也可将 $KMnO_4$ 固体溶于煮沸过的蒸馏水中，并在暗处放置 6～10 天，用砂芯漏斗过滤后备用。有时也可不经过滤而直接取上层清液进行实验。

2. $KMnO_4$ 溶液的标定

准确称取 0.15～0.20 g $Na_2C_2O_4$ 基准物质 3～5 份，分别置于 250 mL 锥形瓶中，向其中各加 30 mL 蒸馏水溶解，再各加 10 mL 6 mol·L^{-1} H_2SO_4 溶液。然后，将锥形瓶置于水浴锅中加热至 75～85 ℃②（刚好冒蒸气），趁热用待标定的 $KMnO_4$ 溶液滴至溶液呈微红色，并保持 30 s 不褪色，即为终点。根据滴定消耗的 $KMnO_4$ 溶液的体积和 $Na_2C_2O_4$ 的质量，计算 $KMnO_4$ 溶液的浓度（$KMnO_4$ 标准溶液久置后须重新标定）。

3. H_2O_2 含量的测定

用移液管移取 10.00 mL 30 g·L^{-1} H_2O_2 溶液于 250 mL 容量瓶中，加蒸馏水稀释至刻度，摇匀。移取 25.00 mL 该稀溶液于 250 mL 锥形瓶中，加 10 mL 6 mol·L^{-1} H_2SO_4 溶液，然后用已标定的 $KMnO_4$ 标准溶液滴至溶液呈微红色，并在 30 s 内不褪色，即为终点。如此平行滴定 3～5 份，根据 $KMnO_4$ 标准溶液的浓度和滴定消耗的体积，计算 H_2O_2 溶液的质量浓度。

---

① 蒸馏水中常含有少量的还原性物质，使 $KMnO_4$ 还原为 $MnO_2 \cdot nH_2O$。它能加速 $KMnO_4$ 的分解，故通常将 $KMnO_4$ 溶液煮沸一段时间，放置 2～3 天，使之充分作用，然后将沉淀物过滤除去。

② 在室温条件下，$KMnO_4$ 与 $C_2O_4^{2-}$ 之间的反应缓慢，故加热提高反应速率。但温度不能太高，若超过 85 ℃则有部分 $H_2C_2O_4$ 分解，反应式如下：

$$H_2C_2O_4 = CO_2\uparrow + CO\uparrow + H_2O$$

五、实验数据记录表格

表 7-1-1 $KMnO_4$ 溶液的标定

	编号				
	1	2	3	4	5
$m_{Na_2C_2O_4}/g$					
V_{KMnO_4}/mL					
$c_{KMnO_4}/(mol \cdot L^{-1})$					
$\bar{c}_{KMnO_4}/(mol \cdot L^{-1})$					
$d_r/\%$					
$\bar{d}_r/\%$					

表 7-1-2 H_2O_2 含量的测定

	编号				
	1	2	3	4	5
$V_{H_2O_2}/mL$					
V_{KMnO_4}/mL					
$\rho_{H_2O_2}/(g \cdot L^{-1})$					
$\bar{\rho}_{H_2O_2}/(g \cdot L^{-1})$					
$d_r/\%$					
$\bar{d}_r/\%$					

六、思考题

1. 配制 $KMnO_4$ 溶液应注意什么？用 $Na_2C_2O_4$ 基准物质标定 $KMnO_4$ 溶液时,应在什么条件下进行？

2. 用高锰酸钾法测定 H_2O_2 含量时,能否用 HNO_3 溶液、HCl 溶液或 HAc 溶液来调节溶液酸度？为什么？

3. 用高锰酸钾法测定 H_2O_2 含量时,能否在加热条件下滴定？为什么？

4. 配制 $KMnO_4$ 溶液时,过滤后的滤器上黏附的物质是什么？选用什么溶液清洗较合适？

5. H_2O_2 有哪些重要性质？使用时应注意什么？

• 实验二　化学需氧量的测定 •

一、实验目的

1. 初步了解环境分析的重要性及水样的采集和保存方法。
2. 掌握酸性高锰酸钾法测定化学需氧量的原理及方法。
3. 了解水样的化学需氧量与水体污染的关系。

二、实验原理

水样的需氧量是水质污染程度的主要指标之一，它分为生物需氧量（简称 BOD）和化学需氧量（简称 COD）两种。BOD 是指水中有机物质发生生物过程时所需要氧的量；COD 是指在特定条件下，用强氧化剂处理水样时，水样所消耗的氧化剂的量，常用每升水消耗 O_2 的质量来表示（$mg \cdot L^{-1}$）。水样的化学需氧量与测试条件有关，因此应严格控制反应条件，按规定的操作步骤进行测定。

测定化学需氧量的方法有重铬酸钾法、酸性高锰酸钾法和碱性高锰酸钾法。重铬酸钾法是指在强酸性条件下，向水样中加入过量的 $K_2Cr_2O_7$，使其与水样中的还原性物质充分反应，剩余的 $K_2Cr_2O_7$ 以邻二氮菲为指示剂，用硫酸亚铁铵标准溶液返滴定。根据消耗的 $K_2Cr_2O_7$ 溶液的体积和浓度，计算水样的化学需氧量。氯离子干扰测定，可在回流前加硫酸银除去。该法适用于工业污水及生活污水等含有较多复杂污染物的水样的测定。其滴定反应式为

$$K_2Cr_2O_7 + 6Fe^{2+} + 14H^+ \rightleftharpoons 2Cr^{3+} + 6Fe^{3+} + 2K^+ + 7H_2O$$

酸性高锰酸钾法测定水样的化学需氧量是指在酸性条件下，向水样中加入过量的 $KMnO_4$ 溶液，并加热溶液使其充分反应①。然后，向溶液中加入过量的 $Na_2C_2O_4$ 标准溶液还原多余的 $KMnO_4$，剩余的 $Na_2C_2O_4$ 再用 $KMnO_4$ 溶液返滴定。根据 $KMnO_4$ 溶液的浓度和水样所消耗的 $KMnO_4$ 溶液体积，计算水样的化学需氧量。该法适用于污染不十分严重的地面水和河水等水样的测定。若水样中 Cl^- 含量较高，可加入 Ag_2SO_4 消除干扰，也可改用碱性高锰酸钾法进行测定。有关反应为

---

① 实际中，常在加热至沸后保持一定时间，反应并不一定完全，由此测得的值一般也不同于充分反应后的值，常称之为高锰酸钾指数。

$$4MnO_4^- + 5C + 12H^+ \rightleftharpoons 4Mn^{2+} + 5CO_2\uparrow + 6H_2O$$

$$2MnO_4^- + 5C_2O_4^{2-} + 16H^+ \rightleftharpoons 2Mn^{2+} + 10CO_2\uparrow + 8H_2O$$

这里,C 泛指水中的还原性物质或需氧物质,主要为有机物。

根据反应的计量关系,可知化学需氧量的计算式为

$$COD = \frac{\left[\frac{5}{4}c_{MnO_4^-}(V_1+V_2)_{MnO_4^-} - \frac{1}{2}(cV)_{C_2O_4^{2-}}\right]M_{O_2}}{V_{水}}$$

式中,V_1 为第一次加入 $KMnO_4$ 溶液的体积,V_2 为第二次加入 $KMnO_4$ 溶液的体积。

三、主要试剂和仪器

1. $KMnO_4$ 溶液($0.02\ mol\cdot L^{-1}$):配制方法参见本章实验一。

2. $KMnO_4$ 溶液($0.002\ mol\cdot L^{-1}$):移取 25.00 mL $0.02\ mol\cdot L^{-1}$ $KMnO_4$溶液于 250 mL 容量瓶中,加蒸馏水稀释至刻度,摇匀。

3. $Na_2C_2O_4$ 标准溶液($0.005\ mol\cdot L^{-1}$):准确称取 0.16~0.18 g 在105 ℃下烘干 2 h 并冷却的 $Na_2C_2O_4$ 基准物质,置于烧杯中,用适量蒸馏水溶解后,定量转移至 250 mL 容量瓶中,加蒸馏水稀释至刻度,摇匀。按实际称取质量计算其准确浓度。

4. H_2SO_4 溶液($6\ mol\cdot L^{-1}$)。

5. 仪器(略)。

四、实验步骤

1. $KMnO_4$ 溶液的标定(参考本章实验一)

2. 水样化学需氧量的测定

视水质污染程度取水样 10~100 mL① 于 250 mL 锥形瓶中,加入 5 mL $6\ mol\cdot L^{-1}$ H_2SO_4 溶液,再用移液管准确加入 10.00 mL $0.002\ mol\cdot L^{-1}$ $KMnO_4$ 标准溶液②,然后尽快加热溶液至沸,并准确煮沸 10 min(紫红色不应褪去,否则应

---

① 水样采集后,应加入 H_2SO_4 使 pH<2,以抑制微生物繁殖。试样尽快分析,必要时在 0~5 ℃下保存,应在 48 h 内测定。取水样的量由外观可初步判断:洁净透明的水样取 100 mL,污染严重、混浊的水样取 10~30 mL,补加蒸馏水至 100 mL。

② $KMnO_4$ 标准溶液也可从滴定管中放出,后续滴定也在此基础上进行(不需再加溶液至 0 刻度),滴定管最后的读数即为消耗的 $KMnO_4$ 标准溶液总体积。这样可避免返滴定时因消耗的 $KMnO_4$ 标准溶液体积偏小而导致读数相对误差增大。

增加$KMnO_4$标准溶液的体积）。取下锥形瓶，冷却 1 min 后，准确加入 10.00 mL 0.005 $mol\cdot L^{-1}$ $Na_2C_2O_4$ 标准溶液，充分摇匀（此时溶液应为无色，否则应增加 $Na_2C_2O_4$ 标准溶液的用量）。趁热用 0.002 $mol\cdot L^{-1}$ $KMnO_4$ 标准溶液滴至溶液呈微红色并保持 30 s 不褪色，即为终点。记下消耗的 $KMnO_4$ 溶液的体积，如此平行测定 3 份。

另取 100 mL 蒸馏水代替水样进行空白实验，同样操作，求空白值，计算化学需氧量时减去空白值。

五、实验数据记录表格

表 7-2-1　$KMnO_4$ 溶液的标定

	编号				
	1	2	3	4	5
$m_{Na_2C_2O_4}/g$					
V_{KMnO_4}/mL					
$c_{KMnO_4}/(mol\cdot L^{-1})$					
$\bar{c}_{KMnO_4}/(mol\cdot L^{-1})$					
$d_r/\%$					
$\bar{d}_r/\%$					

表 7-2-2　化学需氧量的测定

	编号		
	1	2	3
$V_{水样}/mL$			
V_{KMnO_4}/mL			
$V_{Na_2C_2O_4}/mL$			
COD/($mg\cdot L^{-1}$)			
COD 平均值/($mg\cdot L^{-1}$)			
空白值/($mg\cdot L^{-1}$)			
校正后的 COD/($mg\cdot L^{-1}$)			

六、思考题

1. 水样的采集及保存应当注意哪些事项？
2. 水样中加入 $KMnO_4$ 标准溶液煮沸后，若紫红色褪去，说明什么？应怎样处理？
3. 水样中氯离子在含量高时，为什么对测定有干扰？如何消除？
4. 水样化学需氧量的测定有何意义？测定 COD 有哪些方法？

• 实验三　铁矿石中全铁含量的测定 •

一、实验目的

1. 学习 $K_2Cr_2O_7$ 法测定铁矿石中铁含量的原理和操作步骤。
2. 了解无汞定铁法，增强环保意识。
3. 熟悉二苯胺磺酸钠指示剂的作用原理。

二、实验原理

铁矿石的种类很多，用于炼铁的主要有磁铁矿（Fe_3O_4）、赤铁矿（Fe_2O_3）和菱铁矿（$FeCO_3$）等。铁矿石试样经 HCl 溶液溶解后，其中的铁转化为 Fe^{3+}。在强酸性条件下，Fe^{3+}可通过 $SnCl_2$ 还原为 Fe^{2+}。Sn^{2+}将 Fe^{3+}还原完后，甲基橙也可被 Sn^{2+}还原成氢化甲基橙而褪色，因而甲基橙可指示 Fe^{3+}还原终点。Sn^{2+}还能继续使氢化甲基橙还原成 *N*，*N*-二甲基对苯二胺和对氨基苯磺酸钠。有关反应式为

$$(CH_3)_2NC_6H_4N=NC_6H_4SO_3Na + 2e^- + 2H^+ \longrightarrow (CH_3)_2NC_6H_4NH-NHC_6H_4SO_3Na$$

$$(CH_3)_2NC_6H_4NH-NHC_6H_4SO_3Na + 2e^- + 2H^+ \longrightarrow (CH_3)_2NC_6H_4NH_2 + NH_2C_6H_4SO_3Na$$

这样一来，略为过量的 Sn^{2+}也被消除。由于这些反应是不可逆的，因此甲基橙的还原产物不消耗 $K_2Cr_2O_7$。

反应在 HCl 介质中进行，还原 Fe^{3+}时 HCl 溶液浓度以 4 $mol\cdot L^{-1}$左右为好。大于6 $mol\cdot L^{-1}$时，Sn^{2+}则先还原甲基橙为无色，使其无法指示 Fe^{3+}的还原终点。

同时，Cl^-浓度过高也可能消耗$K_2Cr_2O_7$。HCl 溶液浓度低于 2 $mol·L^{-1}$时，则甲基橙褪色缓慢。反应完后，以二苯胺磺酸钠为指示剂，用$K_2Cr_2O_7$标准溶液滴至溶液呈紫红色，即为终点。主要反应式为

$$2FeCl_4^- + SnCl_4^{2-} + 2Cl^- \rightleftharpoons 2FeCl_4^{2-} + SnCl_6^{2-}$$

$$6Fe^{2+} + Cr_2O_7^{2-} + 14H^+ \rightleftharpoons 6Fe^{3+} + 2Cr^{3+} + 7H_2O$$

滴定过程中生成的Fe^{3+}呈黄色，影响终点的观察，若在溶液中加入H_3PO_4，H_3PO_4与Fe^{3+}生成无色的$Fe(HPO_4)_2^-$，可掩蔽Fe^{3+}。同时$Fe(HPO_4)_2^-$的生成使得Fe^{3+}/Fe^{2+}电对的条件电位降低，滴定突跃增大，指示剂可在突跃范围内变色，从而减少滴定误差。Cu^{2+}，As(Ⅴ)，Ti(Ⅳ)，Mo(Ⅵ)等离子可被$SnCl_2$还原，同时又能被$K_2Cr_2O_7$氧化，Sb(Ⅴ)和Sb(Ⅲ)也干扰铁的测定。

三、主要试剂和仪器

1. $SnCl_2$溶液(100 $g·L^{-1}$)：称取 10 g $SnCl_2·2H_2O$ 溶于 40 mL 热浓盐酸中，加蒸馏水稀释至 100 mL。

2. $SnCl_2$溶液(50 $g·L^{-1}$)：将 100 $g·L^{-1}$的$SnCl_2$溶液稀释 1 倍。

3. 浓盐酸。

4. 硫磷混酸：将 15 mL 浓硫酸缓慢加入 70 mL 蒸馏水中，冷却后加入 15 mL 磷酸，混匀。

5. 甲基橙指示剂(1$g·L^{-1}$)。

6. 二苯胺磺酸钠溶液(2$g·L^{-1}$)。

7. $K_2Cr_2O_7$标准溶液：将$K_2Cr_2O_7$在 150～180 ℃下烘干 2 h，放入干燥器冷却至室温。准确称取 0.6～0.7g $K_2Cr_2O_7$于烧杯中，加蒸馏水溶解后定量转移至 250 mL 容量瓶中，加蒸馏水稀释至刻度，摇匀，计算$K_2Cr_2O_7$标准溶液的浓度。

8. 仪器(略)。

四、实验步骤

1. 铁矿石试样的溶解

准确称取 1.0～1.5 g 铁矿石粉于 250 mL 烧杯中，用少量蒸馏水润湿后，加 20 mL浓盐酸，盖上表面皿，在沙浴上加热 20～30 min，并不时摇动，避免沸腾。如有带色不溶残渣，可滴加 20～30 滴 100 $g·L^{-1}$ $SnCl_2$溶液助溶。试样分解完全时，剩余残渣为白色或非常接近白色(即SiO_2)，此时可用少量蒸馏水吹洗表面皿及烧杯壁，冷却后将溶液定量转移到 250 mL 容量瓶中，加蒸馏水稀释至刻度，摇匀。

2. 铁矿石试样中全铁含量的测定

移取 25.00 mL 铁矿石试样溶液于 250 mL 锥形瓶中,加 8 mL 浓盐酸,加热至接近沸腾,加 6 滴甲基橙指示剂,边摇动锥形瓶边缓慢滴加 100 $g\cdot L^{-1}$ $SnCl_2$ 溶液还原 Fe^{3+},溶液由橙红色变为红色,再缓慢滴加 50 $g\cdot L^{-1}$ $SnCl_2$ 溶液至溶液变为淡红色。若摇动后粉色褪去,说明 $SnCl_2$ 已过量,可补加 1 滴甲基橙指示剂,以除去稍微过量的 $SnCl_2$。此时溶液如呈浅粉色最好,不影响滴定终点,$SnCl_2$ 切不可过量。然后,迅速用流水冷却,加 50 mL 蒸馏水、20 mL 硫磷混酸和 4 滴 2 $g\cdot L^{-1}$ 二苯胺磺酸钠溶液,并立即用上述 $K_2Cr_2O_7$ 标准溶液滴至溶液呈现稳定的紫红色。平行测定 3~5 次,计算试样中全铁含量。

五、实验数据记录表格

表 7-3-1　铁矿石试样中全铁含量的测定

	编号				
	1	2	3	4	5
$m_{铁矿石}/g$					
$V_{铁矿石}/mL$					
$m_{K_2Cr_2O_7}/g$					
$c_{K_2Cr_2O_7}/(mol\cdot L^{-1})$					
$V_{K_2Cr_2O_7}/mL$					
$w_{Fe}/\%$					
$\overline{w}_{Fe}/\%$					
$d_r/\%$					
$\overline{d}_r/\%$					

六、思考题

1. $K_2Cr_2O_7$ 为什么可以直接配制成准确浓度的溶液?

2. $K_2Cr_2O_7$ 法测定铁矿石中全铁含量时,滴定前为什么要加入 H_3PO_4? 加入 H_3PO_4 后为何要立即滴定?

3. 用 $SnCl_2$ 还原 Fe^{3+} 时,为何要在加热条件下进行? 加入的 $SnCl_2$ 量不足或过量会给测定结果带来什么影响?

4. 分解铁矿石试样时,如果加热至沸会对结果产生什么影响?

5. 本实验中甲基橙起什么作用?

· 实验四　间接碘量法测定铜合金中铜含量 ·

一、实验目的

1. 掌握 $Na_2S_2O_3$ 溶液的配制和标定方法。
2. 了解间接碘量法测定铜含量的原理。
3. 学习铜合金试样的分解方法。

二、实验原理

铜合金种类较多,主要有黄铜和各种青铜。铜合金中铜含量的测定一般采用间接碘量法。

在弱酸性溶液中(pH 为 3~4),Cu^{2+} 与过量的 KI 作用,生成 CuI 沉淀和 I_2,析出的 I_2 可以淀粉为指示剂,用 $Na_2S_2O_3$ 标准溶液滴定。有关反应式为

$$2Cu^{2+} + 4I^- \rightleftharpoons 2CuI\downarrow + I_2$$

或

$$2Cu^{2+} + 5I^- \rightleftharpoons 2CuI\downarrow + I_3^-$$

$$I_2 + 2S_2O_3^{2-} \rightleftharpoons 2I^- + S_4O_6^{2-}$$

Cu^{2+} 与 I^- 之间的反应是可逆的,任何引起 Cu^{2+} 浓度减小(如形成配合物等)或引起 CuI 溶解度增大的因素均使反应不完全,加入过量 KI,可使 Cu^{2+} 的还原趋于完全。但是,CuI 沉淀强烈吸附 I_3^-,又会使结果偏低。通常的办法是在接近终点时加入硫氰酸盐,将 CuI($K_{sp}=1.1\times10^{-12}$)转化为溶解度更小的 CuSCN 沉淀($K_{sp}=4.8\times10^{-15}$)。在沉淀的转化过程中,吸附的 I_3^- 被释放出来,从而被 $Na_2S_2O_3$ 溶液滴定,使分析结果的准确度得到提高。

硫氰酸盐应在接近终点时加入,否则 SCN^- 会还原大量存在的 I_2,致使测定结果偏低。溶液的 pH 应控制在 3~4。酸度过低,Cu^{2+} 易水解,使反应不完全,结果偏低,而且反应速率慢,终点拖长;酸度过高,则 I^- 被空气中的氧氧化为 I_2(Cu^{2+} 催化此反应),使结果偏高。

Fe^{3+} 能氧化 I^-,对测定有干扰,可加入 NH_4HF_2(即 $NH_4F\cdot HF$)掩蔽。

NH_4HF_2 溶液是一种很好的缓冲溶液,因 HF 的 $K_a = 6.6\times10^{-4}$,故能使溶液的 pH 保持在 3~4。

三、主要试剂和仪器

1. KI 溶液($200\ g\cdot L^{-1}$)。

2. $Na_2S_2O_3$ 溶液($0.1\ mol\cdot L^{-1}$):称取 25 g $Na_2S_2O_3\cdot 5H_2O$ 于烧杯中,加 300~500 mL 新煮沸并冷却的蒸馏水。溶解后,加约 0.1 g Na_2CO_3,用新煮沸并冷却的蒸馏水稀释至 1 L,贮存于棕色试剂瓶中,在暗处放置 3~5 天后标定。

3. 淀粉溶液($5\ g\cdot L^{-1}$):称取 0.5 g 可溶性淀粉,加少量的蒸馏水,搅匀,再加 100 mL 沸腾的蒸馏水,搅匀。若需放置,可加少量 HgI_2 或 H_3BO_3 作防腐剂。

4. NH_4SCN 溶液($1\ mol\cdot L^{-1}$)。

5. H_2O_2 溶液(30%,原装)。

6. Na_2CO_3(固体)。

7. 纯铜(> 99.9%)。

8. $K_2Cr_2O_7$ 标准溶液($0.01667\ mol\cdot L^{-1}$):配制方法参见本章实验三。

9. KIO_3 基准物质。

10. H_2SO_4 溶液($1\ mol\cdot L^{-1}$)。

11. HCl 溶液($6\ mol\cdot L^{-1}$)。

12. NH_4HF_2 缓冲溶液($200\ g\cdot L^{-1}$)。

13. HAc 溶液($7\ mol\cdot L^{-1}$)。

14. 氨水($7\ mol\cdot L^{-1}$)。

15. 铜合金试样。

16. 仪器(略)。

四、实验步骤

1. $Na_2S_2O_3$ 溶液的标定

(1) 用 $K_2Cr_2O_7$ 标准溶液标定　准确移取 25.00 mL $0.01667\ mol\cdot L^{-1}$ $K_2Cr_2O_7$ 标准溶液于 250 mL 锥形瓶中,加 5 mL $6\ mol\cdot L^{-1}$ HCl 溶液和 5 mL $200\ g\cdot L^{-1}$ KI溶液,摇匀。在暗处放置 5 min 后①,加 50 mL 蒸馏水稀释,然后用待

---

① 放置几分钟的目的是使反应完全。该反应比较快,不必放置太久,以免因密封不好造成 I_2 挥发,产生误差。

标定的 $Na_2S_2O_3$ 溶液滴至溶液呈浅黄色。然后加 3 mL 5g·L^{-1} 淀粉溶液（指示剂），继续滴至溶液呈现亮绿色，即为终点。平行滴定 3~5 份，计算 $c_{Na_2S_2O_3}$。

（2）用纯铜标定　准确称取 0.2 g 左右纯铜于 250 mL 烧杯中，加约 10 mL 6 mol·L^{-1}HCl溶液，在摇动条件下逐滴加入 2~3 mL 30% H_2O_2 溶液（H_2O_2 不应过量太多），至金属铜分解完全。加热，将多余的 H_2O_2 分解除尽①，然后定量转移至 250 mL 容量瓶中，加蒸馏水稀释至刻度，摇匀。

准确移取 25.00 mL Cu^{2+}标准溶液于 250 mL 锥形瓶中，滴加 7 mol·L^{-1}氨水至刚好产生沉淀，再加 8 mL 7 mol·L^{-1} HAc 溶液、10 mL 200 g·L^{-1} NH_4HF_2 溶液和 10 mL 200 g·L^{-1} KI 溶液。然后，用待标定的 $Na_2S_2O_3$ 溶液滴至溶液呈浅黄色，加 3 mL 5 g·L^{-1}淀粉溶液②，继续滴至溶液呈浅蓝色。再加 10 mL 1 mol·L^{-1} NH_4SCN 溶液，充分摇动后，继续滴至溶液的蓝色刚好消失，记下所消耗的 $Na_2S_2O_3$ 溶液的体积。平行滴定 3~5 份，计算 $c_{Na_2S_2O_3}$。

（3）用 KIO_3 基准物质标定　准确称取 0.8917 g KIO_3 基准物质于烧杯中，加蒸馏水溶解后，定量转移至 250 mL 容量瓶中，加蒸馏水稀释至刻度，充分摇匀。移取 25.00 mL KIO_3 标准溶液于 250 mL 锥形瓶中，加入 10 mL 200 g·L^{-1} KI 溶液、5 mL 1 mol·L^{-1} H_2SO_4 溶液和适量蒸馏水至总体积约为 100 mL，立即用待标定的 $Na_2S_2O_3$溶液滴至溶液呈浅黄色。然后，加 3 mL 5 g·L^{-1}淀粉溶液，继续滴至蓝色变为无色，即为终点。平行滴定 3~5 份，计算 $c_{Na_2S_2O_3}$。

2. 铜合金中铜含量的测定

准确称取 0.10~0.15 g 黄铜试样（质量分数为 80%~90%）③于 250 mL 锥形瓶中，加 10 mL 6 mol·L^{-1}HCl 溶液，滴加约 2 mL 30% H_2O_2 溶液，加热使试样溶解完全④，然后加热至微沸，保持 1~2 min，使多余的 H_2O_2 完全分解。冷却后，加 60 mL 蒸馏水，滴加 7mol·L^{-1}氨水至溶液中刚刚有稳定的沉淀出现，再加 8 mL 7 mol·L^{-1} HAc溶液、10 mL 200 g·L^{-1} NH_4HF_2 缓冲溶液和 10 mL 200 g·L^{-1} KI 溶

---

① 用纯铜标定 $Na_2S_2O_3$ 溶液时，所加入的 H_2O_2 一定要赶尽（根据实践经验，开始冒小气泡，然后冒大气泡，表示 H_2O_2 已赶尽），否则无法测准，这是很关键的一步操作。

② 加淀粉溶液不能太早，否则，因溶液中有大量 I_2 和 CuI 沉淀，淀粉与 I_2 过早形成的蓝色配合物被 CuI 沉淀吸附，使终点呈较深的灰色，不便观察。

③ 如果是测定胆矾等铜盐试样中铜的含量，则准确称取 6 g 左右胆矾试样于烧杯中，加 10 mL 1 mol·$L^{-1}$$H_2SO_4$溶液和少量蒸馏水溶解。然后定量转移至 250 mL 容量瓶中，加水至刻度，摇匀。再移取 25.00 mL 此溶液于 250 mL 锥形瓶中，加 10 mL 200 g·L^{-1}KI 溶液，用 $Na_2S_2O_3$ 标准溶液滴定。后续操作同本实验。

④ 试样若不含 Sn，也可采用 HNO_3 分解，但最后应加(1+1)H_2SO_4 蒸发至冒白烟，赶尽 HNO_3，然后按实验步骤进行。

液,用 $Na_2S_2O_3$ 标准溶液滴至溶液呈浅黄色。再加 3 mL 5 $g \cdot L^{-1}$ 淀粉溶液,用 $Na_2S_2O_3$ 标准溶液滴至溶液呈浅蓝色;加 10 mL 1 $mol \cdot L^{-1}$ NH_4SCN 溶液并剧烈摇动,继续滴至蓝色消失①。平行滴定 3 份,根据滴定所消耗的 $Na_2S_2O_3$ 标准溶液的体积,计算 Cu 的质量分数。

五、实验数据记录表格

表 7-4-1 $Na_2S_2O_3$ 溶液的标定

(以 KIO_3 标定为例)

	编号				
	1	2	3	4	5
m_{KIO_3}/g					
V_{KIO_3}/mL					
$c_{KIO_3}/(mol \cdot L^{-1})$					
$V_{Na_2S_2O_3}$/mL					
$c_{Na_2S_2O_3}/(mol \cdot L^{-1})$					
$\bar{c}_{Na_2S_2O_3}/(mol \cdot L^{-1})$					
d_r/%					
$\bar{d}_r$/%					

表 7-4-2 铜合金中铜含量的测定

	编号		
	1	2	3
$m_{黄铜}$/g			
$V_{Na_2S_2O_3}$/mL			
w_{Cu}/%			
$\bar{w}_{Cu}$/%			
d_r/%			
$\bar{d}_r$/%			

① 溶液中有乳白色 CuSCN 沉淀,对观察终点颜色变化有一定影响,一般观察到明显色变即为终点。此时,沉淀与溶液的混合物可能略带灰色或红色。

六、思考题

1. 间接碘量法测定铜含量时，为什么常加入 NH_4HF_2？为什么接近终点时加入 NH_4SCN（或 KSCN）？

2. 已知 $E^{\ominus}_{Cu^{2+}/Cu^{+}}=0.159\ V$，$E^{\ominus}_{I_3^-/I^-}=0.545\ V$，为何本实验中 Cu^{2+} 却能将 I^- 氧化为 I_2？

3. 铜合金试样能否用 HNO_3 分解？本实验采用 HCl 溶液和 H_2O_2 溶液分解试样，试写出反应式。

4. 间接碘量法测定铜含量为什么要在弱酸性介质中进行？在用 $K_2Cr_2O_7$ 标定 $Na_2S_2O_3$ 溶液时，先加入 5 mL 6 $mol\cdot L^{-1}$ HCl 溶液，而用 $Na_2S_2O_3$ 溶液滴定时却要加入蒸馏水稀释，为什么？

5. 用纯铜标定 $Na_2S_2O_3$ 溶液时，如用 HCl 溶液加 H_2O_2 分解铜，最后 H_2O_2 未分解尽，则对标定 $Na_2S_2O_3$ 溶液的浓度会有什么影响？

6. 标定 $Na_2S_2O_3$ 溶液的基准物质有哪些？以 $K_2Cr_2O_7$ 标定 $Na_2S_2O_3$ 溶液时，终点的亮绿色是什么物质的颜色？

· 实验五　维生素 C 制剂及果蔬中抗坏血酸含量的直接碘量法测定 ·

一、实验目的

1. 掌握碘标准溶液的配制和标定方法。

2. 了解直接碘量法测定抗坏血酸含量的原理和方法。

二、实验原理

维生素 C 又称抗坏血酸（分子式为 $C_6H_8O_6$），具有很强的还原性，可被 I_2 定量氧化，因而可用 I_2 标准溶液直接滴定。其滴定反应式为 $C_6H_8O_6+I_2 = C_6H_6O_6+2HI$。用直接碘量法可测定药片、注射液、饮料、蔬菜、水果等中的抗坏血酸含量。

由于维生素 C 的还原性很强，较易被溶液和空气中的氧氧化，在碱性介质中这种氧化作用更强，因此滴定宜在酸性介质中进行，以减少副反应的发生。考虑

到 I^- 在强酸性溶液中也易被氧化,故一般选在 pH 为 3~4 的弱酸性溶液中进行滴定。

三、主要试剂和仪器

1. I_2 溶液($0.05\ mol\cdot L^{-1}$):称取 3.2 g I_2 和 5 g KI,置于研钵中,加少量蒸馏水,在通风橱中研磨。待 I_2 全部溶解后,将溶液转入棕色试剂瓶中,加蒸馏水稀释至 250 mL,充分摇匀,放暗处保存。
2. $Na_2S_2O_3$ 标准溶液($0.1\ mol\cdot L^{-1}$):配制及标定方法同本章实验四。
3. 淀粉溶液($2\ g\cdot L^{-1}$)。
4. HAc 溶液($2\ mol\cdot L^{-1}$)。
5. HCl 溶液($6\ mol\cdot L^{-1}$)。
6. NaOH 溶液($6\ mol\cdot L^{-1}$)。
7. 酚酞指示剂($2\ g\cdot L^{-1}$,乙醇溶液)。
8. $NaHCO_3$(固体)。
9. $K_2Cr_2O_7$ 标准溶液($0.020\ mol\cdot L^{-1}$)。
10. KIO_3 标准溶液($0.02\ mol\cdot L^{-1}$)。
11. KI 溶液($200\ g\cdot L^{-1}$)。
12. 维生素 C 试样(固体维生素 C 片剂)。
13. 果蔬试样(如西红柿、橙子、草莓等)。
14. 仪器(略)。

四、实验步骤

1. I_2 溶液的标定

(1) $As_2O_3$① 标定　准确称取 1.1~1.4 g As_2O_3 于 100 mL 烧杯中,加 10 mL $6\ mol\cdot L^{-1}$ NaOH溶液,温热溶解。然后,加 2 滴酚酞指示剂,滴加 $6\ mol\cdot L^{-1}$ HCl 溶液中和至溶液刚好变为无色,再加 2~3 g $NaHCO_3$,搅拌使之溶解。冷却后,定量转移至 250 mL 容量瓶中,加蒸馏水稀释至刻度,摇匀。移取 25.00 mL 该溶液 3~5 份,分别置于 250 mL 锥形瓶中,加 50 mL 蒸馏水、5 g $NaHCO_3$ 和 3 mL $2\ g\cdot L^{-1}$淀粉溶液(指示剂),用待标定的 I_2 溶液滴至溶液呈稳定的蓝色,并保持 30 s

---

① As_2O_3 为剧毒药品,应严格管理。

不褪色，即为终点。计算 I_2 溶液的浓度。

（2）用 $Na_2S_2O_3$ 标准溶液标定　用移液管移取 25.00 mL 0.1 mol·L^{-1} $Na_2S_2O_3$ 标准溶液于 250 mL 锥形瓶中，加 50 mL 蒸馏水，3 mL 2 g·L^{-1}淀粉溶液，用待标定的 I_2 溶液滴至溶液呈浅蓝色，并保持 30 s 不褪色，即为终点。平行滴定 3～5 份，计算 I_2 溶液的浓度。

2. 维生素 C 试样中抗坏血酸含量的测定

准确称取约 0.2 g 研碎了的维生素 C 试样于 250 mL 锥形瓶中，加入 100 mL 新煮沸并冷却的蒸馏水、10 mL 2 mol·L^{-1} HAc 溶液和 3 mL 2 g·L^{-1}淀粉溶液，立即用 I_2 标准溶液滴至溶液呈现稳定的浅蓝色，且在 30 s 内不褪色，即为终点，记下消耗的 I_2 标准溶液的体积。平行滴定 3～5 份，计算试样中抗坏血酸的质量分数。

3. 果蔬试样中抗坏血酸含量的测定

准确称取约 50 g 捣碎了的果蔬试样（如草莓，用绞碎机打成糊状）于 100 mL 烧杯中，将其转入 250 mL 锥形瓶中，用蒸馏水冲洗烧杯 1～2 次。向锥形瓶中加 10 mL 2 mol·L^{-1} HAc 溶液和 3 mL 2 g·L^{-1}淀粉溶液，然后用 I_2 标准溶液滴至溶液由红色变为蓝紫色，即为终点。平行滴定 3～5 份，计算试样中抗坏血酸的含量。

五、实验数据记录表格

表 7-5-1　I_2 溶液的标定

	编号				
	1	2	3	4	5
$c_{Na_2S_2O_3}$/(mol·L^{-1})					
$V_{Na_2S_2O_3}$/mL					
V_{I_2}/mL					
c_{I_2}/(mol·L^{-1})					
$\bar{c}_{I_2}$/(mol·L^{-1})					
d_r/%					
$\bar{d}_r$/%					

表 7-5-2 维生素 C 试样中抗坏血酸含量的测定

	编号				
	1	2	3	4	5
$m_{维生素C试样}/g$					
V_{I_2}/mL					
$w_{抗坏血酸}/\%$					
$\overline{w}_{抗坏血酸}/\%$					
$d_r/\%$					
$\overline{d}_r/\%$					

表 7-5-3 果蔬试样中抗坏血酸含量的测定

	编号				
	1	2	3	4	5
$m_{果蔬试样}/g$					
V_{I_2}/mL					
$w_{抗坏血酸}/[mg\cdot(100\ g)^{-1}]$					
$\overline{w}_{抗坏血酸}/[mg\cdot(100\ g)^{-1}]$					
$d_r/\%$					
$\overline{d}_r/\%$					

六、思考题

1. 溶解 I_2 时,加入过量 KI 的作用是什么?
2. 维生素 C 固体试样溶解时为何要加入新煮沸并冷却的蒸馏水?
3. 直接碘量法的误差来源有哪些?应采取哪些措施减小误差?

· 实验六 补钙制剂中钙含量的测定 ·

一、实验目的

1. 掌握用高锰酸钾法测定钙含量的原理和方法。

2. 了解沉淀分离的基本要求和操作。

二、实验原理

某些金属离子(如碱土金属离子,Pb^{2+},Cd^{2+}等)与草酸根能形成难溶的草酸盐沉淀。沉淀经过滤、洗净后,再用稀硫酸溶液将其溶解,然后用 $KMnO_4$ 标准溶液滴定释放出来的 $H_2C_2O_4$,即可间接测定这些金属离子的含量。以 Ca^{2+} 为例,有关反应如下:

$$Ca^{2+} + C_2O_4^{2-} \rightleftharpoons CaC_2O_4 \downarrow$$

$$CaC_2O_4 + 2H^+ \rightleftharpoons H_2C_2O_4 + Ca^{2+}$$

$$5H_2C_2O_4 + 2MnO_4^- + 6H^+ \rightleftharpoons 2Mn^{2+} + 10CO_2 \uparrow + 8H_2O$$

用该法测定某些补钙制剂中钙的含量,分析结果与标示量吻合。

三、主要试剂和仪器

1. $KMnO_4$ 溶液(0.02 $mol \cdot L^{-1}$):配制方法同本章实验一。
2. $(NH_4)_2C_2O_4$ 溶液(0.05 $mol \cdot L^{-1}$)。
3. 氨水(7 $mol \cdot L^{-1}$)。
4. HCl 溶液 (6 $mol \cdot L^{-1}$)。
5. H_2SO_4 溶液 (1 $mol \cdot L^{-1}$)。
6. 甲基橙指示剂 (1 $g \cdot L^{-1}$)。
7. $AgNO_3$ 溶液 (0.1 $mol \cdot L^{-1}$)。
8. 钙制剂。
9. 仪器 (略)。

四、实验步骤

1. $KMnO_4$ 溶液的标定(参见本章实验一)

2. 钙制剂中钙含量的测定

准确称取钙制剂 3~5 份(每份含钙约 0.05 g),分别置于 100 mL 烧杯中,加适量蒸馏水及 2~5 mL 6 $mol \cdot L^{-1}$ HCl 溶液,并轻轻摇动烧杯,用小火加热促使其溶解。稍冷后,向溶液中加 2~3 滴甲基橙指示剂,再滴加 7 $mol \cdot L^{-1}$氨水至溶液由红色变为黄色,趁热逐滴加入约 50 mL 0.05 $mol \cdot L^{-1}$ $(NH_4)_2C_2O_4$ 溶液,在低温电热板(或水浴)上陈化 30 min①。冷却后过滤(先将上层清液倾入漏斗中),将烧杯中的沉淀洗涤数次后转入漏斗中,继续洗涤沉淀至无 Cl^-(承接洗涤液在 HNO_3 介质中以 $AgNO_3$ 检验)。将带有沉淀的滤纸铺在原烧杯的内壁上,用50 mL 1 $mol\cdot L^{-1}$ H_2SO_4 溶液将沉淀由滤纸上洗入烧杯中,再用洗瓶洗 2 次,加入蒸馏水使总体积约为 100 mL。加热至 70~80 ℃,用 0.02 $mol\cdot L^{-1}$ $KMnO_4$ 标准溶液滴至溶液呈淡红色,再将滤纸搅入溶液中,若溶液褪色,则继续滴定,直至出现的淡红色 30 s 内不褪色,即为终点。计算钙制剂中钙的质量分数。

五、实验数据记录表格

表 7-6-1 $KMnO_4$ 溶液的标定

	编号				
	1	2	3	4	5
$m_{Na_2C_2O_4}/g$					
V_{KMnO_4}/mL					
$c_{KMnO_4}/(mol\cdot L^{-1})$					
$\bar{c}_{KMnO_4}/(mol\cdot L^{-1})$					
$d_r/\%$					
$\bar{d}_r/\%$					

表 7-6-2 钙制剂中钙含量的测定

	编号				
	1	2	3	4	5
$m_{钙制剂}/g$					
V_{KMnO_4}/mL					
$w_{钙}/\%$					
$\bar{w}_{钙}/\%$					
$d_r/\%$					
$\bar{d}_r/\%$					

① 若用均匀沉淀法沉淀,则在试样分解后,加入 50 mL 0.05 $mol\cdot L^{-1}$ $H_2C_2O_4$ 溶液及尿素 $[CO(NH_2)_2]$后加热,$CO(NH_2)_2$ 水解产生的 NH_3 均匀地中和 H^+,可使 Ca^{2+} 均匀地沉淀为粗大的 CaC_2O_4 晶形沉淀。

六、思考题

1. 以$(NH_4)_2C_2O_4$沉淀Ca^{2+}时,pH 应控制为多少?为什么?
2. 加入$(NH_4)_2C_2O_4$时,为什么要在热溶液中逐滴加入?
3. 洗涤CaC_2O_4沉淀时,为什么要洗至无Cl^-?
4. 试比较高锰酸钾法测定Ca^{2+}和配位滴定法测定Ca^{2+}的优缺点。

· 实验七 溴酸钾法测定苯酚含量 ·

一、实验目的

1. 了解溴酸钾法测定苯酚含量的原理与方法。
2. 学会配制溴酸钾-溴化钾标准溶液。

二、实验原理

$KBrO_3$与 KBr 在酸性介质中反应,定量地产生Br_2,Br_2与苯酚发生取代反应生成三溴苯酚;剩余的Br_2用过量 KI 还原,析出的I_2以$Na_2S_2O_3$标准溶液滴定。反应式如下:

$$BrO_3^- + 5Br^- + 6H^+ \rightleftharpoons 3Br_2 + 3H_2O$$

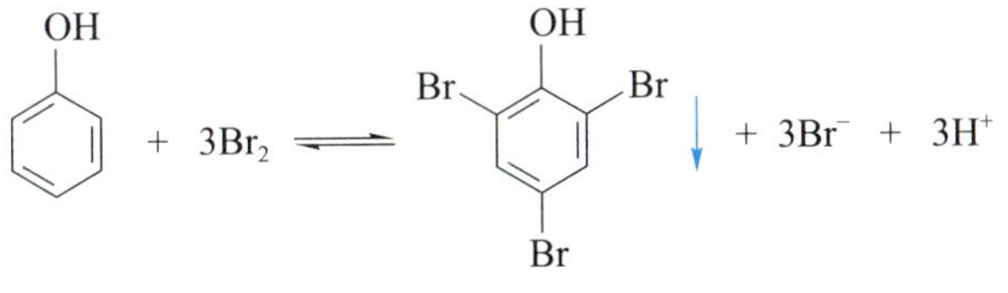

$$Br_2 + 2I^- \rightleftharpoons I_2 + 2Br^-$$

$$I_2 + 2S_2O_3^{2-} \rightleftharpoons 2I^- + S_4O_6^{2-}$$

因此,计量关系为

$$C_6H_5OH \sim BrO_3^- \sim 3Br_2 \sim 3I_2 \sim 6S_2O_3^{2-}$$

苯酚含量可根据下式计算:

$$w_{C_6H_5OH}=\frac{\left[(cV)_{BrO_3^-}-\frac{1}{6}(cV)_{S_2O_3^{2-}}\right]M_{C_6H_5OH}}{m_s}$$

$Na_2S_2O_3$ 溶液通常用 $K_2Cr_2O_7$ 基准物质或纯铜标定。本实验为了与测定苯酚的条件一致,采用 $KBrO_3-KBr$ 标定,其实验过程与上述测定过程相同,只是以水代替苯酚试样进行实验。

苯酚是煤焦油的主要成分之一,广泛应用于消毒、杀菌,并用作高分子材料、染料、医药、农药合成的原料。苯酚的生产和应用会造成环境污染,因此它也是常规环境监测的主要项目之一。

三、主要试剂和仪器

1. $KBrO_3-KBr$ 标准溶液($c_{KBrO_3}=0.02000\ mol\cdot L^{-1}$):准确称取 0.8350 g $KBrO_3$ 置于烧杯中,加入 4 g KBr,加蒸馏水溶解后,定量转移至 250 mL 容量瓶中,加蒸馏水稀释至刻度,摇匀。
2. $Na_2S_2O_3$ 溶液(0.05 $mol\cdot L^{-1}$):配制方法参见本章实验四。
3. 淀粉溶液(5 $g\cdot L^{-1}$):配制方法参见本章实验四。
4. KI 溶液(1 $mol\cdot L^{-1}$)。
5. HCl 溶液(6 $mol\cdot L^{-1}$)。
6. NaOH 溶液(2 $mol\cdot L^{-1}$)。
7. 苯酚试样。
8. 仪器(略)。

四、实验步骤

1. $Na_2S_2O_3$ 溶液的标定

准确移取 25.00 mL 0.02000 $mol\cdot L^{-1}$ $KBrO_3-KBr$ 标准溶液于 250 mL 锥形瓶(或碘量瓶)中,加 25 mL 蒸馏水和 10 mL 6 $mol\cdot L^{-1}$ HCl 溶液,摇匀;再加 20 mL 1 $mol\cdot L^{-1}$ KI 溶液,盖上表面皿,摇匀,避光放置 3~5 min。然后用待标定的 $Na_2S_2O_3$ 溶液滴至溶液呈浅黄色。再加 2 mL 5 $g\cdot L^{-1}$ 淀粉溶液,继续滴至蓝色刚好消失,即为终点。平行滴定 3~5 份,计算 $Na_2S_2O_3$ 溶液的浓度。

2. 苯酚试样的测定

准确称取 0.2~0.3 g 苯酚试样于 100 mL 烧杯中,加 5 mL 2 $mol\cdot L^{-1}$ NaOH 溶液和少量蒸馏水;待苯酚溶解后,定量转移至 250 mL 容量瓶中,加蒸馏水稀释至刻度，摇匀。移取 10.00 mL 苯酚试样溶液于 250 mL 锥形瓶中，加 25.00 mL 0.02000 $mol \cdot L^{-1}$ $KBrO_3$-KBr 标准溶液。加 10 mL 6 $mol \cdot L^{-1}$ HCl 溶液，充分摇动 2 min，使三溴苯酚沉淀完全分散后，盖上表面皿，再放置 5 min；加 20 mL 1 $mol \cdot L^{-1}$ KI 溶液，在暗处放置 3~5 min。然后，用 $Na_2S_2O_3$ 标准溶液滴至溶液呈浅黄色；再加 2 mL 5 $g \cdot L^{-1}$ 淀粉溶液，继续滴至蓝色刚好消失，即为终点。平行滴定3~5份，计算苯酚含量。

五、实验数据记录表格

表 7-7-1　$Na_2S_2O_3$ 溶液的标定

	编号				
	1	2	3	4	5
$c_{KBrO_3\text{-}KBr}/(mol \cdot L^{-1})$					
$V_{KBrO_3\text{-}KBr}/mL$					
$V_{Na_2S_2O_3}/mL$					
$c_{Na_2S_2O_3}/(mol \cdot L^{-1})$					
$\bar{c}_{Na_2S_2O_3}/(mol \cdot L^{-1})$					
$d_r/\%$					
$\bar{d}_r/\%$					

表 7-7-2　苯酚试样的测定

	编号				
	1	2	3	4	5
$m_{苯酚}/g$					
$V_{苯酚}/mL$					
$V_{KBrO_3\text{-}KBr}/mL$					
$V_{Na_2S_2O_3}/mL$					
$w_{苯酚}/\%$					
$\bar{w}_{苯酚}/\%$					
$d_r/\%$					
$\bar{d}_r/\%$					

六、思考题

1. 标定 $Na_2S_2O_3$ 溶液及测定苯酚时,能否用 $Na_2S_2O_3$ 溶液直接滴定 Br_2? 为什么?

2. 该滴定方法的主要误差来源有哪些?

3. 苯酚试样中加入 $KBrO_3$-KBr 溶液后,要用力摇动锥形瓶,其目的是什么?

· 实验八 氧化还原滴定设计实验 ·

1. 注射液中葡萄糖含量的测定

在碱性溶液中,I_2 歧化生成次碘酸根,它能定量地将葡萄糖($C_6H_{12}O_6$)氧化成葡萄糖酸($C_6H_{12}O_7$)。过量的次碘酸根可歧化成 IO_3^- 和 I^-;溶液酸化后,IO_3^- 又与 I^- 作用析出 I_2。用 $Na_2S_2O_3$ 标准溶液滴定析出的 I_2,由此可计算出 $C_6H_{12}O_6$ 的含量。

2. 胱氨酸含量的测定

在酸性溶液中,BrO_3^- 与 Br^- 发生反应生成 Br_2;胱氨酸在强酸性介质中被 Br_2 氧化。待反应完全后,过量的 Br_2 可通过加入过量的 KI 还原,析出的 I_2 再用 $Na_2S_2O_3$ 标准溶液滴定。

3. 水中溶解氧(DO)的测定

水中溶解氧在碱性介质中可将 $Mn(OH)_2$ 氧化为棕色的 $MnO(OH)_2$。后者在酸性介质中溶解并能与 I^- 定量作用产生 I_2,析出的 I_2 则可用 $Na_2S_2O_3$ 标准溶液滴定。

4. 不锈钢中铬含量的测定

不锈钢试样用酸溶解后,铬以三价离子的形式存在,在酸性溶液中以 $AgNO_3$ 作催化剂,用过硫酸铵可将其氧化为 $Cr_2O_7^{2-}$。然后,可用硫酸亚铁铵标准溶液滴定产生的 $Cr_2O_7^{2-}$,从而得知试样中铬的含量。为了检验 Cr^{3+} 是否已被定量地氧化,可在被测溶液中加入少量 Mn^{2+},当溶液中出现 MnO_4^- 的颜色时,表明 Cr^{3+} 已被全部氧化。此时,需再向溶液中加入少量 HCl 溶液,煮沸,以还原所生成的 MnO_4^-。

5. 锰铁合金中锰和铁含量的测定

试样加入 H_3PO_4 和 $HClO_4$,并加热溶解后,其中的铁和锰分别以 Fe^{3+} 和 Mn^{3+} 形式存在。冷却后向试液中加适量蒸馏水,用 $FeSO_4$ 标准溶液滴至溶液呈浅粉色；加几滴二苯胺磺酸钠指示剂，继续用 $FeSO_4$ 标准溶液滴至溶液呈紫色，由此可得知锰的含量。在上述滴过 Mn^{3+} 的溶液中加浓 H_2SO_4，加热近沸，滴加 $SnCl_2$ 溶液至溶液呈浅绿色，过量 2 滴，再加适量蒸馏水和几滴甲基橙指示剂，用 K_2CrO_7 标准溶液滴定铁。

6. HCOOH 与 HAc 混合液中各组分含量的测定

以酚酞为指示剂，用 NaOH 溶液滴定总酸量。在强碱性介质中向试样溶液中加入过量 $KMnO_4$ 标准溶液。此时，甲酸被氧化为 CO_2，MnO_4^- 被还原为 MnO_4^{2-}，并歧化生成 MnO_4^- 及 MnO_2。再加酸，加入过量的 KI 还原过量部分的 MnO_4^- 及歧化生成的 MnO_4^- 和 MnO_2 至 Mn^{2+}，然后用 $Na_2S_2O_3$ 标准溶液滴定析出的 I_2。

7. 含 Mn 和 V 混合试样中 Mn 和 V 含量的测定

试样分解后，将 Mn 和 V 预处理为 Mn^{2+} 和 VO^{2+}，以 $KMnO_4$ 标准溶液滴定。加入 $H_4P_2O_7$，使 Mn^{3+} 形成稳定的焦磷酸盐配合物，继续用 $KMnO_4$ 标准溶液滴定生成的 Mn^{2+} 及原有的 Mn^{2+} 到 Mn^{3+}。根据消耗的 $KMnO_4$ 溶液的体积计算 Mn 和 V 的质量分数。

8. PbO-PbO_2 混合物中各组分含量的测定

加入过量 $H_2C_2O_4$ 标准溶液使 PbO_2 还原为 Pb^{2+}，用氨水中和溶液，Pb^{2+} 定量沉淀为 PbC_2O_4，过滤。滤液酸化后，以 $KMnO_4$ 标准溶液滴定，沉淀以酸溶解后再以 $KMnO_4$ 标准溶液滴定。

9. 含 Cr_2O_3 和 MnO_2 矿石中 Cr 及 Mn 含量的测定

以 Na_2O_2 熔融试样，得到 MnO_4^{2-} 及 CrO_4^{2-}，煮沸除去过氧化物。酸化溶液，MnO_4^{2-} 歧化为 MnO_4^- 和 MnO_2。过滤除去 MnO_2，滤液中加入过量 $FeSO_4$ 标准溶液还原 CrO_4^{2-} 和 MnO_4^-，过量的 $FeSO_4$ 用 $KMnO_4$ 标准溶液滴定。

10. Fe_2O_3 与 Al_2O_3 混合物中 Fe^{3+} 及 Al^{3+} 含量的测定

以酸溶解试样后，将 Fe^{3+} 还原为 Fe^{2+}，用 $K_2Cr_2O_7$ 标准溶液滴定。向试液中加入过量 EDTA 标准溶液，在 pH 为 3~4 时煮沸以配合 Al^{3+}，冷却后加入六亚甲基四胺缓冲溶液，以二甲酚橙为指示剂，用 Zn^{2+} 标准溶液滴定过量的 EDTA。也可以在 pH 为 1 时，以磺基水杨酸为指示剂，用 EDTA 滴定 Fe^{3+}，然后用上述方法测定 Al^{3+}。

11. As_2O_3 与 As_2O_5 混合物中各组分含量的测定

将试样处理为 AsO_3^{3-} 与 AsO_4^{3-} 的溶液，调节溶液为弱碱性，以淀粉为指示剂，用 I_2 标准溶液滴定 AsO_3^{3-} 至溶液呈蓝色，即为终点。再用 HCl 溶液将该溶液调节至酸性，加入过量 KI 溶液，AsO_4^{3-} 将 I^- 氧化为 I_2，用 $Na_2S_2O_3$ 标准溶液滴定析

出的 I_2,直到终点。

12. Na_2S 和 Sb_2S_5 混合物中 S 和 Sb 含量的测定

试样溶解后,经预处理将 Sb(Ⅲ)和 Sb(Ⅴ)全部转化为 SbO_3^{3-},在 $NaHCO_3$ 介质中以 I_2 标准溶液滴定 SbO_3^{3-}。另取一份试样溶于酸,并将释放出的 H_2S 收集于 I_2 标准溶液中,过量的 I_2 用 $Na_2S_2O_3$ 标准溶液滴定。

第8章

沉淀滴定与重量分析实验

· 实验一　莫尔法测定可溶性氯化物中氯含量 ·

一、实验目的

1. 学习 $AgNO_3$ 标准溶液的配制和标定方法。
2. 掌握莫尔法滴定的原理和操作方法。

二、实验原理

某些可溶性氯化物中氯含量的测定可采用莫尔法。此法是在中性或弱碱性溶液中,以 K_2CrO_4 为指示剂,用 $AgNO_3$ 标准溶液进行滴定。由于 AgCl 沉淀的溶解度比 Ag_2CrO_4 的小,因此,溶液中首先析出 AgCl 沉淀。当 AgCl 定量沉淀后,过量的 $AgNO_3$ 溶液即与 CrO_4^{2-} 生成砖红色 Ag_2CrO_4 沉淀,指示达到终点。反应式如下:

$$Ag^+ + Cl^- \longrightarrow AgCl\downarrow(白色) \qquad K_{sp}=1.8\times10^{-10}$$

$$2Ag^+ + CrO_4^{2-} \longrightarrow Ag_2CrO_4\downarrow(砖红色) \qquad K_{sp}=2.0\times10^{-12}$$

滴定必须在中性或弱碱性溶液中进行,最适宜的 pH 范围为 6.5~10.5。如果有铵盐存在,溶液的 pH 须控制在 6.5~7.2。

指示剂的用量对滴定有影响,一般以 $5\times10^{-3}\ mol\cdot L^{-1}$ 为宜(指示剂必须定量加入)。溶液较稀时,须作指示剂的空白校正。凡是能与 Ag^+ 生成难溶性化合物或配合物的阴离子都干扰测定,如 PO_4^{3-}, AsO_4^{3-}, SO_3^{2-}, S^{2-}, CO_3^{2-}, $C_2O_4^{2-}$ 等。其中 H_2S 可加热煮沸除去,SO_3^{2-} 氧化成 SO_4^{2-} 后不再干扰测定。大量 Cu^{2+}, Ni^{2+}, Co^{2+} 等有色离子将影响终点观察。凡是能与 CrO_4^{2-} 指示剂生成难溶化合物的阳离子也干扰测定,如 Ba^{2+}, Pb^{2+} 与 CrO_4^{2-} 分别生成 $BaCrO_4$ 和 $PbCrO_4$ 沉淀。Ba^{2+} 的干扰可通过加入过量的 Na_2SO_4 消除。Al^{3+}, Fe^{3+}, Bi^{3+}, Sn^{4+} 等高价金属离子因在中性或弱碱性溶液中易水解产生沉淀,也会干扰测定。

三、主要试剂和仪器

1. NaCl 基准物质:在 500~600 ℃高温炉中灼烧 0.5 h 后,置于干燥器中冷却。也可将 NaCl 置于带盖的瓷坩埚中,加热,并不断搅拌,待爆炸声停止后,继续加热 15 min，再将瓷坩埚放入干燥器中冷却后使用。

2. $AgNO_3$ 溶液（0.1 $mol\cdot L^{-1}$）：称取 8.5 g $AgNO_3$ 溶解于 500 mL 不含 Cl^- 的蒸馏水中，将溶液转入棕色试剂瓶中，置暗处保存，以防止光照分解。

3. K_2CrO_4 溶液（50 $g\cdot L^{-1}$）。

4. NaCl 试样。

5. $CaCO_3$ 固体。

6. 仪器（略）。

四、实验步骤

1. $AgNO_3$ 溶液的标定

准确称取 1.2～1.6 g NaCl 基准物质于烧杯中，加蒸馏水溶解后，定量转移至 250 mL 容量瓶中，加蒸馏水稀释至刻度，摇匀。

用移液管移取 25.00 mL NaCl 溶液于 250 mL 锥形瓶中，加 25 mL 蒸馏水（沉淀滴定中，为减少沉淀对被测离子的吸附，一般滴定的体积以大些为好，故需加蒸馏水稀释试液），用吸量管加 1 mL 50 $g\cdot L^{-1}$ K_2CrO_4 溶液，在不断摇动下，用待标定的 $AgNO_3$ 溶液滴至溶液呈砖红色，即为终点（银为贵金属，含 AgCl 的废液应回收处理）。平行滴定 3～5 份，根据 $AgNO_3$ 溶液的体积和 NaCl 的质量，计算 $AgNO_3$ 溶液的浓度。

2. 试样分析

准确称取 2 g NaCl 试样于烧杯中，加蒸馏水溶解后，定量转移至 250 mL 容量瓶中，用蒸馏水稀释至刻度，摇匀。

用移液管移取 25.00 mL 试液于 250 mL 锥形瓶中，加 25 mL 蒸馏水，用 1 mL吸量管加 1 mL 50 $g\cdot L^{-1}$ K_2CrO_4 溶液，在不断摇动下，用 $AgNO_3$ 标准溶液滴至溶液刚好呈砖红色，即为终点。平行滴定 3～5 份，计算试样中氯的含量。

3. 空白试验

取 1 mL K_2CrO_4 指示剂溶液，加适量蒸馏水，然后加无 Cl^-的 $CaCO_3$ 固体（相当于滴定时 AgCl 的沉淀量），制成相似于实际滴定的混浊溶液。然后，逐滴加入 $AgNO_3$ 标准溶液，至与上述终点颜色相同为止，记录读数，从滴定试液所消耗的 $AgNO_3$ 标准溶液的体积中扣除此读数。

实验完毕后，将装 $AgNO_3$ 标准溶液的滴定管先用蒸馏水冲洗 2～3 次后，再用自来水洗净，以免 AgCl 残留于管内。

五、实验数据记录表格

表 8-1-1 $AgNO_3$ 溶液的标定

	编号				
	1	2	3	4	5
$m_{NaCl基准}/g$					
$V_{NaCl基准}/mL$					
V_{AgNO_3}/mL					
$c_{AgNO_3}/(mol\cdot L^{-1})$					
$\bar{c}_{AgNO_3}/(mol\cdot L^{-1})$					
$d_r/\%$					
$\bar{d}_r/\%$					

表 8-1-2 氯含量的测定

	编号				
	1	2	3	4	5
$m_{NaCl试样}/g$					
$V_{NaCl试样}/mL$					
V_{AgNO_3}/mL					
$\bar{V}_{AgNO_3}/mL$					
$d_r/\%$					
V_{AgNO_3}(空白值)/mL					
$w_{Cl}/\%$					

六、思考题

1. 莫尔法测定氯含量时,为什么溶液的 pH 应控制在 6.5~10.5?

2. 以 K_2CrO_4 作指示剂时,指示剂浓度过大或过小对测定有何影响?

3. 用莫尔法测定“酸性光亮镀铜液”(主要成分为 $CuSO_4$ 和 H_2SO_4)中的氯含量时,试液应作哪些预处理?[参考《电镀与环保》,1990,10(2):23.]

· 实验二　福尔哈德法测定可溶性氯化物中氯含量 ·

一、实验目的

1. 学习 NH_4SCN 标准溶液的配制和标定方法。

2. 掌握用福尔哈德法测定可溶性氯化物中氯含量的原理。

二、实验原理

在含 Cl^- 的酸性试液中，加入一定量且过量的 Ag^+ 标准溶液，定量生成 AgCl 沉淀后，过量 Ag^+ 以铁铵矾作指示剂，用 NH_4SCN 标准溶液返滴定，由 $[Fe(SCN)]^{2+}$ 配离子的红色来指示滴定终点。反应式如下：

$$Ag^+ + Cl^- \xlongequal{} AgCl\downarrow（白色）\qquad K_{sp} = 1.8\times10^{-10}$$

$$Ag^+ + SCN^- \xlongequal{} AgSCN\downarrow（白色）\qquad K_{sp} = 1.0\times10^{-12}$$

$$Fe^{3+} + SCN^- \xlongequal{} [Fe(SCN)]^{2+}（红色）\qquad K_1 = 138$$

指示剂用量大小对滴定有影响，一般控制 Fe^{3+} 浓度为 0.015 $mol\cdot L^{-1}$ 为宜。滴定时，控制氢离子浓度为 0.1～1 $mol\cdot L^{-1}$，剧烈振荡溶液，并加入硝基苯（有毒）或石油醚保护 AgCl 沉淀，使其与溶液隔开，防止 AgCl 沉淀与 SCN^- 发生置换反应而消耗滴定剂。

能与 SCN^- 生成沉淀或生成配合物，或能氧化 SCN^- 的物质均有干扰。PO_4^{3-}，AsO_4^{3-}，CrO_4^{2-} 等离子，由于酸效应的作用不影响测定。

福尔哈德法常用于直接测定银合金和矿石中银的含量。

三、主要试剂和仪器

1. $AgNO_3$ 溶液（0.1 $mol\cdot L^{-1}$）：配制方法见本章实验一。

2. NH_4SCN 溶液（0.1 $mol\cdot L^{-1}$）：称取 3.8 g NH_4SCN，用 500 mL 蒸馏水溶解后转入试剂瓶中。

3. 铁铵矾指示剂（400 $g\cdot L^{-1}$）。

4. HNO_3 溶液（7 $mol\cdot L^{-1}$）：若含有氮的氧化物而呈黄色时，应煮沸去除氧化物。

5. 硝基苯。
6. NaCl 试样。
7. 仪器(略)。

四、实验步骤

1. $AgNO_3$ 溶液的标定(参见本章实验一)

2. NH_4SCN 溶液的标定

用移液管移取 25.00 mL 0.1 $mol·L^{-1}$ $AgNO_3$ 标准溶液于 250 mL 锥形瓶中,加 5 mL 7 $mol·L^{-1}$ HNO_3 溶液和 1.0 mL 400 $g·L^{-1}$ 铁铵矾指示剂,然后用待标定的 NH_4SCN 溶液滴定。滴定时,剧烈振荡溶液,滴至溶液呈稳定的淡红色,即为终点。平行滴定 3~5 份,计算 NH_4SCN 溶液的浓度。

3. 试样分析

准确称取约 2 g NaCl 试样于 50 mL 烧杯中,加蒸馏水溶解后,定量转移至 250 mL 容量瓶中,加蒸馏水至刻度,摇匀。

用移液管移取 25.00 mL 试液于 250 mL 锥形瓶中,加 25 mL 蒸馏水和 5 mL 7 $mol·L^{-1}$ HNO_3 溶液,用滴定管加 0.1 $mol·L^{-1}$ $AgNO_3$ 标准溶液至过量5~10 mL(加 $AgNO_3$ 标准溶液时,生成白色 AgCl 沉淀,接近计量点时,振荡溶液,再让其静置片刻,使沉淀沉降。然后加几滴 $AgNO_3$ 标准溶液到清液层,如不生成沉淀,说明 $AgNO_3$ 已过量,这时,再多加 5~10 mL $AgNO_3$ 标准溶液即可)。然后,加 2 mL 硝基苯,用橡胶塞塞住瓶口,剧烈振荡 30 s,使 AgCl 沉淀进入硝基苯层而与溶液隔开。再加 1.0 mL 400 $g·L^{-1}$ 铁铵矾指示剂,用 NH_4SCN 标准溶液滴至溶液呈稳定的淡红色,即为终点。平行测定 3~5 份,计算 NaCl 试样中氯的含量。

五、实验数据记录表格

表 8-2-1 $AgNO_3$ 溶液的标定

	编号				
	1	2	3	4	5
$m_{NaCl基准}$/g					
$V_{NaCl基准}$/mL					
V_{AgNO_3}/mL					

续表

	编号				
	1	2	3	4	5
$c_{AgNO_3}/(mol \cdot L^{-1})$					
$\bar{c}_{AgNO_3}/(mol \cdot L^{-1})$					
$d_r/\%$					
$\bar{d}_r/\%$					

表 8-2-2　NH_4SCN 溶液的标定

	编号				
	1	2	3	4	5
V_{AgNO_3}/mL					
V_{NH_4SCN}/mL					
$c_{NH_4SCN}/(mol \cdot L^{-1})$					
$\bar{c}_{NH_4SCN}/(mol \cdot L^{-1})$					
$d_r/\%$					
$\bar{d}_r/\%$					

表 8-2-3　氯含量的测定

	编号				
	1	2	3	4	5
$m_{NaCl试样}/g$					
$V_{NaCl试样}/mL$					
V_{AgNO_3}/mL					
V_{NH_4SCN}/mL					
$w_{Cl}/\%$					
$\bar{w}_{Cl}/\%$					
$d_r/\%$					
$\bar{d}_r/\%$					

六、思考题

1. 福尔哈德法测定氯含量时,为什么要加入石油醚或硝基苯?当用此法测定 Br^-,I^- 含量时,还需加入石油醚或硝基苯吗?

2. 试讨论酸度对福尔哈德法测定卤素离子含量的影响。

3. 本实验溶液为什么用硝酸酸化?可否用盐酸或硫酸酸化?为什么?

· 实验三 可溶性钡盐中钡含量的测定 ·

一、实验目的

1. 学习用重量法测定钡含量的原理和方法。

2. 掌握晶形沉淀的制备、过滤、洗涤、灼烧及恒重等基本操作。

二、实验原理

$BaSO_4$ 重量法既可用于测定 Ba^{2+} 的含量,也可用于测定 SO_4^{2-} 的含量。

称取一定量的 $BaCl_2 \cdot 2H_2O$,以蒸馏水溶解,加稀 HCl 溶液酸化,加热至微沸。在不断搅动下,缓慢加入热的稀 H_2SO_4,Ba^{2+} 与 SO_4^{2-} 反应形成晶形沉淀。沉淀经陈化、过滤、洗涤、烘干、炭化、灰化、灼烧后,以 $BaSO_4$ 形式称量。可求出 $BaCl_2 \cdot 2H_2O$ 中钡的含量。

Ba^{2+} 可生成一系列微溶化合物,如 $BaCO_3$,BaC_2O_4,$BaCrO_4$,$BaHPO_4$,$BaSO_4$ 等,其中以 $BaSO_4$ 溶解度最小,100 mL 溶液中,100 ℃时溶解 0.4 mg,25 ℃时仅溶解 0.25 mg。当有过量沉淀剂存在时,溶解度大为减小,一般可以忽略不计。

$BaSO_4$ 重量法一般在约 0.05 $mol \cdot L^{-1}$ HCl 溶液介质中进行沉淀,这是为了防止产生 $BaCO_3$,$BaHPO_4$,$BaHAsO_4$ 沉淀及生成 $Ba(OH)_2$ 共沉淀。同时,适当提高酸度,增大 $BaSO_4$ 在沉淀过程中的溶解度,可降低其相对过饱和度,有利于获得较好的晶形沉淀。

用 $BaSO_4$ 重量法测定 Ba^{2+} 时,一般用稀 H_2SO_4 作沉淀剂。为了使 Ba^{2+} 沉淀完全,H_2SO_4 必须过量。由于 H_2SO_4 在高温下可挥发除去,沉淀带下的 H_2SO_4 不会引起误差,因此沉淀剂可过量 50% ~ 100%。如果用 $BaSO_4$ 重量法测定 SO_4^{2-},沉淀剂 $BaCl_2$ 只允许过量 20% ~ 30%,因为灼烧时 $BaCl_2$ 不易挥发除去。

$PbSO_4$，$SrSO_4$ 的溶解度均较小，因此 Pb^{2+} 和 Sr^{2+} 对 Ba^{2+} 的测定有干扰。NO^{3-}，ClO_3^-，Cl^- 等阴离子和 K^+，Na^+，Ca^{2+}，Fe^{3+} 等阳离子均可以引起共沉淀现象，故应严格控制沉淀条件，减少共沉淀杂质，以获得纯净的 $BaSO_4$ 晶形沉淀。

三、主要试剂和仪器

1. H_2SO_4 溶液（1 $mol \cdot L^{-1}$，0.1 $mol \cdot L^{-1}$）。
2. HCl 溶液（2 $mol \cdot L^{-1}$）。
3. HNO_3 溶液（2 $mol \cdot L^{-1}$）。
4. $AgNO_3$ 溶液（0.1 $mol \cdot L^{-1}$）。
5. $BaCl_2 \cdot 2H_2O$。
6. 瓷坩埚（25 mL）。
7. 定量滤纸（慢速或中速）。
8. 沉淀帚。
9. 玻璃漏斗。

四、实验步骤

1. 沉淀的制备

准确称取 0.4~0.6 g $BaCl_2 \cdot 2H_2O$ 试样 2 份，分别置于 250 mL 烧杯中，各加约 100 mL 蒸馏水和 3 mL 2 $mol \cdot L^{-1}$ HCl 溶液，搅拌溶解，加热至近沸。

另取 4 mL 1 $mol \cdot L^{-1}$ H_2SO_4 溶液 2 份，分别置于 100 mL 烧杯中，各加 30 mL 蒸馏水，加热至近沸。趁热用小滴管将 2 份 H_2SO_4 溶液分别逐滴加入 2 份热的钡盐溶液中，并用玻璃棒不断搅拌，直至 2 份 H_2SO_4 溶液加完为止。待 $BaSO_4$ 沉淀下沉后，于上层清液中加 1~2 滴 0.1 $mol \cdot L^{-1}$ H_2SO_4 溶液，仔细观察沉淀是否完全。沉淀完全后，盖上表面皿（勿将玻璃棒拿出杯外），放置过夜陈化。也可将沉淀放在水浴或沙浴上，保温 40 min 陈化。

2. 沉淀的过滤和洗涤

用慢速或中速定量滤纸过滤，先倾泻上层清液，再用稀 H_2SO_4 溶液（用 1 mL 1 $mol \cdot L^{-1}$ H_2SO_4 溶液加 100 mL 蒸馏水配成）洗涤沉淀 3~4 次，每次约 10 mL，并将洗涤液倾入漏斗内。然后将沉淀定量转移到滤纸上，用沉淀帚由上到下擦拭烧杯内壁，再用折叠滤纸时撕下的小片滤纸擦拭杯壁，并将此小片滤纸放于漏斗中，继续用稀 H_2SO_4 溶液洗涤 4~6 次，直至洗涤液中不含 Cl^- 为止（检验方法：

用试管收集 2 mL 滤液,加 1 滴 2 mol·L^{-1} HNO_3 溶液酸化,加 2 滴 0.1 mol·L^{-1} $AgNO_3$ 溶液,若无白色混浊产生,表示 Cl^-已洗净)。

3. 空坩埚的恒重

将两只洁净的瓷坩埚放在(800±20)℃的马弗炉中灼烧至恒重。第一次灼烧 40 min,第二次后每次只灼烧 20 min。

4. 沉淀的灼烧和恒重

将折叠好的沉淀滤纸包置于已恒重的瓷坩埚中,经烘干、炭化、灰化[滤纸灰化时空气要充足,否则 $BaSO_4$ 易被滤纸的碳还原为灰黑色的 BaS,反应式为 $BaSO_4+4C \xlongequal{} BaS+4CO\uparrow$,$BaSO_4+4CO \xlongequal{} BaS+4CO_2\uparrow$。如遇此情况,可加 2~3 滴(1+1)$H_2SO_4$ 溶液,小心加热,冒烟后重新灼烧]后,在(800±20)℃(灼烧温度不能太高,如超过 950 ℃,可能有部分 $BaSO_4$ 分解:$BaSO_4 \xlongequal{} BaO+SO_3\uparrow$)的马弗炉中灼烧至恒重。称量,计算 $BaCl_2·2H_2O$ 中钡的含量。

五、实验数据记录表格

表 8-3-1 钡含量的测定

	编号	
	1	2
$m_{BaCl_2·2H_2O试样}$/g		
m_1(空坩埚)/g		
m_2(空坩埚+灼烧后试样)/g		
(m_2-m_1)/g		
w_{Ba}/%		
$\overline{w}_{Ba}$/%		

六、思考题

1. 为什么要在热的稀 HCl 溶液中,不断搅拌的条件下逐滴加入沉淀剂沉淀 $BaSO_4$? HCl 溶液加入太多有何影响?
2. 为什么要在热溶液中沉淀 $BaSO_4$,但要在冷却后过滤?晶形沉淀为何要陈化?
3. 什么叫倾泻法过滤?洗涤沉淀时,为什么用洗涤液或蒸馏水都要少量、多次?
4. 什么叫灼烧至恒重?

实验四 微波干燥恒重重量法测定可溶性钡盐中钡含量

一、实验目的

学习利用微波干燥 $BaSO_4$ 沉淀进行可溶性钡盐中钡含量的重量法测定。

二、实验原理

实验原理及沉淀条件与本章实验三基本相同，但本实验采用微波干燥 $BaSO_4$ 沉淀。这样试样内外同时加热，没有传热过程，加热迅速、均匀，瞬时可达较高温度。同时，设备对环境几乎不辐射热量，可改善工作条件，节省大量时间，结果也有很好的精密度和准确性。

若沉淀中包藏有 H_2SO_4 等高沸点杂质，利用微波干燥 $BaSO_4$ 沉淀过程中杂质难以分解或挥发。因此，对沉淀条件和洗涤操作等的要求更高，主要包括将含 Ba^{2+} 的试液进一步稀释，沉淀剂（H_2SO_4）过量控制在 20%～50% 以内等。

三、主要试剂和仪器

1. 试剂同本章实验三。
2. 微波炉。
3. 循环水真空泵（配抽滤瓶）。
4. G4 砂芯坩埚。

四、实验步骤

1. 沉淀的制备（参见本章实验三）

2. 沉淀的处理

新制备的 $BaSO_4$ 沉淀陈化后，用在微波炉中恒重的 G4 砂芯坩埚减压过滤并洗涤。然后将盛沉淀的坩埚置微波炉内进行干燥（第一次 10 min，第二次 4 min），转入干燥器中冷却至室温（10～15 min），称量。重复操作直至恒重，计算试样中钡的含量。

五、注意事项

1. 洁净的 G4 砂芯坩埚,用循环水真空泵抽 2 min 以除去玻璃砂板微孔中的水分,便于干燥。置于微波炉中,于 500 W(中高温挡)的输出功率下进行干燥,第一次 10 min,第二次 4 min。每次干燥后置于干燥器中冷却 10~15 min(刚放进时留一小缝隙,约 30 s 后再盖严),然后在电子天平上快速称量。要求两次干燥后称量所得质量之差不超过 0.4 mg,即为恒重。

2. 循环水真空泵及微波炉的使用方法与注意事项,由指导教师讲授或参考有关的说明书。

六、实验数据记录表格(参见本章实验三)

七、思考题

1. 微波加热技术在分析化学(如分解试样和烘干试样等)中的应用有哪些优越性?

2. 如何科学合理地进行本实验以充分体现微波加热技术在重量分析中的应用特点?

· 实验五　钢铁中镍含量的测定 ·

一、实验目的

1. 了解丁二酮肟镍沉淀重量法测定镍的原理。

2. 掌握重量法的基本操作。

二、实验原理

丁二酮肟是二元弱酸(以 H_2D 表示),其分子式为 $C_4H_8O_2N_2$,摩尔质量为 116.12 $g \cdot mol^{-1}$,在水中的解离平衡为

$$H_2D \underset{+H^+}{\overset{-H^+}{\rightleftharpoons}} HD^- \underset{+H^+}{\overset{-H^+}{\rightleftharpoons}} D^{2-}$$

研究表明，在氨性溶液中 H_2D 与 Ni^{2+} 发生沉淀反应：

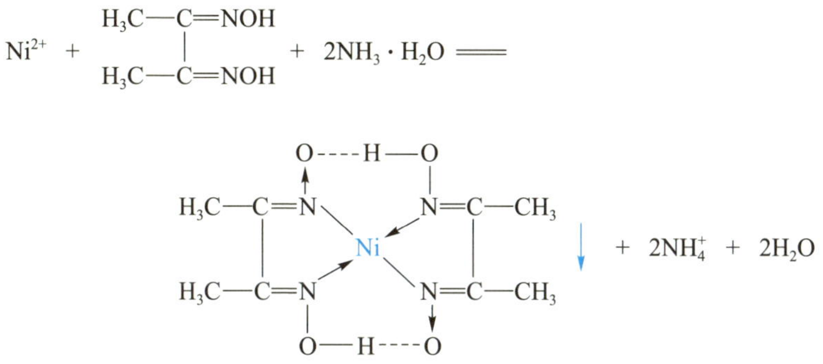

沉淀经过滤、洗涤，在 120 ℃下烘干至恒重，可得丁二酮肟镍沉淀的质量，据此可计算 Ni 的质量分数。

本法沉淀介质是 pH 为 8~9 的氨性溶液。酸度偏大，生成 H_2D，使沉淀溶解度增大；酸度偏小，由于生成 D^{2-}，同样将增加沉淀的溶解度。氨浓度太高，会生成 Ni^{2+} 的氨配合物。

丁二酮肟是一种高选择性的有机沉淀剂，它只与 Ni^{2+}，Pd^{2+}，Fe^{2+} 生成沉淀。Co^{2+}，Cu^{2+} 与其生成水溶性配合物，会消耗 H_2D，且会引起共沉淀现象。因此，当 Co^{2+}，Cu^{2+} 含量高时，最好进行二次沉淀或预先分离。

由于 Fe^{3+}，Al^{3+}，Cr^{3+}，Ti^{4+} 等离子在氨性溶液中生成氢氧化物沉淀，干扰测定。故在向溶液中加氨水前，需加入柠檬酸或酒石酸配位剂，使其生成水溶性的配合物。

三、主要试剂和仪器

1. 混合酸（$HCl + HNO_3 + H_2O$，体积比为 3 ∶ 1 ∶ 2）。
2. 酒石酸或柠檬酸溶液（500 $g \cdot L^{-1}$）。
3. 丁二酮肟乙醇溶液（10 $g \cdot L^{-1}$）。
4. 氨水（7 $mol \cdot L^{-1}$）。
5. HCl 溶液（6 $mol \cdot L^{-1}$）。
6. HNO_3 溶液（2 $mol \cdot L^{-1}$）。
7. $AgNO_3$ 溶液（0.1 $mol \cdot L^{-1}$）。

8. 氨-氯化铵洗涤液:每 100 mL 蒸馏水中加 1 mL 浓氨水和 1 g NH_4Cl。

9. 微氨性的酒石酸溶液(20 $g\cdot L^{-1}$,pH 为 8~9)。

10. 钢铁试样。

11. G4 砂芯坩埚。

四、实验步骤

准确称取钢铁试样(含 Ni 30~80 mg①)2 份,分别置于 500 mL 烧杯中,加 20~40 mL混合酸,盖上表面皿,低温加热溶解后,煮沸除去氮的氧化物②。然后加 5~10 mL 500 $g\cdot L^{-1}$酒石酸溶液(每克试样加 10 mL),在不断搅拌下,滴加 7 $mol\cdot L^{-1}$氨水至溶液 pH 为 8~9,此时溶液转变为蓝绿色。如有不溶物,应将沉淀过滤,并用热的氨-氯化铵洗涤液洗涤沉淀数次(洗涤液与滤液合并)。滤液用 6 $mol\cdot L^{-1}$ HCl 溶液③酸化,用热蒸馏水稀释至约 300 mL。加热至 70~80 ℃④,在不断搅拌下,加 10 $g\cdot L^{-1}$丁二酮肟乙醇溶液沉淀 Ni^{2+}(每毫克 Ni^{2+} 约需 1 mL 10 $g\cdot L^{-1}$丁二酮肟乙醇溶液),最后再多加 20~30 mL。注意,所加试剂的总量不要超过试液体积的 1/3,以免增大沉淀的溶解量。然后在不断搅拌下,滴加 7 $mol\cdot L^{-1}$氨水至溶液 pH 为 8~9。在 60~70 ℃下保温 30~40 min。取下,稍冷后,用已恒重的 G4 砂芯坩埚进行减压过滤,用 20 $g\cdot L^{-1}$微氨性的酒石酸溶液洗涤烧杯和沉淀 5~8 次,再用温热蒸馏水洗涤沉淀至无 Cl^-为止(检验 Cl^-时,可将滤液用 2 $mol\cdot L^{-1}$稀 HNO_3 溶液酸化,用 0.1 $mol\cdot L^{-1}$ $AgNO_3$溶液检验)。将带有沉淀的 G4 砂芯坩埚置于 130~150 ℃烘箱中烘 1 h,冷却后称量。再烘干,冷却,称量,直至恒重为止。根据丁二酮肟镍沉淀的质量,计算试样中镍的含量。

实验完毕,砂芯坩埚用稀 HCl 溶液洗涤干净。

---

① Ni 量要适当,不能过多,否则沉淀过多,操作不便。

② 按我国工业和信息化部标准方法溶解试样时,先用 HCl 溶液溶解后,滴加 HNO_3 氧化,再加 $HClO_4$ 至冒烟,以破坏难溶的碳化物。国际标准法(ISO)则用王水溶解,操作方法更详细。本实验略去 $HClO_4$ 的冒烟操作。

③ 在酸性溶液中加入沉淀剂,再滴加氨水使溶液的 pH 逐渐升高,沉淀随之慢慢析出,这样能得到颗粒较大的沉淀。

④ 溶液温度不宜过高,否则乙醇挥发太多,引起丁二酮肟本身析出,且高温下柠檬酸或酒石酸能部分还原 Fe^{3+} 为 Fe^{2+},对测定有干扰。

五、实验数据记录表格

表 8-5-1　镍含量的测定

	编号	
	1	2
$m_{钢铁试样}$/g		
m_1(空坩埚)/g		
m_2(空坩埚+烘干的试样)/g		
(m_2-m_1)/g		
w_{Ni}/%		
$\bar{w}_{Ni}$/%		
d_r/%		
$\bar{d}_r$/%		

六、思考题

1. 溶解试样时加入 HNO_3 的作用是什么？

2. 为了得到纯净的丁二酮肟镍沉淀，应选择和控制好哪些实验条件？

3. 重量法测定镍含量时，也可将丁二酮肟镍灼烧成氧化镍称量。与本方法相比，哪种方法较好？为什么？

· 实验六　植物或肥料中钾含量的测定 ·

一、实验目的

1. 了解植物及肥料试样溶液的制备方法。

2. 学习以四苯硼钠为沉淀剂测定钾含量的重量法。

二、实验原理

植物或肥料经处理后,取一定量的溶液,加入四苯硼钠试剂,使其产生四苯硼钾沉淀,反应式如下:

$$Na[B(C_6H_5)_4] + K^+ \Longrightarrow K[B(C_6H_5)_4]\downarrow + Na^+$$

所得的 $K[B(C_6H_5)_4]$沉淀具有溶解度小、热稳定性较好等优点。沉淀生成后,经过一系列处理,称量,换算成 K_2O 的质量。此反应在碱性介质中进行,铵离子的干扰可用甲醛掩蔽,金属离子的干扰可用乙二胺四乙酸二钠掩蔽。

三、主要试剂和仪器

1. 甲醛溶液($25\ g\cdot L^{-1}$)。
2. 乙二胺四乙酸二钠溶液($0.1\ mol\cdot L^{-1}$)。
3. 酚酞指示剂($10\ g\cdot L^{-1}$)。
4. NaOH 溶液($20\ g\cdot L^{-1}$)。
5. 四苯硼钾饱和溶液:过滤至清亮为止。
6. 四苯硼钠溶液($0.1\ mol\cdot L^{-1}$):称取 3.3 g 四苯硼钠,溶于 100 mL 蒸馏水中,加 1 g $Al(OH)_3$,搅匀,放置过夜,反复过滤至清亮为止。
7. 浓盐酸。
8. HCl 溶液($2\ mol\cdot L^{-1}$)。
9. HNO_3 溶液($1\ mol\cdot L^{-1}$)。
10. 植物及肥料试样。
11. 仪器(略)。

四、实验步骤

1. 植物或肥料试样溶液的制备

(1) 植物试样溶液的制备　准确称取 1 g 植物试样,置于瓷蒸发皿或瓷坩埚内,在 400~450 ℃高温电炉中灰化 4~5 h(使糖类分解挥发)。让试样冷却至室温,加 15 mL $1\ mol\cdot L^{-1}$ HNO_3 溶液,放在沙浴上蒸发至干,再放进 450 ℃高温电炉中,继续灼烧 20 min,使试样灰化更完全。灼烧完毕后冷却至室温,加10 mL $2\ mol\cdot L^{-1}$ HCl 溶液,转动瓷坩埚使 HCl 溶液充分接触灰分。再加 10 mL 蒸馏水,放在沙浴上温热 20 min（低温加热，不使溶液沸腾），冷却，将瓷坩埚内溶液及不溶物用定量滤纸过滤于 100 mL 容量瓶中。残渣用酸化蒸馏水（1 L 蒸馏水中加 2 mL 浓盐酸）洗涤 5~6 次，洗涤液合并于同一容量瓶中，用蒸馏水稀释至刻度，摇匀，备用。

（2）肥料试样溶液的制备　准确称取约 0.5 g 无机肥料于250 mL烧杯中，加 20~30 mL 蒸馏水和 5~6 滴浓盐酸，盖上表面皿，低温煮沸 10 min。冷却后，将杯内残渣及溶液过滤于 100 mL 容量瓶中，用热蒸馏水洗涤烧杯内壁 5~6 次，滤液转入同一容量瓶中，用蒸馏水稀释至刻度，摇匀，备用。

2. 钾含量的测定

准确移取 10~25 mL 植物或肥料试样溶液（根据试样中钾含量而定）于250 mL 烧杯中，加 5 mL 25 $g\cdot L^{-1}$甲醛溶液和 10 mL 0.1 $mol\cdot L^{-1}$乙二胺四乙酸二钠溶液，搅匀后，加 2 滴酚酞指示剂，用 20 $g\cdot L^{-1}$ NaOH 溶液滴至溶液呈淡红色为止。加热至 40 ℃，逐滴加入 5 mL 0.1 $mol\cdot L^{-1}$四苯硼钠溶液，并搅拌 2~3 min，静置 30 min 后，用已恒重的 G4 砂芯坩埚过滤，用四苯硼钾饱和溶液洗涤 2~3 次，最后用蒸馏水洗涤 3~4次（每次约 5 mL），抽滤至干。将带有沉淀的 G4 砂芯坩埚置于干燥箱（或烘箱）中，120 ℃下干燥 1 h 后放入干燥器中，冷却后称量。再烘干，冷却，称量，直至恒重为止。根据四苯硼钾沉淀的质量，计算植物或肥料试样中 K_2O 的质量分数。

五、实验数据记录表格

表 8-6-1　钾含量的测定

	编号				
	1	2	3	4	5
$m_{含K试样}$/g					
m_1（空坩埚）/g					
m_2（空坩埚+烘干的试样）/g					
(m_2-m_1)/g					
w_{K_2O}/%					
$\bar{w}_{K_2O}$/%					
d_r/%					
$\bar{d}_r$/%					

六、思考题

1. 在加入四苯硼钠溶液之前为什么要加入 NaOH 溶液?
2. 在测定过程中为什么要加入甲醛溶液和乙二胺四乙酸二钠溶液?
3. 为什么要用四苯硼钾饱和溶液洗涤沉淀?

· 实验七 沉淀滴定设计实验 ·

1. 法扬斯(Fajans)法测定氯化物中氯的含量

法扬斯法又称为吸附指示法,它可以测定试样中 Cl^-,Br^-,I^-,SCN^-的含量。AgX(X 代表 Cl^-,Br^-,I^-和 SCN^-)胶体沉淀具有强烈的吸附作用,能选择性地吸附溶液中的离子,首先是构晶离子。对 AgCl 沉淀而言,若溶液中 Cl^-过量,则沉淀表面吸附 Cl^-,使胶粒带负电荷。吸附层中的 Cl^-能吸附溶液中的阳离子(抗衡离子)组成扩散层。相反,当溶液中 Ag^+过量,则沉淀表面吸附 Ag^+,使胶粒带正电荷,而溶液中的阴离子则作为抗衡离子而主要存在于扩散层中。

滴定 Cl^-时,滴定终点可用二氯荧光黄($pK_a=4$)等有机染料来指示。

滴定酸度由指示剂的解离常数 K_a 和 Ag^+的水解酸度决定。应用二氯荧光黄作指示剂时,可在 pH 为 4~10 时进行。但要注意当 pH 太高时,指示剂阴离子浓度较大,会有一些指示剂阴离子与 $AgCl\cdot Cl^-$吸附层中的 Cl^-交换,致使终点颜色变化不明显。

为了保持 AgCl 沉淀尽量呈胶体状态,可加入糊精或聚乙烯醇溶液。

2. 乙酸银溶度积的测定

乙酸银是一种微溶性的电解质,饱和的 AgAc 溶液存在下列平衡:

$$AgAc \rightleftharpoons Ag^+ + Ac^-$$

当温度一定时,其 K_{sp}不随$[Ag^+]$和$[Ac^-]$的变化而改变。因此,测出饱和溶液中 Ag^+和 Ac^-的浓度,即可求出该温度时的 K_{sp}。

本实验可以铁铵矾作指示剂,用 NH_4SCN 标准溶液进行沉淀滴定,测定饱和溶液中 Ag^+的浓度。反应式如下:

$$SCN^- + Ag^+ = AgSCN$$
$$SCN^- + Fe^{3+} = [Fe(SCN)]^{2+}$$

当 Ag^+全部沉淀后,溶液中$[SCN^-]=10^{-6}\ mol\cdot L^{-1}$,而人眼能观察到红色的

$[Fe(SCN)]^{2+}$时，浓度约为 10^{-5} mol·L^{-1}，则要求$[SCN^-]$约为 2×10^{-5} mol·L^{-1}，故在 Ag^+全部转化为 AgSCN 白色沉淀后再过量半滴（约 0.02 mL），以使$[SCN^-]$达到 2×10^{-5} mol·L^{-1}。

AgAc 饱和溶液中$[Ac^-]$的计算方法如下：设 $AgNO_3$ 溶液的浓度为 c_{Ag^+}，NaAc 溶液的浓度为 c_{Ac^-}，$AgNO_3$ 溶液与 NaAc 溶液混合后总体积为 $V_{Ag^+}+V_{Ac^-}$（混合后体积变化忽略不计）。用福尔哈德法测出 AgAc 饱和溶液中的 Ag^+浓度为$[Ag^+]$，则 AgAc 饱和溶液中$[Ac^-]$的浓度为

$$[Ac^-]=\frac{c_{Ac^-}V_{Ac^-}-c_{Ag^+}V_{Ag^+}}{V_{Ac^-}+V_{Ag^+}}+[Ag^+]$$

将测得的$[Ag^+]$与上式计算得到的$[Ac^-]$代入 K_{sp}计算式求得 K_{sp}。

第9章

分光光度法实验

实验一　邻二氮菲分光光度法测定铁的条件试验及配合物组成的测定

一、实验目的

1. 了解分光光度计的结构和使用方法。
2. 学习如何选择吸光光度分析的实验条件。

二、实验原理

在可见光区进行吸光光度测量时,如果被测组分本身颜色很浅或无色,那么就要加显色剂与其反应,生成颜色较深的有色化合物,然后进行测量。显色反应受各种因素的影响,如溶液的酸度、显色剂的用量、有色溶液的稳定性、温度、溶剂、干扰物质等,在什么条件下进行测定需通过实验来确定。本实验将通过邻二氮菲-Fe^{2+}显色反应的几个条件试验,学习如何确定一个光度分析方法的实验条件。

条件试验的简单方法是,变动某实验条件,固定其余条件,测得一系列吸光度值,绘制吸光度-某实验条件的曲线,根据曲线确定某实验条件的适宜值。

三、主要试剂和仪器

1. 铁标准溶液(1.00×10^{-3} $mol\cdot L^{-1}$,0.5 $mol\cdot L^{-1}$ HCl 溶液):准确称取 0.4822 g $NH_4Fe(SO_4)_2\cdot12H_2O$ 于烧杯中,加 80 mL 6 $mol\cdot L^{-1}$ HCl 溶液和适量蒸馏水,溶解后定量转移至 1 L 容量瓶中,用蒸馏水稀释至刻度,摇匀。
2. 邻二氮菲溶液(1.5 $g\cdot L^{-1}$,0.75 $g\cdot L^{-1}$)。
3. 盐酸羟胺($NH_2OH\cdot HCl$)溶液(100 $g\cdot L^{-1}$)。
4. NaAc 溶液(1 $mol\cdot L^{-1}$)。
5. NaOH 溶液(1 $mol\cdot L^{-1}$)。
6. 分光光度计、50 mL 比色管 8 支(或容量瓶 8 个)。

四、实验步骤

1. 吸收曲线的绘制

用吸量管移取 2 mL 1.00×10^{-3} $mol\cdot L^{-1}$铁标准溶液于 50 mL 比色管(或容量

瓶,下同)中,加 1 mL 100 $g \cdot L^{-1}$ 盐酸羟胺溶液,摇匀(原则上每加一种试剂后都要摇匀)。再加 2 mL 1.5 $g \cdot L^{-1}$ 邻二氮菲溶液和 5 mL 1 $mol \cdot L^{-1}$ NaAc 溶液,用蒸馏水稀释至刻度,摇匀。放置 10 min 后,在可见分光光度计上,用 1 cm 比色皿,以蒸馏水为参比溶液,从 450 nm 至 550 nm 每改变 10 nm 测定一次吸光度。然后,绘制 $A-\lambda$ 吸收曲线(若用紫外-可见分光光度计,则在 450~550 nm 自动扫描,测定 $A-\lambda$ 吸收曲线),从吸收曲线上选择测定铁的适宜波长,一般选用最大吸收波长 λ_{max}。

2. 显色剂用量的确定

取 7 支 50 mL 比色管,各加 2 mL 1.00×10^{-3} $mol \cdot L^{-1}$ 铁标准溶液和 1 mL 100 $g \cdot L^{-1}$ 盐酸羟胺溶液,摇匀。再分别加 0.3 mL,0.5 mL,0.8 mL,1.0 mL,1.5 mL,2.0 mL,4.0 mL 1.5 $g \cdot L^{-1}$ 邻二氮菲溶液,然后各加 5 mL 1 $mol \cdot L^{-1}$ NaAc 溶液,用蒸馏水稀释至刻度,摇匀。放置 10 min 后,在可见分光光度计(或紫外-可见分光光度计)上,用 1 cm 比色皿,选择适宜(由步骤 1 所选定的)波长,以蒸馏水为参比溶液,分别测定其吸光度。在坐标纸上以加入的邻二氮菲溶液体积(或浓度)为横坐标,相应的吸光度为纵坐标,绘制 $A-V_{显色剂}$ 曲线,确定测定过程中,应加入的显色剂溶液最佳体积。

3. 溶液酸度的影响

取 8 支 50 mL 比色管,各加 2 mL 1.00×10^{-3} $mol \cdot L^{-1}$ 铁标准溶液和 1 mL 100 $g \cdot L^{-1}$ 盐酸羟胺溶液,摇匀。再各加 2 mL 1.5 $g \cdot L^{-1}$ 邻二氮菲溶液,摇匀。用 5 mL 吸量管分别加 0,0.2 mL,0.5 mL,1 mL,1.5 mL,2 mL,2.5 mL,3 mL 1 $mol \cdot L^{-1}$ NaOH 溶液,用蒸馏水稀释至刻度,摇匀。放置 10 min 后,在选定的波长处,用1 cm比色皿,以蒸馏水为参比溶液,分别测定其吸光度;用精密 pH 试纸测定各溶液的 pH(也可使用酸度计测量)。在坐标纸上以 pH 为横坐标,相应的吸光度为纵坐标,绘制 A-pH 曲线,找出测定铁的适宜 pH 范围。

4. 显色时间的影响

取一支 50 mL 比色管,加 2 mL 1.00×10^{-3} $mol \cdot L^{-1}$ 铁标准溶液和 1 mL 100 $g \cdot L^{-1}$ 盐酸羟胺溶液,摇匀。再加 2 mL 1.5 $g \cdot L^{-1}$ 邻二氮菲溶液和 5 mL 1 $mol \cdot L^{-1}$ NaAc 溶液,用蒸馏水稀释至刻度,摇匀。立即在选定的波长下,用 1 cm 比色皿,以蒸馏水为参比溶液,分别测定其吸光度,然后测量放置 5 min,10 min,15 min,20 min,30 min,60 min,120 min 相应的吸光度。在坐标纸上以时间为横坐标,相应的吸光度为纵坐标,绘制 $A-t$ 曲线,从曲线上观察显色反应完全所需的时间及其稳定性,并确定合适的测量时间。

5. 邻二氮菲与铁的配位比测定(摩尔比法)

取 8 支 50 mL 比色管,各加 2 mL 1.00×10^{-3} $mol \cdot L^{-1}$ 铁标准溶液和1 mL

100 $g\cdot L^{-1}$盐酸羟胺溶液,摇匀。依次加 0.5 mL,1.0 mL,1.5 mL,2.0 mL,2.5 mL,3.0 mL,4.0 mL,5.0 mL 0.75 $g\cdot L^{-1}$邻二氮菲溶液,然后各加 5 mL 1 $mol\cdot L^{-1}$ NaAc 溶液,用蒸馏水稀释至刻度,摇匀。放置 10 min 后,在选定的波长下,用 1 mL 比色皿,以蒸馏水为参比溶液,分别测定其吸光度。以邻二氮菲与铁的浓度比 c_{Phen}/c_{Fe}为横坐标,吸光度 A 为纵坐标作图,根据曲线上前后两部分延长线的交点位置,确定邻二氮菲与铁的配位比。

五、实验数据记录表格

表 9-1-1 吸收曲线的绘制

λ/nm	
A	

注:也可将数据存储到计算机指定的位置,实验完打印吸收曲线。

表 9-1-2 显色剂用量的确定

	编号						
	1	2	3	4	5	6	7
$V_{显色剂}$/mL							
A							

表 9-1-3 溶液酸度的影响

	编号							
	1	2	3	4	5	6	7	8
V_{NaOH}/mL								
pH								
A								

表 9-1-4 显色时间的影响

t/min	
A	

表 9-1-5　邻二氮菲与铁的配位比测定

	编号							
	1	2	3	4	5	6	7	8
$c_{Phen}/(mol \cdot L^{-1})$								
c_{Phen}/c_{Fe}								
A								

六、思考题

1. 本实验中,各种试剂溶液的量取,采用何种量器较为合适?为什么?

2. 本实验中,盐酸羟胺的作用是什么?乙酸钠呢?如果测定混合铁盐中的亚铁含量,需要加入盐酸羟胺吗?

3. 根据条件试验,邻二氮菲分光光度法测定铁时,需控制哪些反应条件?

4. 为什么本实验可以采用蒸馏水作参比溶液?

· 实验二　邻二氮菲分光光度法测定微量铁 ·

一、实验目的

1. 掌握分光光度计的使用方法。

2. 掌握用分光光度法测定铁的原理及方法。

二、实验原理

用分光光度法测定铁,显色剂种类比较多,有邻二氮菲及其衍生物、磺基水杨酸、硫氰酸盐和 5-Br-PADAP 等。邻二氮菲分光光度法测定铁,由于灵敏度较高,稳定性好,干扰容易消除,因而是目前普遍采用的一种测定方法。

在 pH 为 2~9 的溶液中,邻二氮菲与 Fe^{2+} 反应生成稳定的橙红色配合物:

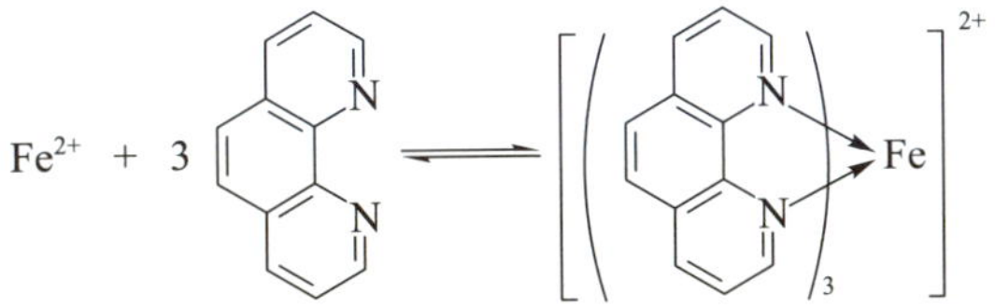

其 $\lg\beta_3 = 21.3$,摩尔吸收系数 $\varepsilon_{508} = 1.1\times10^4\ L\cdot mol^{-1}\cdot cm^{-1}$。如果铁为三价状态,可用盐酸羟胺还原:

$$2Fe^{3+} + 2NH_2OH = 2Fe^{2+} + 2H^+ + N_2\uparrow + 2H_2O$$

邻二氮菲还能与许多金属离子形成配合物,其中有些是较稳定的(如 Cu^{2+},Co^{2+},Ni^{2+},Cd^{2+},Hg^{2+},Mn^{2+},Zn^{2+}等),有些还呈现出某种颜色(如 Cu^{2+},Co^{2+},Ni^{2+}等)。当这些离子少量存在时,加入足够过量的邻二氮菲,便不会影响 Fe^{2+}的测定;当这些离子大量存在时,可用 EDTA 等掩蔽或预先分离。但 Cu^+与邻二氮菲反应生成稳定的橙红色配合物,干扰 Fe^{2+}的测定。

三、主要试剂和仪器

1. 铁标准溶液($100\ \mu g\cdot mL^{-1}$):准确称取 0.8634 g $NH_4Fe(SO_4)_2\cdot12H_2O$ 于烧杯中,加 20 mL 6 $mol\cdot L^{-1}$ HCl 溶液和适量蒸馏水,溶解后定量转移至 1 L 容量瓶中,用蒸馏水稀释至刻度,摇匀。
2. 邻二氮菲溶液($1.5\ g\cdot L^{-1}$)。
3. 盐酸羟胺($NH_2OH\cdot HCl$)溶液($100\ g\cdot L^{-1}$)。
4. NaAc 溶液($1\ mol\cdot L^{-1}$)。
5. HCl 溶液($6\ mol\cdot L^{-1}$)。
6. 含铁试液。
7. 分光光度计、50 mL 比色管 7 支(或容量瓶 7 个)。

四、实验步骤

1. 标准曲线的绘制

用移液管移取 10 mL 100 $\mu g\cdot mL^{-1}$铁标准溶液于 100 mL 容量瓶中,用 10 mL 量筒加 2 mL 6 $mol\cdot L^{-1}$ HCl 溶液,用蒸馏水稀释至刻度,摇匀。此溶液铁的质量浓度为 10 $\mu g\cdot mL^{-1}$。

在 6 支 50 mL 比色管中,用 10 mL 吸量管分别加 0,2.0 mL,4.0 mL,6.0 mL,8.0 mL,10.0 mL 10 $\mu g\cdot mL^{-1}$铁标准溶液,各加 1 mL 100 $g\cdot L^{-1}$盐酸羟胺溶液,摇匀(原则上每加一种试剂都要摇匀)。再加 2 mL 1.5 $g\cdot L^{-1}$的邻二氮菲溶液和 5 mL 1 $mol\cdot L^{-1}$NaAc 溶液,用蒸馏水稀释至刻度,摇匀。放置10 min后,以试剂空白为参比,在 510 nm 或所选波长处,用 1 cm 比色皿,同时测定各溶液的吸光度,绘制标准曲线(即 c-A 曲线)。或在紫外-可见分光光度计上,用 1 cm 比色皿，同时测定各溶液的吸光度，观察所显示的标准曲线。将数据存储到计算机指定的位置，实验完打印标准曲线。

2. 试液中铁含量的测定（可与测定标准曲线同时进行）

准确移取 5.0 mL 试液（如水样或工业盐酸、石灰石及蜂蜜试样制备液等）3 份，分别置于 50 mL 比色管中，各加 1 mL 100 $g \cdot L^{-1}$ 盐酸羟胺，摇匀。再加 2 mL 1.5 $g \cdot L^{-1}$ 邻二氮菲溶液和 5 mL 1 $mol \cdot L^{-1}$ NaAc 溶液，用蒸馏水稀释至刻度，摇匀。放置 10 min 后，以步骤 1 的试剂空白为参比，在 510 nm 或所选波长处，用 1 cm比色皿，测定各溶液的吸光度。根据吸光度确定相应的铁含量①。记录相应的铁含量，计算试液中铁的质量浓度（以 $\mu g \cdot mL^{-1}$ 表示）。

五、实验数据记录表格

表 9-2-1　标准曲线的绘制

	编号					
	1	2	3	4	5	6
$\rho_{Fe}/(\mu g \cdot mL^{-1})$						
A						

表 9-2-2　试液中铁含量的测定

	编号		
	1	2	3
A			
$\rho_{Fe}/(\mu g \cdot mL^{-1})$			
$d_r/\%$			

六、思考题

1. 邻二氮菲分光光度法测定微量铁的反应条件是什么？
2. 本实验用试剂空白作参比，是不是所有吸光光度分析中都以试剂空白作参比？
3. 根据实验结果，计算 Fe^{2+}-邻二氮菲配合物的摩尔吸收系数。

① 有些仪器有计算功能，可直接从仪器上读出结果。

4. 怎样用分光光度法测定水样中全铁(总铁)和亚铁的含量?
5. 分光光度法实验的定量依据与容量分析法及重量分析法有何异同点?

实验三 茜素红 S 催化动力学光度法测定微量铜

一、实验目的

1. 学习催化动力学光度法测定微量铜的原理和方法。
2. 进一步熟悉分光光度计的操作。

二、实验原理

铜是人体必需微量元素之一,对维持正常生命活动发挥重要作用。正常成人体内含铜总量为 100~200 mg,主要存在于肌肉、骨骼、肝和血液中。当人体铜摄入量不足时可引起铜缺乏病症,如白癜风、少白头等。但铜摄入过量却又会造成中毒,包括急性铜中毒、肝豆状核变性等。由于催化动力学光度法具有灵敏度高、检出限低、选择性好、方法简单等优点,因此近年来采用催化动力学光度法测定微量铜的研究颇为活跃,国内外已有不少报道。但应用茜素红 S 作指示剂测定铜的催化动力学光度法报道不多。

在无催化剂的条件下,茜素红 S 与 H_2O_2 发生的氧化还原反应进行缓慢,茜素红 S 溶液褪色不明显。当加入微量 Cu(Ⅱ)后,茜素红 S 溶液的褪色加快,催化体系和非催化体系的吸光度差异明显。进一步加入邻二氮菲作活化剂后,催化体系和非催化体系的吸光度对比更加明显。因此,在 pH 为 5.0 的柠檬酸-柠檬酸钠缓冲溶液中,以邻二氮菲为活化剂,由微量 Cu(Ⅱ)对 H_2O_2氧化茜素红 S 褪色反应的催化作用而建立的测定微量 Cu(Ⅱ)的催化动力学光度法,能应用于废水及茶叶中微量铜的测定。

当允许相对误差在±5%以内时,下列共存离子(倍量)不干扰测定:K^+,Na^+,Ca^{2+},NO_3^-,F^-,Cl^-,NH_4^+(1000);Mg^{2+}(500);I^-,Al^{3+}(250),Pb^{2+},Ba^{2+},Ni^{2+},Cd^{2+},Cr^{3+}(100);Mo^{6+},$Cr_2O_7^{2-}$(50);Fe^{3+}(10)。其中,Fe^{3+}存在较大的干扰,通过加入少量磷酸钠,100 倍量的 Fe^{3+}则不干扰。

三、主要试剂和仪器

1. Cu(Ⅱ)标准溶液:先配制 100 $\mu g \cdot mL^{-1}$ 的储备液,使用时再稀释成

10 μg·mL^{-1}的工作液。

2. 茜素红 S 溶液（2.0×10^{-3} mol·L^{-1}）。

3. H_2O_2 溶液（90 g·L^{-1}）：即配即用。

4. 邻二氮菲溶液（3.0×10^{-3} mol·L^{-1}）。

5. 柠檬酸-柠檬酸钠缓冲溶液（pH = 5.0）。

6. EDTA 溶液（0.05 mol·L^{-1}）。

7. 废水试样。

8. 分光光度计，6 支 10 mL 比色管。

9. 电热恒温水槽。

四、实验步骤

1. 标准曲线的绘制

于 6 支 10 mL 比色管中分别依次加 0.6 mL 2.0×10^{-3} mol·L^{-1}茜素红 S 溶液、2.2 mL pH 为 5.0 的柠檬酸-柠檬酸钠缓冲溶液、0.8 mL 3.0×10^{-3} mol·L^{-1}邻二氮菲溶液和 0.9 mL 90 g·L^{-1} H_2O_2 溶液。然后再分别加 0，0.20 mL，0.40 mL，0.80 mL，1.00 mL，1.20 mL 10 μg·mL^{-1} Cu(Ⅱ)工作液，摇匀，用蒸馏水稀释至刻度。于 90 ℃恒温水浴中加热 15 min 后，取出，用冰水冷却 10 min，向每支比色管中加 0.2 mL 0.05 mol·L^{-1}EDTA 溶液。用 1 cm 比色皿，于 423 nm 处，以蒸馏水作参比溶液，分别测定催化反应溶液和非催化反应溶液的吸光度 A 和 A_0，计算 $\lg(A_0/A)$值。绘制 $\lg(A_0/A)$对 Cu(Ⅱ)质量浓度的标准曲线。

2. 废水中铜含量的测定

取一定量废水试样（含铜小于 8 μg），分别置于 6 支 10 mL 比色管中，各依次加 0.6 mL 2.0×10^{-3} mol·L^{-1}茜素红 S 溶液、2.2 mL pH 为 5.0 的柠檬酸-柠檬酸钠缓冲溶液、0.8 mL 3.0×10^{-3} mol·L^{-1}邻二氮菲溶液和 0.9 mL 90 g·L^{-1} H_2O_2 溶液，摇匀，用蒸馏水稀释至刻度。于 90 ℃恒温水浴中加热 15 min 后，取出，用冰水冷却 10 min，向每支比色管中加 0.2 mL 0.05 mol·L^{-1}EDTA 溶液。用 1 cm 比色皿，于 423 nm 处，以蒸馏水作参比溶液，分别测定催化反应溶液和非催化反应溶液的吸光度 A 和 A_0，计算 $\lg(A_0/A)$值。通过绘制的工作曲线，计算废水试样中铜的含量（以 mg·L^{-1}表示）。

五、实验数据记录表格

表 9-3-1　标准曲线的绘制

	编号					
	1	2	3	4	5	6
$\rho_{Cu}/(mg\cdot L^{-1})$						
A_0(非催化)						
A(催化)						
$\lg(A_0/A)$						

表 9-3-2　废水中铜含量的测定

	编号					
	1	2	3	4	5	6
$V_{水样}/mL$						
A_0(非催化)						
A(催化)						
$\lg(A_0/A)$						
$\rho_{Cu}/(mg\cdot L^{-1})$						
$\bar{\rho}_{Cu}/(mg\cdot L^{-1})$						
$d_r/\%$						

六、思考题

1. 试述本实验测定铜的基本原理。
2. 分光光度法中测定波长的选取原则是什么？本实验中,如何选择测定波长？
3. 本实验中,各种试剂的加入顺序是否可以任意改变,如何确定？

七、参考文献

· 实验四　磷钼蓝分光光度法测定生(铸)铁、钢铁中磷含量 ·

一、实验目的

1. 了解磷钼蓝吸光光度法测定磷含量的原理及方法。
2. 熟悉钢样的处理方法。

二、实验原理

钢铁中的磷由原料引入,主要以固熔体磷化物(Fe_2P 或 Fe_3P)状态存在。钢中含磷量高于 0.1%时便产生冷脆现象,钢的抗冲击性能降低,影响钢的锻接。因此,磷在钢铁中是作为有害元素存在的。一般钢种中把磷含量限制在 0.06%以下,偶尔有高至0.1%以上的;优质钢的含磷量在0.04%或0.03%以下。炼钢的生铁中含磷量要求少于 0.3%。

在测定磷的所有方法中,试样都用氧化性酸溶解,将磷氧化为正磷酸,用钼酸铵与其反应生成磷钼杂多酸配合物,然后用不同的方法测定磷含量。常用的测定方法有重量法、容量法和吸光光度法。由于钢样中磷含量较低,大都是将磷转变为磷钼蓝杂多酸配合物进行光度测定。钢样用氧化性酸溶解,磷生成正磷酸和少量偏磷酸及亚磷酸:

$$3Fe_3P + 41HNO_3 \xlongequal{} 3H_3PO_4 + 9Fe(NO_3)_3 + 14NO\uparrow + 16H_2O$$

$$3Fe_3P + 41HNO_3 \xlongequal{} 3HPO_3 + 9Fe(NO_3)_3 + 14NO\uparrow + 19H_2O$$

$$Fe_3P + 13HNO_3 \xlongequal{} H_3PO_3 + 3Fe(NO_3)_3 + 4NO\uparrow + 5H_2O$$

在煮沸过程中,偏磷酸能逐渐转变成正磷酸。由于亚磷酸不与钼酸铵生成磷钼杂多酸,必须用过硫酸铵或高锰酸钾把可能生成的亚磷酸氧化为正磷酸:

$$H_3PO_3 + (NH_4)_2S_2O_8 + 2HNO_3 + H_2O \xlongequal{} H_3PO_4 + 2NH_4NO_3 + 2H_2SO_4$$

$$5H_3PO_3 + 2KMnO_4 + 6HNO_3 \xlongequal{} 5H_3PO_4 + 2KNO_3 + 2Mn(NO_3)_2 + 3H_2O$$

氧化过程中,若有 MnO_2 生成,须用过氧化氢或亚硝酸钠将其还原。

在一定酸度及一定温度下,加入钼酸铵,则磷酸和钼酸作用生成黄色磷钼杂多酸配合物——磷钼黄:

$$H_3PO_4 + 12H_2MoO_4 \xlongequal{} H_3[PMo_{12}O_{40}] + 12H_2O$$

然后用还原剂如 $SnCl_2$或抗坏血酸还原磷钼杂多酸配合物分子中的部分配位钼

原子,生成磷钼蓝配合物。一般认为,磷钼蓝配合物的组成可能为 $H_3PO_4 \cdot 10MoO_3 \cdot Mo_2O_5$ 或 $H_3PO_4 \cdot 8MoO_3 \cdot 2Mo_2O_5$。

磷钼蓝配合物的蓝色深度和磷含量成正比,可以在 680 nm 波长处用光度法测定磷含量。

三、主要试剂和仪器

1. $H_2SO_4-HNO_3$ 混合酸:在不断搅拌下于 800 mL 蒸馏水中加入 50 mL 浓 H_2SO_4,冷却后加 8 mL 浓 HNO_3,然后用蒸馏水稀释至 1000 mL,摇匀。
2. 过硫酸铵 $(NH_4)_2S_2O_8$(固体)。
3. H_2O_2 溶液(30 $g \cdot L^{-1}$):取 1 份 30% H_2O_2 溶液与 9 份蒸馏水混合。
4. 硫代硫酸钠 $Na_2S_2O_3$ 溶液(100 $g \cdot L^{-1}$)。
5. 抗坏血酸溶液(10 $g \cdot L^{-1}$)。
6. 硝酸铋 $Bi(NO_3)_3$ 溶液(3 $g \cdot L^{-1}$):于 100 mL 蒸馏水中加入 4 mL 浓 H_2SO_4,然后加入 0.3 g 硝酸铋(或 0.5 g 水合硝酸铋),搅拌溶解。
7. 钼酸铵 $(NH_4)_2MoO_4$ 溶液(2.5 $g \cdot L^{-1}$)。
8. 钢试样。
9. 仪器(略)。

四、实验步骤

1. 钢试样溶解

准确称取 0.2000 g 钢试样于 150 mL 锥形瓶(或烧杯,盖上表面皿)中,加 2~3 g过硫酸铵,45 mL $H_2SO_4-HNO_3$ 混合酸,小火加热溶解。如有 MnO_2 析出或溶液呈褐色,滴加 30 $g \cdot L^{-1}$ H_2O_2 溶液至高价锰恰好还原,煮沸 1 min 使 H_2O_2 分解。冷却至室温,转移至 100 mL 容量瓶中,用蒸馏水稀释至刻度,摇匀。如有沉淀,可进行干过滤,弃去开始流出的滤液约 10 mL,以后收集的滤液作为测定磷含量的试液。

2. 钢样中磷含量的测定

准确移取 10.00 mL 上述试液于 100 mL 容量瓶中,依次加入 3 滴 100 $g \cdot L^{-1}$ 硫代硫酸钠溶液、5 mL 10 $g \cdot L^{-1}$ 抗坏血酸溶液①、5 mL 3 $g \cdot L^{-1}$ 硝酸铋溶液②和

---

① 加入硫代硫酸钠溶液将 AsO_4^{3-} 还原为低价态,消除砷的干扰:$AsO_4^{3-} + 2S_2O_3^{2-} + 10H^+ = As^{3+} + H_2S_4O_6 + 4H_2O$。在抗坏血酸同时存在下,上述还原效果更好,因此提前加入抗坏血酸。

② 硝酸铋为催化剂,它催化磷钼黄的形成。

20 mL 2.5 $g \cdot L^{-1}$ 钼酸铵溶液。5 min 后，用 1 cm 比色皿，在 680 nm 波长处，以蒸馏水为参比进行测定，根据工作曲线，计算磷的质量分数。

3. 标准曲线的制作

称取 0.2000 g 不同含磷量的标准钢试样①，按上述操作方法溶解试样并进行测定，以吸光度对标准钢试样的磷质量分数作图，绘制标准曲线。

五、实验数据记录表格

表 9-4-1　标准曲线的绘制及钢试样中磷含量的测定

	编号						
	1	2	3	4	5	6	钢样试液
$\rho_P/(mg \cdot L^{-1})$							
A							
$w_P/\%$							

六、思考题

1. 溶解试样时要用硝酸或硫酸-硝酸混合酸，能否用盐酸，为什么？
2. 硫代硫酸钠、抗坏血酸及硝酸铋的作用是什么？
3. 用不同含磷量的标准钢样作标准曲线有什么好处？

七、参考文献

① 若没有不同含磷量的标准钢试样，则可采用一含磷量较高的标样先配制成贮备液，使用时再稀释成所需不同磷含量的系列工作液。

第10章

常用的分离富集方法实验

实验一　萃取分离-分光光度法测定环境水样中微量铅

一、实验目的

1. 掌握萃取分离的基本操作。

2. 了解双硫腙(又称二苯硫腙)萃取分光光度法测定环境水样中微量铅的原理和方法。

二、实验原理

铅是一种积累性毒物,易被肠胃吸收,通过血液影响酶和细胞的新陈代谢。过量铅的摄入将严重影响人体健康,其主要毒害效应为引起贫血、神经机能失调和肾损伤。我国《生活饮用水卫生标准》规定,生活饮用水中含铅量不能超过 $0.01\ mg\cdot L^{-1}$。因此,铅在环境中的含量,特别是环境水样中的含量,是环境监测控制的一个重要指标。

现行国家环境标准监测方法中规定水质铅的测定有原子吸收法和双硫腙萃取分光光度法。双硫腙萃取分光光度法经萃取分离富集,选择性和灵敏度较高。该分析方法的原理如下:在 pH 为 8.5~9.5 的氨性柠檬酸盐-氰化物-盐酸羟胺还原性介质中,铅与双硫腙形成淡红色双硫腙螯合物:

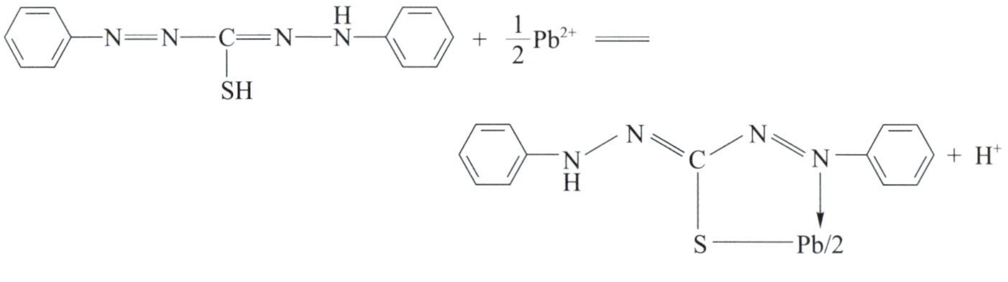

该螯合物可被三氯甲烷(或四氯化碳)等有机相萃取,其最大吸收波长为 510 nm,摩尔吸收系数为 $6.7\times10^4\ L\cdot mol^{-1}\cdot cm^{-1}$。试样溶液中加入盐酸羟胺,还原 Fe^{3+} 及可能存在的其他氧化性物质,防止双硫腙被氧化;加入氰化物掩蔽 Ag^+,Hg^{2+},Cu^{2+},Zn^{2+},Cd^{2+},Ni^{2+},Co^{2+} 等;加入柠檬酸盐与 Al^{3+},Cr^{3+},Fe^{3+},Ca^{2+},Mg^{2+} 等配位,防止它们在碱性溶液中水解沉淀。本法适于测定地表水和废水中微量铅。

三、主要试剂和仪器

1. 铅标准溶液（2.0 μg·mL^{-1}）：准确称取 0.1599 g $Pb(NO_3)_2$（纯度≥99.5%），溶于约 200 mL 去离子水中，加 10 mL 浓 HNO_3，定量转移至 1000 mL 容量瓶中，用蒸馏水稀释至刻度，此溶液含铅 100.0 μg·mL^{-1}。移取 10.00 mL 此溶液于 500 mL容量瓶中，用蒸馏水稀释至刻度，摇匀。

2. 双硫腙贮备液（0.1 g·L^{-1}）：称取 0.1000 g 双硫腙，溶于 1 000 mL 三氯甲烷中，贮存于棕色瓶，放置于冰箱内备用①。

3. 双硫腙工作液（0.04 g·L^{-1}）：移取 100 mL 双硫腙贮备液于 250 mL 容量瓶中，用三氯甲烷稀释至刻度。

4. 双硫腙专用液：将 250 mg 双硫腙溶于 250 mL 三氯甲烷中，此溶液不必纯化，专用于萃取提纯试剂。

5. 柠檬酸盐-氰化钾还原性氨性溶液：将 100 g 柠檬酸氢二铵，5 g 无水 Na_2SO_3，2.5 g 盐酸羟胺和 10 g KCN（注意剧毒！）溶于蒸馏水中，用蒸馏水稀释至 250 mL，加 500 mL 氨水混合②。

6. 浓 HNO_3。

7. 浓 $HClO_4$。

8. HNO_3 溶液（0.03 mol·L^{-1}，3 mol·L^{-1}）。

9. 环境水样。

10. 分光光度计、250 mL 分液漏斗。

四、实验步骤

1. 水样预处理

洁净程度高的水（如不含悬浮物的地下水、清洁地面水）可直接测定，其他情况预处理过程如下：

（1）混浊的地面水　取 250 mL 水样，加 2.5 mL 浓 HNO_3，于电热板上微沸

---

① 双硫腙试剂不纯时应提纯。称取 0.5 g 双硫腙，溶于 100 mL 三氯甲烷中，滤去不溶物，滤液置于 250 mL 分液漏斗中，每次用 20 mL（1+100）氨水萃取，此时杂质留于有机相，双硫腙进入水相，放出水相，重复提取 5 次。合并水相，然后用 6 mol·L^{-1}HCl 溶液中和至 pH 为 3～5，再用 250 mL 三氯甲烷分 3 次萃取，合并三氯甲烷，此时双硫腙进入有机相。贮存于棕色瓶，保存于冰箱内。

② 若此溶液含有微量铅，应用双硫腙专用液萃取，直至有机相为绿色，再用三氯甲烷萃取 2～3 次，除去残留于水相中的双硫腙。

消解 10 min,冷却后用快速滤纸滤入 250 mL 容量瓶中,滤纸用 0.03 mol·L^{-1} HNO_3 溶液洗涤数次,并稀释至容量瓶刻度。

(2) 含悬浮物和有机物较多的水样　取 250 mL 水样,加 10 mL 浓 HNO_3,煮沸消解至 10 mL 左右,稍冷却,补加 10 mL 浓 HNO_3 和 4 mL 浓 $HClO_4$,继续消解蒸至近干。冷却后用 0.03 mol·L^{-1}温热 HNO_3 溶液溶解残渣,冷却后用快速滤纸滤入 250 mL 容量瓶中,用 0.03 mol·L^{-1} HNO_3 溶液洗涤滤纸数次并定容至 250 mL。

2. 标准曲线的绘制

在 8 只 250 mL 分液漏斗中分别加 0,0.50 mL,1.00 mL,5.00 mL,7.50 mL,10.00 mL,12.50 mL,15.00 mL 铅标准溶液,补加去离子水至 100 mL,加 10 mL 3 mol·L^{-1} HNO_3 溶液和 50 mL 柠檬酸盐-氰化钾还原性氨性溶液,混匀。再加 10.00 mL 双硫腙工作液,塞紧后剧烈振荡 30 s,静置分层。在分液漏斗的颈管内塞入一团无铅脱脂棉,放出下层有机相,弃去前面 1~2 mL 流出液后,将有机相注入 1 cm 比色皿中,以三氯甲烷为参比,在 510 nm 波长处测定吸光度①,以铅含量为横坐标(单位 μg),吸光度为纵坐标绘制标准曲线。

3. 环境水样中铅含量的测定

准确量取适量按步骤 1 预处理后的环境水样于 250 mL 分液漏斗中,用去离子水补充至 100 mL 后,按标准曲线绘制步骤(步骤 2)进行测定。

由标准曲线计算得到铅含量(μg),根据环境水样的体积计算出环境水样中铅的质量浓度(μg·L^{-1})②。

五、实验数据记录表格

表 10-1-1　标准曲线的绘制及水样中铅含量的测定

	编号								
	1	2	3	4	5	6	7	8	水样
铅含量/μg									
A									
ρ_{Pb}/(μg·L^{-1})									

① 若试剂未经提纯,应以试剂空白作参比,即用无铅水代替水样,其他试剂用量相同,按实验步骤进行测定。

② 本法测定铅含量时,有 0.1 mg 下列离子存在时不干扰:银、汞、铋、铜、锌、砷、锑、锡、铝、铁、镍、钴、铬、锰、碱土金属等离子。

六、思考题

1. 为什么用分光光度法测定环境水样中的铅含量要采用萃取分离,而测定矿样中的铅可以不用?

2. 双硫腙工作液是否需要准确加入? 为什么?

3. 水样预处理的目的是什么?

七、参考文献

· 实验二　钴、镍的离子交换分离及配位滴定法测定 ·

一、实验目的

1. 学习离子交换分离的操作方法(包括树脂预处理、装柱、交换和淋洗)。

2. 了解离子交换分离在定量分析中的应用。

3. 学习钴和镍的配位滴定方法。

二、实验原理

某些金属离子如 Mn^{2+},Co^{2+},Cu^{2+},Fe^{2+},Zn^{2+}在浓盐酸中能形成氯配阴离子,而 Ni^{2+}则不形成氯配阴离子。由于各种金属配阴离子稳定性不同,生成配阴离子所需的 Cl^-浓度也就不同,因而它们进入阴离子交换柱后,可通过控制不同 HCl 溶液浓度进行洗脱而达到分离目的。

本实验进行钴、镍分离。当试液中 HCl 溶液浓度为 9 $mol\cdot L^{-1}$时,Ni^{2+}仍带正电荷,不被交换吸附,而 Co^{2+}形成 $CoCl_4^{2-}$,能被阴离子交换柱吸附,交换反应为

$$2R_4N^+Cl^- + CoCl_4^{2-} \rightleftharpoons (R_4N^+)_2CoCl_4^{2-} + 2Cl^-$$

交换柱上呈现钴的蓝色带。因此,用 9 $mol\cdot L^{-1}$ HCl 溶液洗脱,Ni^{2+}首先流出柱,

流出液呈淡黄色。接着用 0.01 mol·L^{-1} HCl 溶液洗脱,$CoCl_4^{2-}$ 转变成 Co^{2+} 被洗出柱。然后,可分别用 EDTA 标准溶液滴定流出液中钴和镍的含量。

三、主要试剂和仪器

1. 镍标准溶液(10 mg·L^{-1}):准确称取 4.048 g 分析纯 $NiCl_2·6H_2O$ 试剂,用 30 mL 2 mol·L^{-1} HCl 溶液溶解,定量转移至 100 mL 容量瓶中,用 2 mol·L^{-1} HCl 溶液稀释至刻度,摇匀。

2. 钴标准溶液(10 mg·L^{-1}):准确称取 4.036 g 分析纯 $CoCl_2·6H_2O$ 试剂,用 30 mL 2 mol·L^{-1} HCl 溶液溶解,定量转移至 100 mL 容量瓶中,用 2 mol·L^{-1} HCl 溶液稀释至刻度,摇匀。

3. 锌标准溶液(0.02 mol·L^{-1}):准确称取 0.3~0.4 g 纯锌片于 150 mL 烧杯中,加 5 mL 6 mol·L^{-1} HCl 溶液,立即盖上表面皿,微热,待锌片完全溶解后,以少量蒸馏水冲洗表面皿和烧杯内壁,适当稀释后定量转移至 250 mL 容量瓶中,用蒸馏水稀释至刻度,摇匀,计算其准确浓度。

4. EDTA 标准溶液(0.025 mol·L^{-1}):以 Zn 为基准物质标定 EDTA 溶液的准确浓度。

5. 二甲酚橙指示剂(2 g·L^{-1})。

6. 六亚甲基四胺溶液(200 g·L^{-1}):用 2 mol·L^{-1}HCl 溶液调至 pH 为 5.8。

7. HCl 溶液(9 mol·L^{-1},6 mol·L^{-1},2 mol·L^{-1},0.01 mol·L^{-1})。

8. 浓盐酸。

9. NaOH 溶液(6 mol·L^{-1},2 mol·L^{-1})。

10. 酚酞指示剂(2 g·L^{-1},乙醇溶液)。

11. 定性鉴定用试剂:丁二酮肟乙醇溶液(10 g·L^{-1})、饱和 NH_4SCN 溶液、戊醇、浓氨水。

12. 离子交换柱(可用 25.00 mL 酸式滴定管代替)。

13. 强碱性阴离子交换树脂:国产 717(新商品牌号为 201×7),氯型,40~80 目。

四、实验步骤

1. 离子交换柱的准备

先将强碱性阴离子交换树脂用 2 mol·L^{-1} HCl 溶液浸泡 24 h,取出树脂,用蒸馏水洗净。继续用 2 mol·L^{-1}NaOH 溶液浸泡 2 h,然后用蒸馏水洗至中性。再用 2 mol·L^{-1}HCl 溶液浸泡 24 h,备用。

取 1 支 1 cm × 20 cm 的玻璃交换柱或 25.00 mL 酸式滴定管，底部塞以少许玻璃棉，将树脂和蒸馏水缓慢倒入柱中，树脂柱高 15 cm，上面再铺一层玻璃棉。调节流量约为 1 mL·min^{-1}，待水面下降至近树脂层的上端时（切勿使树脂干涸），将 20 mL 9mol·L^{-1} HCl 溶液分次加入，并以相同流量通过离子交换柱。

2. 配制试液

取 2.00 mL 钴、镍标准溶液等体积混合后的试液于 50 mL 烧杯中，加 6 mL 浓盐酸，使试液中 HCl 浓度为 9 mol·L^{-1}。

3. 分离

将试液小心移入离子交换柱中进行交换，用 250 mL 锥形瓶收集流出液，流量为 0.5 mL·min^{-1}。当液面达到树脂相时，用 20 mL 9 mol·L^{-1} HCl 溶液洗脱 Ni^{2+}。开始时用少量 9 mol·L^{-1} HCl 溶液洗涤盛装试液的烧杯，每次2～3 mL，洗 3～4 次，洗涤液均倒入柱中，以保证试液全部转移入离子交换柱。然后将其余 9 mol·L^{-1} HCl 溶液分次倒入离子交换柱，用锥形瓶收集流出液，用于测定 Ni^{2+}。在淋洗过程中，镍首先流出，流出液几乎无色，同时钴吸附层缓慢下降。如果流出液中不再有镍（用丁二酮肟检验：收集流出液 2 滴，用浓氨水碱化，再加 2 滴 10 g·L^{-1} 丁二酮肟乙醇溶液，若有应为红色），继续用 25 mL 0.01 mol·L^{-1} HCl 溶液，分 5 次加入离子交换柱中（方法同前），以 1 mL·min^{-1} 的流量淋洗，收集流出液于另一个锥形瓶中，以备测定 Co^{2+}。钴层下降，并且其蓝色变为微红色，一直到全部钴洗出为止（加饱和 NH_4SCN 溶液检验，若有应为蓝色）。

4. Ni^{2+}，Co^{2+} 含量的测定

将 Ni^{2+} 的洗脱液用 6 mol·L^{-1} NaOH 溶液中和至酚酞变红，然后用 6 mol·L^{-1} HCl 溶液调至红色褪去，再过量 2 滴，此时由于中和发热液温升高，可将锥形瓶置于流水中冷却。用移液管加入 10.00 mL 0.025 mol·L^{-1} EDTA 标准溶液，加 5 mL 200 g·L^{-1} 六亚甲基四胺溶液，控制溶液的 pH 在 5.5 左右。加 2 滴 2 g·L^{-1} 二甲酚橙指示剂，溶液应为黄色（若呈紫色或橙红色，说明 pH 过高，用 2 mol·L^{-1} HCl 溶液调至溶液恰好变为黄色），用锌标准溶液返滴过量的 EDTA，终点由黄绿色变紫红色。

Co^{2+} 的测定同 Ni^{2+}。

根据滴定的结果计算钴、镍混合试液中各组分的质量浓度，以 mg·mL^{-1} 表示。

用 20～30 mL 2 mol·L^{-1} HCl 溶液处理离子交换柱使之再生，或将使用过的树脂回收在烧杯中，统一进行再生处理。

五、实验数据记录表格

表 10-2-1 Ni^{2+}，Co^{2+}的含量测定

	Ni^{2+}	Co^{2+}
V_{EDTA}/mL		
V_{Zn}/mL		
ρ/(mg·mL^{-1})		

六、思考题

1. 在离子交换分离中，为什么要控制流出液的流量？淋洗液为什么要分几次加入？
2. 本实验若是微量 Co^{2+} 与大量 Ni^{2+} 的分离，其测定方法应有何不同？
3. 对于含常量钴和镍的试液，若不采用预分离，应如何进行测定？
4. 为什么不能使离子交换柱内树脂干涸？

七、参考文献

· 实验三 蔬菜中天然色素的提取和薄层色谱分离 ·

一、实验目的

1. 了解薄层色谱的原理，并掌握薄层色谱分离微量组分的操作技术。
2. 掌握比移值 R_f 的测定方法。

二、实验原理

薄层色谱法是一种分离、鉴定微量组分的常用方法。这种方法是把适宜的吸附剂(或载体)涂布于玻璃板、塑料或铝基片上,形成一均匀薄层。待分离的试样溶液点在薄层一端,试样中各组分被吸附剂所吸附,吸附剂对不同物质的吸附能力不同。然后将薄层板点有试样溶液的一端放入色谱缸,由于薄层吸附剂(如硅胶)的毛细作用,展开剂将沿着薄层板自下而上移动。当溶剂流经试样时,试样中的各组分就溶解在展开剂中。在吸附剂的吸附力和展开剂的毛细上升力作用下,试样中各组分在吸附剂和展开剂之间发生连续不断的吸附和解吸,不同组分随着展开剂迁移的速率不同,形成互相分离的色斑点,从而达到分离目的。被分离物质在图谱上的位置,可用比移值 R_f 表示:

$$R_f=\frac{\text{原点至斑点中心的距离}}{\text{原点至溶剂前沿的距离}}$$

在一定的色谱系统和确定的温度下,R_f 是被分离物质的特征常数,它与被分离物质的性质有关,其值在 0~1。被分离物质间的 R_f 值相差越大,则分离效果越好。

本实验进行菠菜中叶绿体色素的提取和薄层色谱分离。叶绿体色素是植物吸收太阳光能进行光合作用的重要物质,主要由叶绿素 a,叶绿素 b,β-胡萝卜素和叶黄素组成,其结构如图 10-1 所示。

叶绿素 a 和叶绿素 b 都是吡咯衍生物与金属镁的配合物。β-胡萝卜素和叶黄素是脂溶性的四萜化合物。根据它们在有机溶剂中的溶解特性,可将它们从植物叶片中提取出来。再经过薄层色谱分离,对植物色素的提取液进一步分离出叶绿素 a,叶绿素 b,β-胡萝卜素和叶黄素几个组分。

三、主要试剂和仪器

1. 碳酸钙、丙酮、乙醚、石油醚(沸点 60~90 ℃)、乙酸乙酯、硅胶 G、石英砂。
2. 展开剂:石油醚-乙酸乙酯(1 : 1,V/V)。
3. 玻璃色谱缸、研钵、长颈漏斗、毛细管、玻璃板(3 cm × 8 cm)、牛角匙。

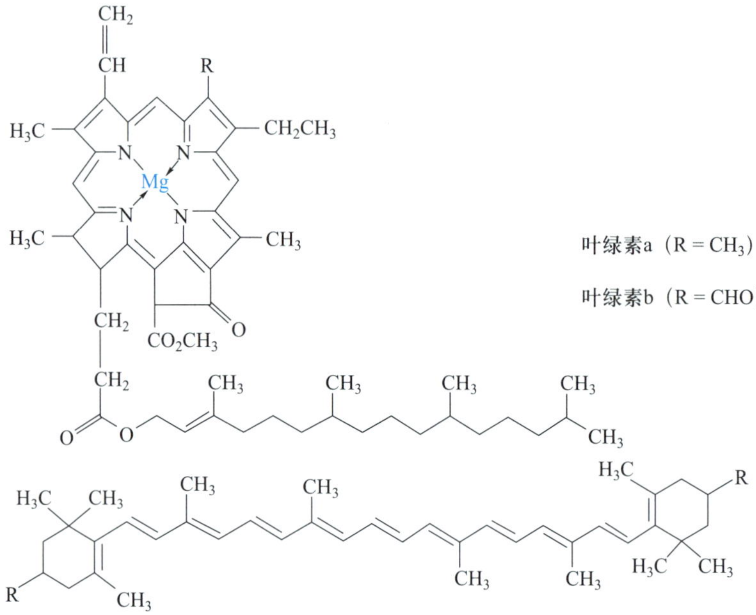

叶绿素a（R = CH_3）

叶绿素b（R = CHO）

β-胡萝卜素（R = H）　　叶黄素（R = OH）

图 10-1　叶绿体色素主要组成

四、实验步骤

1. 叶绿素的提取

新鲜菠菜叶依次用自来水、蒸馏水洗净，晾干。称取 5 g 去梗的叶子，剪成碎片，置于研钵中，加少量的碳酸钙和干净的石英砂及 5 mL 蒸馏水，研成细浆。取 8 mL 细浆于 50 mL 试管中，加 20 mL 丙酮，用玻璃棒搅拌 15～20 min，使色素溶解。放置片刻使残渣沉于试管底部，过滤除去残渣，得到深绿色叶绿素丙酮溶液。取 10 mL 叶绿素丙酮溶液于 60 mL 分液漏斗中，加 5 mL 乙醚萃取，弃去下层丙酮溶液，得叶绿素乙醚浓缩液。

2. 制板

在一洗净的研钵中，放入 10 g 硅胶 G，加 25 mL 蒸馏水，研磨后调成糊状。借助牛角匙将此糊状物倾倒于 3 cm × 8 cm 玻璃板上，均匀摊开。然后用手托住玻璃板的一头，另一头放在桌面上轻轻振敲，尽量使薄层厚度均匀。室温放置 30 min 后，移入烘箱，缓慢升温至 110 ℃，恒温 30 min，取出置于干燥器中，冷却至室温。

3. 点样

离薄层板一端约 1 cm 处，用铅笔轻轻画一直线。取管口平整的毛细管，插入叶绿素乙醚浓缩液中，在暗处于画线处轻轻点样（毛细管刚接触薄层板即可）。

4. 展开

以石油醚-乙酸乙酯（1∶1，V/V）为展开剂，将其倒入色谱缸中摇匀，加入展开剂的高度不超过 1 cm。将点好样的薄层板小心放入色谱缸中，点样一端朝下，浸入展开剂约 0.5 cm，薄层板的试样原点不得浸入展开剂中。将色谱缸盖好，放在暗处展开 10 min 左右，待展开剂的前沿离薄层板顶部 1 cm 左右时，取出薄层板，并在前沿处作标记。待展开剂挥发后可看到几个色斑。记下各色斑中心到原点（起始线）的距离和溶剂前沿到原点的距离，计算各组分的 R_f 值。

五、实验数据记录表格

表 10-3-1　薄层色谱分离结果

	被分离物名称			
	叶绿素 a	叶绿素 b	β-胡萝卜素	叶黄素
色斑中心到原点的距离				
溶剂前沿到原点的距离				
R_f 值				

六、思考题

1. 如何利用 R_f 值来鉴定化合物？
2. 展开剂的高度超过点样线，对薄层色谱分离会有什么影响？
3. 从菠菜液中提取叶绿素时加入少量碳酸钙的作用是什么？

七、参考文献

· 实验四 微波辅助萃取-分光光度法测定竹叶中总黄酮 ·

一、实验目的

1. 了解微波辅助萃取的原理和方法。
2. 掌握微波辅助萃取用于实际试样分离提取的操作技术。

二、实验原理

微波是频率介于 300~300000 MHz,即波长在 1 mm 至 1 m 范围内的电磁波。微波辅助萃取技术(microwave-assisted extraction,MAE)是在传统有机溶剂萃取技术的基础上发展起来的一种新的分离提取技术。它通过选用适当溶剂,根据化合物不同的物理化学性质及对微波吸收能力的差异性,利用微波能来加快目标化合物与基体分离而溶出到溶剂中的速率,从而提高从基体中提取目标化合物的提取效率。

由于微波辐射过程是一个"体加热"过程,用于天然产物试样提取分离时,细胞内温度迅速上升,使得细胞内压力急剧增大,导致细胞破裂,有利于在回流的过程中提取剂进入细胞内,从而使得包含在细胞内的有效成分得以快速释放出来。因此,微波辅助萃取具有快速、节能、省溶剂、环境友好等特点。

近年来对竹子的研究发现,竹叶中含有大量对人体有益的活性物质,包括黄酮类、活性多糖、特种氨基酸等,其中主要是黄酮苷等酚类化合物。现代科学研究表明,竹叶黄酮具有优良的抗自由基、抗氧化、抗衰老、抗菌、抗病毒及保护心脑血管等作用。本实验采用微波辅助萃取技术从竹叶中提取分离黄酮类化合物,并采用分光光度法测定总黄酮的含量。

三、主要试剂和仪器

1. 无水乙醇。
2. 芦丁标准溶液(300 $\mu g \cdot mL^{-1}$):准确称取 75 mg 芦丁标准品,用 60% 乙醇溶液溶解并定容至 250 mL,摇匀。
3. $NaNO_2$ 溶液(50 $g \cdot L^{-1}$)。
4. $Al(NO_3)_3$ 溶液(100 $g \cdot L^{-1}$)。

5. NaOH 溶液（1 mol·L^{-1}）。

6. 竹叶粉末：在竹枝上剪下竹叶，依次用自来水和去离子水洗净后，置于烘箱内，60 ℃下烘焙 7 h。待竹叶冷却至室温后，放入搅拌机中搅碎，并过 20 目筛。

7. 微波萃取仪、紫外-可见分光光度计、离心机。

四、实验步骤

1. 微波辅助萃取竹叶中黄酮

准确称取 1.00 g 竹叶粉末于 50 mL 圆底烧瓶中，加 15 mL 20%乙醇溶液作萃取溶剂，摇匀，放入磁力搅拌子，设定转速为 500 r·min^{-1}，75 ℃下在微波萃取仪中萃取 25 min。萃取结束后过滤，滤液以石油醚除去叶绿素和可溶性脂类，转移至 50 mL 容量瓶中，用 20%乙醇溶液定容至刻度。

2. 标准曲线的绘制

取 300 μg·mL^{-1}芦丁标准溶液 0.5 mL，1.0 mL，1.5 mL，2.0 mL，2.5 mL，3.0 mL，分别置于 6 支 10 mL 具塞比色管中，加去离子水至 5.0 mL。加 0.50 mL 50 g·L^{-1} $NaNO_2$ 溶液，摇匀，放置 6 min；加 0.50 mL 100 g·L^{-1} $Al(NO_3)_3$溶液，摇匀，放置 6 min；加 4.0 mL 1 mol·L^{-1} NaOH 溶液，再加去离子水定容至 10 mL，摇匀。放置 10 min 后离心分离 5 min，注入 1 cm 比色皿中，以试剂空白作为参比，于 510 nm 波长处测定吸光度。

3. 试样中总黄酮含量的测定

移取 5.0 mL 竹叶的微波提取液于 10 mL 具塞比色管中，按芦丁标准溶液的测定方法进行总黄酮的分光光度法测定（波长为 510 nm），根据标准曲线计算出竹叶中总黄酮的含量（以芦丁的质量分数表示，%）。

五、实验数据记录表格

表 10-4-1　标准曲线的绘制及试样中总黄酮含量的测定

	编号						
	1	2	3	4	5	6	试样溶液
$\rho_{芦丁}/(mg·L^{-1})$							
A							
$w_{总黄酮}/\%$							

六、思考题

1. 微波辅助萃取与普通溶剂萃取相比具有什么优势?
2. 微波加热的方式有什么特点?影响微波辅助萃取的因素主要有哪些?

七、参考文献

第 11 章

综合实验

为进一步培养学生灵活运用所学基本理论和基础知识的能力,引导学生从“学会”过渡到“会学”“会用”,本章安排了一系列复杂物质分析的综合实验及分析方案设计实验。这些实验研究对象基体复杂,要求进行多组分或全组分分析。它们不仅包含从试样采集、制备到分析测定、数据分析的全过程,同时综合了化学分析中各种滴定分析方法、重量分析法和分光光度法、电位滴定法等内容,涵盖了工业分析和环境分析等领域。因此,需要灵活运用多种分析方法和分析手段,才能顺利完成实验内容。

基本的实验方案设计思路应包括以下几方面:

1. 明确分析任务(题目)的目的和要求

接受分析任务(题目)时,必须明确分析的目的和要求,了解分析对象的组成及对准确度的要求。对分析试样的来源、采集制备方法、被测组分的含量范围及共存组分的大约含量等也应有所了解。

2. 参考文献调研

一般的分析化学教材,其主要内容是基本理论和一些典型实验,不会包括许多实际分析方法。因此,在明确分析目的、要求后,需查阅参考文献与相关资料,选择适当的分析方法。分析化学参考文献的种类和形式多样,如丛书、手册、期刊、论文、专利等。此外,互联网的迅猛发展也提供了海量的信息。作为一位分析工作者应能通过多种途径和媒体,包括纸质媒体和电子媒体等,调研相关的分析化学参考文献及相关资料。比较常用的参考文献来源包括:

(1) 丛书、手册和技术标准。对于一般的金属材料、化工原料及产品等,通常有标准分析方法,可以从国家标准(用代号 GB、顺序号及年号表示)、行业标准、地方标准和企业标准中查找。另外,多数参考书和手册中往往能找到具体的分析对象或各种组分的分析方法。

(2) 期刊。国内专门的分析化学期刊主要有《分析化学》《色谱》《分析测试学报》《分析试验室》等;国外的分析类期刊包括 Analytical Chemistry, Journal of Chromatography A, Analyst, Analytical Chimica Acta, Talanta 等。这类期刊所载内容的研究对象、研究方法和手段均较为新颖。

(3) 互联网资源。获取互联网资源的工具大体分为两类:一类是互联网资源搜索引擎,专门提供自动化的搜索工具,给出主题词后即可迅速在数以千万计的网页中筛选出大量信息。另一类是针对某个专门领域或主题,用人工的方法进行系统收集、组织而形成的资源导航系统。化学类资源系统主要包括中国知网、科学引文索引等。

3. 实验方案设计与实施

通过参考文献调研,可以找到若干分析方法。各种方法均有其特点和不足之处，即使是比较成熟的分析方法，当用来测定某个具体的分析对象时，也常常需要根据实际情况加以修正或补充。必须根据分析对象的组成，被测组分的性质和含量、测定的要求，存在的干扰成分及本实验室的具体条件，选择和拟定合适的实验方案。在设计和实施实验方案时，需注意以下几点：

(1) 分析试样的采集和制备是分析工作中的重要环节，它们直接关系到试样的代表性和分析结果的可靠性。由于分析对象的形态和性质多种多样，因此分析试样的采集、处理和制备方法各不相同，需要依据试样的性质和测定要求加以选择。

(2) 测定常量组分，一般选用滴定分析法和重量分析法；测定微量组分，一般采用灵敏度较高的仪器分析法，如分光光度法或电位滴定法等。

(3) 取样量应与测定准确度的要求相适应。滴定剂的浓度和被滴物取样量一般考虑如下：酸碱滴定、氧化还原滴定和沉淀滴定，可按 $0.1\ mol\cdot L^{-1}$ 的浓度来设计和取量；而配位滴定，则以 $0.01\sim0.02\ mol\cdot L^{-1}$ 的浓度考虑取量。

(4) 分析方案设计应包括分析方法及原理、所需试剂和仪器及其规格型号、实验步骤、实验结果计算式、实验注意事项及参考文献等内容。

(5) 设计完实验方案后，需要通过实验来验证实验方案。同时，考虑到方案设计与实际实验之间的差异，需要随时根据实验结果对设计的实验方案进行修正和补充。

4. 数据处理与结果分析

实验结束后，要根据要求对实验数据进行处理并对实验结果进行分析整理，并写出实验报告。报告主要包括题目、中英文摘要、引言、实验部分、结果与讨论、结论及参考文献等内容。此外，实验报告还应包括下列内容：

① 实验原始数据；

② 实验结果；

③ 如果实际做法与分析方案不一致，应重新写明操作步骤，改动不多的可加以说明；

④ 对自己设计的分析方案的评价及问题的讨论。

不论设计实验的成败如何，从文献资料调研，分析方案设计，直至完成实验，撰写实验论文，这个过程本身就是很好的学习和锻炼机会。

实验一 硅酸盐水泥中 SiO_2, Fe_2O_3, Al_2O_3, CaO 和 MgO 含量的测定

一、实验目的

1. 学习复杂物质分析的方法。
2. 掌握尿素均匀沉淀法等分离技术。

二、实验原理

水泥主要由硅酸盐组成,分成硅酸盐水泥(熟料水泥)、普通硅酸盐水泥(普通水泥)、矿渣硅酸盐水泥(矿渣水泥)、火山灰质硅酸盐水泥(火山灰水泥)和粉煤灰硅酸盐水泥(煤灰水泥)等。水泥熟料是由水泥生料经 1400 ℃以上高温煅烧而成的。硅酸盐水泥由水泥熟料加入适量石膏而成,其成分与水泥熟料相似,可按水泥熟料化学分析法进行测定。

水泥熟料、未掺混合材料的硅酸盐水泥、碱性矿渣硅酸盐水泥等可采用酸分解。不溶物含量较高的水泥熟料、酸性矿渣硅酸盐水泥、火山灰质硅酸盐水泥等可采用碱熔融方法。本实验采用的硅酸盐水泥,一般较易为酸所分解。

SiO_2 可采用容量法或重量法测定,生产上 SiO_2 的快速分析常采用氟硅酸钾容量法。因使硅酸凝聚所用物质的不同,重量法又分为盐酸干涸法、动物胶法、氯化铵法等,本实验采用氯化铵法。将试样与 7~8 倍的固体 NH_4Cl 混匀后,用 HCl 溶液分解试样,再加 HNO_3 溶液将 Fe^{2+} 氧化为 Fe^{3+}。经过滤洗涤得到的 $SiO_2 \cdot nH_2O$沉淀在瓷坩埚中于 950 ℃下灼烧至恒重。本法测定结果较标准法偏高 0.2%。若改用铂坩埚在 1100 ℃下灼烧至恒重,并经氢氟酸处理后,测定结果与标准法的误差小于 0.1%。

如果不测定 SiO_2,则试样经 HCl 溶液分解、HNO_3 溶液氧化后,用均匀沉淀法使 $Fe(OH)_3$,$Al(OH)_3$ 与 Ca^{2+},Mg^{2+} 分离。以磺基水杨酸为指示剂,用 EDTA 配位滴定 Fe^{3+};以 PAN 为指示剂,用 $CuSO_4$ 标准溶液返滴定法测定 Al^{3+}。含量较高的 Fe^{3+},Al^{3+} 对 Ca^{2+},Mg^{2+} 测定有干扰,可用尿素分离 Fe^{3+},Al^{3+} 后,以 GBHA 或铬黑 T 为指示剂,用 EDTA 配位滴定法测定 Ca^{2+},Mg^{2+}。若试样中含有 Ti^{4+},用 $CuSO_4$ 返滴定法测得的实际上是 Al^{3+},Ti^{4+} 总量。若要测定 TiO_2 的含量,可加入苦杏仁酸将 TiY 中的 EDTA 置换出来,再用 $CuSO_4$ 标准溶液滴定释放的

EDTA。若 Ti^{4+} 含量较低，可用比色法测定。

三、主要试剂和仪器

1. EDTA 溶液（0.02 $mol \cdot L^{-1}$）：称取 4 g EDTA，加 100 mL 蒸馏水溶解后，稀释至 500 mL，待标定。

2. 铜标准溶液（0.02 $mol \cdot L^{-1}$）：称取 0.3 g 纯铜，加 3 mL 6 $mol \cdot L^{-1}$ HCl 溶液，滴加 2～3 mL H_2O_2，盖上表面皿，微沸溶解后，继续加热赶去 H_2O_2（小泡冒完为止）。冷却后定量转移至 250 mL 容量瓶中，用蒸馏水定容。

3. 指示剂：

溴甲酚绿（1 $g \cdot L^{-1}$，20%乙醇溶液）；

磺基水杨酸钠（100 $g \cdot L^{-1}$）；

PAN（3 $g \cdot L^{-1}$，乙醇溶液）；

铬黑 T（1 $g \cdot L^{-1}$）：称取 0.1 g 铬黑 T，溶于 75 mL 三乙醇胺和 25 mL 乙醇的混合溶剂中；

GBHA（0.4 $g \cdot L^{-1}$，乙醇溶液）。

4. 缓冲溶液：

氯乙酸-乙酸铵缓冲溶液（pH＝2）：850 mL 0.1 $mol \cdot L^{-1}$ 氯乙酸溶液与 85 mL 0.1 $mol \cdot L^{-1}$ 乙酸铵溶液混匀；

氯乙酸-乙酸钠缓冲溶液（pH＝3.5）：250 mL 2 $mol \cdot L^{-1}$ 氯乙酸溶液与 500 mL 1 $mol \cdot L^{-1}$ 乙酸钠溶液混匀；

NaOH 强碱缓冲溶液（pH＝12.6）：10 g NaOH 与 10 g $Na_2B_4O_7 \cdot 10H_2O$（硼砂）溶于适量蒸馏水后，稀释至 1 L；

NH_3-NH_4Cl 缓冲溶液（pH＝10）：称取 67 g 固体 NH_4Cl，溶于适量蒸馏水中，加 520 mL 浓氨水，用蒸馏水稀释至 1 L。

5. 其他试剂：

NH_4Cl（固体）；氨水（7 $mol \cdot L^{-1}$）；NaOH 溶液（200 $g \cdot L^{-1}$）；HCl 溶液[12 $mol \cdot L^{-1}$（浓），6 $mol \cdot L^{-1}$，2 $mol \cdot L^{-1}$]；尿素溶液（500 $g \cdot L^{-1}$）；浓硝酸；NH_4F 溶液（200 $g \cdot L^{-1}$）；$AgNO_3$ 溶液（0.1 $mol \cdot L^{-1}$）；NH_4NO_3 溶液（10 $g \cdot L^{-1}$）。

6. 硅酸盐水泥试样。

7. 马弗炉、瓷坩埚、干燥器和长、短坩埚钳等。

四、实验步骤

1. EDTA 溶液的标定

准确移取 10.00 mL 0.02 $mol\cdot L^{-1}$ 铜标准溶液于 250 mL 锥形瓶中,加 5 mL pH = 3.5 的缓冲溶液和 35 mL 蒸馏水,加热至 80 ℃后,加 4 滴 PAN 指示剂,趁热用待标定的 EDTA 溶液滴至溶液由红色变为绿色,即为终点,记下消耗的 EDTA 溶液的体积。平行滴定 3~5 次,计算 EDTA 溶液的准确浓度。

2. SiO_2 含量的测定

准确称取 0.4 g 硅酸盐水泥试样于干燥的 50 mL 烧杯中,加 2.5~3 g 固体 NH_4Cl,用玻璃棒混匀,滴加浓盐酸(一般约需 2 mL),并滴加 2~3 滴浓硝酸,搅匀。小心压碎块状物,盖上表面皿,置于沸水浴上,加热 10 min;加蒸馏水约 40 mL,搅拌使可溶性盐类溶解。过滤,用热蒸馏水洗涤烧杯和沉淀,直至滤液中无 Cl^- 为止(用 $AgNO_3$ 检验),弃去滤液。

将沉淀连同滤纸放入已恒重的瓷坩埚中,低温干燥、炭化并灰化后,于 950 ℃下灼烧 30 min 后取下,置于干燥器中冷却至室温,称量。再灼烧、称量,直至恒重。计算试样中 SiO_2 的质量分数。

3. Fe_2O_3, Al_2O_3, CaO 和 MgO 含量的测定

(1) 试样处理　准确称取约 2 g 硅酸盐水泥试样于 250 mL 烧杯中,加 8 g NH_4Cl 固体,用一端平头的玻璃棒压碎块状物,仔细搅拌 20 min①。加 12 mL 浓盐酸,使试样全部润湿,再滴加 4~8 滴浓硝酸,搅匀,盖上表面皿,置于已预热的沙浴上加热 20~30 min,直至无黑色或灰色的小颗粒为止。取下烧杯,稍冷后加蒸馏水约 40 mL,搅拌使盐类溶解。冷却后,连同沉淀一起转移至 500 mL 容量瓶中,用蒸馏水稀释至刻度,摇匀后放置 1~2 h,使其澄清。然后用洁净干燥的虹吸管吸取溶液于洁净干燥的 400 mL 烧杯中保存,用于测定 Fe, Al, Ca, Mg 等元素。

(2) Fe_2O_3 和 Al_2O_3 含量的测定　准确移取 25.00 mL 试液于 250 mL 锥形瓶中,加 10 滴 100 $g\cdot L^{-1}$ 磺基水杨酸钠指示剂和 10 mL pH = 2 的缓冲溶液;将溶液加热至 70 ℃,用 EDTA 标准溶液缓慢地滴至溶液由酒红色变为无色②(终点时溶液温度应在 60 ℃左右),记下消耗的 EDTA 溶液的体积。平行滴定 3~5 次,计算试样中 Fe_2O_3 的质量分数:

---

① 试样溶解完全与否,与此步仔细搅拌、混匀密切相关。

② 终点颜色与试样成分和 Fe 含量相关,终点一般为无色或淡黄色。

$$w_{Fe_2O_3}=\frac{\frac{1}{2}(cV)_{EDTA}M_{Fe_2O_3}}{m_s}$$

式中 m_s 为实际滴定的每份试样的质量。

于滴定铁后的溶液中加 1 滴 1 g·L^{-1}溴甲酚绿指示剂，用 7 mol·L^{-1}氨水调至溶液呈黄绿色。然后加 15.00 mL 过量的 EDTA 标准溶液，加热煮沸 1 min，加 10 mL pH = 3.5 的缓冲溶液和 4 滴 3 g·L^{-1}PAN 指示剂，用铜标准溶液滴至溶液呈茶红色，即为终点①。记下消耗的铜标准溶液的体积。平行滴定 3~5 份，计算试样中 Al_2O_3 的质量分数：

$$w_{Al_2O_3}=\frac{\frac{1}{2}[(cV)_{EDTA}-(cV)_{Cu^{2+}}]M_{Al_2O_3}}{m_s}$$

(3) CaO 和 MgO 含量的测定　由于 Fe^{3+}，Al^{3+}干扰 Ca^{2+}，Mg^{2+}的测定，须将它们预先分离。为此，取 100 mL 试液于 200 mL 烧杯中，滴加 7 mol·L^{-1}氨水至红棕色沉淀生成时，再滴加 2 mol·L^{-1} HCl 溶液使沉淀刚好溶解。然后加 25 mL 500 g·L^{-1}尿素溶液，加热约 20 min，不断搅拌，使 Fe^{3+}，Al^{3+}完全沉淀②。趁热过滤，滤液用 250 mL 烧杯承接，用 10 g·L^{-1}热 NH_4NO_3 溶液洗涤沉淀至无 Cl^-为止(用 $AgNO_3$ 检验)，滤液冷却后转移至 250 mL 容量瓶中，稀释至刻度，摇匀。滤液用于测定 Ca^{2+}，Mg^{2+}。

准确移取 25.00 mL 上述滤液于 250 mL 锥形瓶中，加 2 滴 0.4 g·L^{-1} GBHA 指示剂，滴加 200 g·L^{-1} NaOH 溶液使溶液变为微红色后，加 10 mL pH = 12.6 的缓冲溶液和 20 mL 蒸馏水。用 EDTA 标准溶液滴至溶液由红色变为亮黄色，即为终点，记下消耗的 EDTA 溶液的体积。平行滴定 3~5 次，计算试样中 CaO 的质量分数。

在测定 CaO 含量后的溶液中，滴加 2 mol·L^{-1} HCl 溶液至溶液黄色褪去，加 15 mL pH = 10 的缓冲溶液和 2 滴 1 g·L^{-1}铬黑 T 指示剂；用 EDTA 标准溶液滴至溶液由红色变为纯蓝色，即为终点，记下消耗的 EDTA 溶液的体积。平行滴定 3~5次，计算试样中 MgO 的质量分数。

五、思考题

1. Ca^{2+}和 Mg^{2+}共存时，能否用 EDTA 标准溶液控制酸度法滴定 Fe^{3+}？滴定

---

① 随着 Cu^{2+}的滴入，配合物 Cu-EDTA 的蓝色和 PAN 的黄色混合呈绿色，终点时生成 Cu-PAN 红色配合物，使终点呈茶红色。

② 此步称为尿素均匀沉淀法。也可用氨水法直接沉淀，但这时 $Fe(OH)_3$ 对 Ca^{2+}和 Mg^{2+}吸附较为严重。

Fe^{3+}的介质酸度范围为多大？

2. EDTA 滴定 Al^{3+}时，为什么采用返滴定法？

3. EDTA 滴定 Ca^{2+}和 Mg^{2+}时，怎样消除 Fe^{3+}和 Al^{3+}的干扰？

4. EDTA 滴定 Ca^{2+}和 Mg^{2+}时，怎样用 GBHA 指示剂的性质调节溶液的 pH？

· 实验二 室内空气中甲醛含量的测定 ·

一、实验目的

1. 熟悉室内空气中甲醛含量测定的方法及原理。
2. 掌握室内空气中污染气体的采集方法。

二、实验原理

甲醛与酚试剂反应生成嗪，在高价铁离子存在下，嗪与酚试剂的氧化产物反应生成蓝绿色化合物。根据生成物溶液的颜色深浅，可用分光光度法测定。反应式如下：

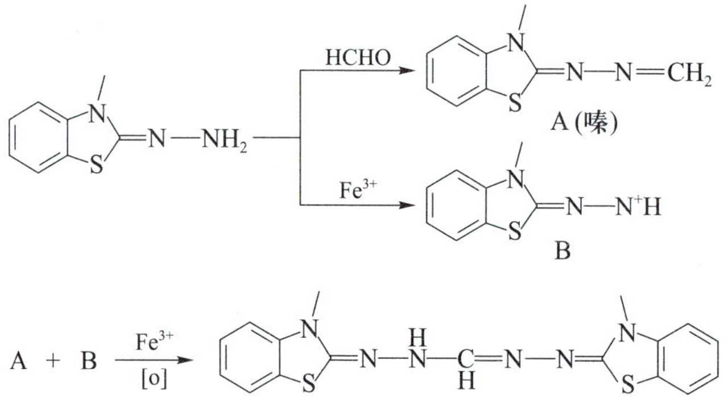

本法的检出限量为 0.02 μg·mL^{-1}（按与吸光度 0.02 相对应的甲醛含量计），当采样体积为 10 L 时，最低检出浓度为 0.01 mg·m^{-3}。

三、主要试剂和仪器

1. MBTH 吸收液（0.05 g·L^{-1}）：称取 0.1 g 酚试剂（3-甲基-2-苯并噻唑腙 $C_6H_4SN(CH_3)C:NNH_2·HCl$，简称 MBTH），溶于蒸馏水中，稀释至 100 mL，即为

吸收原液，贮存于棕色试剂瓶中，在冰箱内可以稳定 3 天。采样时取 5.0 mL 吸收原液，加 95 mL 蒸馏水，即为吸收液。

2. 硫酸铁铵溶液（10 $g \cdot L^{-1}$）：称取 1.0 g 硫酸铁铵，用 0.1 $mol \cdot L^{-1}$ HCl 溶液溶解，并稀释至 100 mL。

3. 甲醛储备液：取 5.0 mL 含量为 36%～38%的市售甲醛，用蒸馏水稀释至 500 mL，待标定。

4. KI 溶液（200 $g \cdot L^{-1}$）。

5. $Na_2S_2O_3$ 溶液（0.1 $mol \cdot L^{-1}$）：称取 25 g $Na_2S_2O_3 \cdot H_2O$ 于烧杯中，加 300～500 mL 新煮沸并冷却的蒸馏水，溶解后，加约 0.1 g Na_2CO_3，用新煮沸并冷却的蒸馏水稀释至 1 L，贮存于棕色试剂瓶中，在暗处放置 3～5 天后标定。

6. 淀粉指示剂（5 $g \cdot L^{-1}$）：称取 0.5 g 可溶性淀粉，用少量蒸馏水搅匀；加 100 mL 沸蒸馏水，搅匀。

7. $K_2Cr_2O_7$标准溶液（0.01667 $mol \cdot L^{-1}$）。

8. I_2溶液（0.050 $mol \cdot L^{-1}$）：称取 3.3 g I_2 和 5 g KI，置于研钵中（通风橱中操作），加少量蒸馏水研磨，待 I_2 全部溶解后，将溶液转移至棕色试剂瓶中。加蒸馏水稀释至 250 mL，充分摇匀，放暗处保存。

9. 其他试剂：KI 固体、NaOH 溶液（300 $g \cdot L^{-1}$）、HCl 溶液（2 $mol \cdot L^{-1}$，6 $mol \cdot L^{-1}$）。

10. 大气采样器、气泡吸收管、紫外-可见分光光度计等。

四、实验步骤

1. $Na_2S_2O_3$ 溶液的标定

准确移取 25.00 mL 0.01667 $mol \cdot L^{-1}$ $K_2Cr_2O_7$ 标准溶液于碘量瓶中，加 5 mL 6 $mol \cdot L^{-1}$HCl 溶液和 5 mL 200 $g \cdot L^{-1}$ KI 溶液，盖上塞子并水封，摇匀后放在暗处 5 min。待反应完全后，加 100 mL 蒸馏水，用待标定的 $Na_2S_2O_3$ 溶液滴定至溶液呈淡黄色，然后加 1 mL 5 $g \cdot L^{-1}$淀粉指示剂，继续滴至溶液呈无色或浅绿色，即为终点。平行测定 3～5 次，计算 $Na_2S_2O_3$ 溶液的浓度。

2. 甲醛储备液的标定

采用碘量法标定甲醛储备液的浓度。准确移取 5.00 mL 甲醛储备液于 250 mL碘量瓶中，加 25 mL 0.050 $mol \cdot L^{-1}$ I_2 溶液，立即逐滴加入 300 $g \cdot L^{-1}$ NaOH 溶液，至颜色褪至淡黄色为止①，放置 10 min。用 3.0 mL 2 $mol \cdot L^{-1}$HCl 溶液酸化

---

① 应逐滴加入 300 $g \cdot L^{-1}$ NaOH 溶液至溶液颜色明显减退，再摇动片刻，待溶液褪成淡黄色，放置 5 min 后应褪至无色。若碱量加入过多，则 3 mL 2.0 $mol \cdot L^{-1}$HCl 溶液不足以使溶液酸化，将影响滴定结果。

(空白滴定时需多加 2 mL)。置于暗处 10 min,待反应完全后,加 100 mL 蒸馏水,用 $Na_2S_2O_3$ 标准溶液滴至溶液呈淡黄色,然后加 1 mL 5 $g\cdot L^{-1}$淀粉指示剂,继续滴至蓝色刚好褪去,即为终点,平行测定 3~5 次。

另取 5.00 mL 蒸馏水,同上法进行空白滴定。

按下式计算甲醛储备液的质量浓度($mg\cdot mL^{-1}$):

$$\rho_{HCHO}=\frac{(V_0-V)c_{Na_2S_2O_3}M_{HCHO}}{5.00}$$

式中 V_0,V 分别为滴定空白溶液、甲醛储备液消耗的 $Na_2S_2O_3$ 标准溶液的体积(mL)。

3. 试样采集①

采用大气采样器采样,用一个内装 5.00 mL 吸收液的气泡吸收管,以 0.5 $L\cdot min^{-1}$流量采集 15 L 室内空气,平行采样 2 次。

4. 甲醛含量的测定

(1) 标准曲线的制作　取适量已标定的甲醛储备液,用蒸馏水稀释至 10.0 $\mu g\cdot mL^{-1}$,然后立即吸取 10.00 mL 此稀释溶液于 100 mL 容量瓶中,加 5.0 mL 吸收原液,再用蒸馏水定容,放置 30 min 后,为实验配制标准色列所用甲醛标准溶液。此甲醛标准溶液质量浓度为 1.0 $\mu g\cdot mL^{-1}$,可稳定 24 h。

在 8 支 10 mL 比色管中,用吸量管分别加入 0,0.1 mL,0.2 mL,0.3 mL,0.4 mL,0.5 mL,0.7 mL,1.0 mL 1.0 $\mu g\cdot mL^{-1}$甲醛标准溶液,用吸收液稀释至5 mL,摇匀。各加 0.4 mL 10 $g\cdot L^{-1}$硫酸铁铵溶液,在室温下(8~35 ℃)显色 20 min。于 630 nm 波长处,用 1 cm 比色皿,测定吸光度。以吸光度对甲醛含量($\mu g\cdot mL^{-1}$)绘制标准曲线。

(2) 试样测定　采样后,将试样溶液移入比色管中,用少量吸收液洗涤吸收管,洗涤液并入比色管,加 0.4 mL 10 $g\cdot L^{-1}$硫酸铁铵溶液,用吸收液稀释至 10 mL,摇匀。室温下(8~35 ℃)放置 80 min 后,测定吸光度②。从标准曲线上查出和计算空气中甲醛的含量(单位为 $mg\cdot m^{-3}$)。

五、思考题

1. 分光光度法选择测量波长的原则是什么?
2. 试推导甲醛含量的计算公式。
3. 试述碘量法滴定甲醛的基本原理。

---

① 当二氧化硫含量过高时,测定结果偏低。可以在采样时,使气体先通过装有硫酸锰滤纸的过滤器,排除二氧化硫干扰。

② 绘制标准曲线与试样测定的温差不超过 2 ℃。

· 实验三 二氯化一氯五氨合钴(Ⅲ)的制备及其组成分析 ·

一、实验目的

1. 掌握二氯化一氯五氨合钴(Ⅲ)的制备及其组成分析的方法。
2. 熟悉测定摩尔电导率确定二氯化一氯五氨合钴(Ⅲ)实验式的方法。
3. 了解蒸馏法测定氨的技术。

二、实验原理

氯化钴(Ⅲ)的氨合物包括三氯化六氨合钴(Ⅲ)($[Co(NH_3)_6]Cl_3$,橙黄色晶体)、三氯化一水五氨合钴(Ⅲ)($[Co(NH_3)_5H_2O]Cl_3$,砖红色晶体)、二氯化一氯五氨合钴(Ⅲ)($[Co(NH_3)_5Cl]Cl_2$,紫红色晶体)等。它们的制备条件各不相同,在没有活性炭存在时,由氯化亚钴与过量氨、氯化铵反应的主要产物是二氯化一氯五氨合钴(Ⅲ),有活性炭存在时的主要产物是三氯化六氨合钴(Ⅲ)。

本实验在没有活性炭存在时,用过氧化氢作氧化剂,在氨和氯化铵存在下氧化氯化亚钴(Ⅱ)溶液制备二氯化一氯五氨合钴(Ⅲ)。其总反应式如下:

$$2CoCl_2 + 8NH_3 + 2NH_4Cl + H_2O_2 \longrightarrow 2[Co(NH_3)_5Cl]Cl_2 + 2H_2O$$

配合物中 Co^{3+}可通过碘量法测定。在配合物中加入强碱,并加热破坏配合物,挥发出来的氨用标准酸吸收,再用标准碱滴定剩余的酸,即可测定氨含量。氯含量可用电位滴定法测定[或用沉淀滴定法(莫尔法)测定,但终点难判断]。

根据测定的 NH_3,Co,Cl 含量并计算出其整数比,可以确定配合物的实验式。然后通过摩尔电导法进一步验证所得实验结果是否正确。

由于配合物在溶液中的解离行为服从一般强电解质的所有规律,因此其解离类型和摩尔电导率之间在数值上存在着比较简单的关系。如果配制一种在 1000 L溶液中含有 1 mol 盐的溶液,在 25 ℃时,若每一个分子解离出 2 个离子,其电导值在 100 S 左右,若每一个分子解离出 3 个离子,其电导值在 250 S 左右,若解离出 4 个离子,其电导值在 400 S 左右,若解离出 5 个离子,其电导值在 500 S左右。

利用上述关系可由配合物的摩尔电导率求出配合物所解离出的离子数目,从而确定其解离类型,验证化学方法所得的结论是否正确。

三、主要试剂和仪器

1. $Na_2S_2O_3$ 标准溶液(0.1 mol·L^{-1})。
2. $AgNO_3$ 标准溶液(0.1 mol·L^{-1})。
3. HCl 标准溶液(0.5 mol·L^{-1})。
4. NaOH 标准溶液(0.5 mol·L^{-1})。
5. 淀粉指示剂(5 g·L^{-1})。
6. 甲基红指示剂(1 g·L^{-1},60%乙醇溶液)。
7. 其他试剂:$CoCl_2·6H_2O$(s),NH_4Cl(s),浓盐酸, HCl 溶液(3+50,V/V),H_2O_2 溶液(30%),NaOH 溶液(200 g·L^{-1}),浓氨水,KI(s),EDTA,无水乙醇。
8. 电位滴定仪、电导率仪、分析天平、测定氨蒸馏装置、真空水泵等。

四、实验步骤

1. 二氯化一氯五氨合钴(Ⅲ)的制备

在 100 mL 锥形瓶中加入 4 g 氯化铵和 25 mL 浓氨水,搅拌下缓慢加入 8 g 研细的 $CoCl_2·6H_2O$,生成橙红色的沉淀。一边搅拌一边缓慢加入 13 mL 30%的 H_2O_2 溶液和 50 mL 浓盐酸,水浴加热至 60 ℃左右并恒温 15 min(适当摇动锥形瓶)。取出,先用自来水冷却,后用冰水冷却。抽滤,然后将沉淀溶解于 60 mL (3+50)沸稀 HCl 溶液中(若不溶解可适量多加稀 HCl 溶液),趁热过滤。在滤液中缓慢加入 10 mL 浓盐酸,冰水冷却,即有晶体析出。抽滤,洗涤,抽干,置真空干燥器中干燥或在 105 ℃以下烘干,称量。

2. 二氯化一氯五氨合钴(Ⅲ)的组成测定

(1) NH_3 含量的测定　称取 0.3 g 二氯化一氯五氨合钴(Ⅲ)试样(准确至 0.1 mg),置于 250 mL 锥形瓶中,加 40 mL 蒸馏水溶解,再加 20 mL 200 g·L^{-1} NaOH 溶液(此时要防止 NH_3 逸出)。在另一锥形瓶中,准确加入 30 mL 0.5 mol·L^{-1} HCl 标准溶液,置于冰浴中冷却。

按图 11-1 所示装置装配好仪器,从安全漏斗中加 5 mL 200 g·L^{-1} NaOH 溶液于小试管中,漏斗下端插入液面下 2~3 cm,整个操作过程中漏斗下端的出口不能露在液面之上。小试管口的胶塞要切一个缺口,使试管与锥形瓶相通。加热试样,先用大火加热,当溶液接近沸腾时,改用小火,保持微沸状态,蒸馏 1 h

左右，即可将氨全部蒸出。蒸馏完毕后，取出插入 HCl 溶液中的导管，用蒸馏水冲洗导管内外，洗涤液收集在氨吸收瓶中。从冰浴中取出吸收瓶，加 2 滴1 $g \cdot L^{-1}$ 甲基红指示剂，用 0.5 $mol \cdot L^{-1}$ NaOH 标准溶液滴定剩余的 HCl 溶液，蒸馏瓶内的残渣留待测定钴含量。按下式计算 NH_3 含量：

$$w_{NH_3}=\frac{(c_1V_1-c_2V_2)M_{NH_3}}{m_s}$$

式中 c_1V_1 为 HCl 标准溶液的浓度和体积，c_2V_2 为 NaOH 标准溶液的浓度和体积，m_s 为试样质量，M_{NH_3}为 17.04 $g \cdot mol^{-1}$。

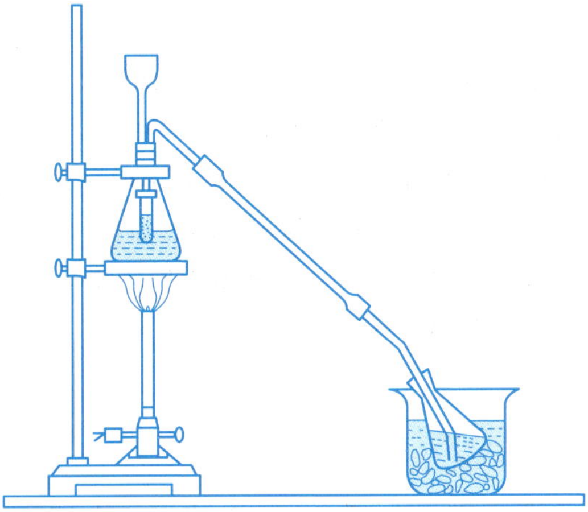

图 11-1 蒸馏氨的装置

(2) 钴含量的测定 将上述蒸馏瓶内的残渣用蒸馏水溶解，冷却后转移至碘量瓶中，加 1 g KI 固体，立即盖上瓶盖振荡 1 min，然后加 15 mL 浓盐酸，水封，在暗处放置 15 min。加 100 mL 蒸馏水，用 0.1 $mol \cdot L^{-1}$ $Na_2S_2O_3$ 标准溶液滴至溶液呈淡黄色；加 1 mL 5 $g \cdot L^{-1}$淀粉指示剂，继续滴至终点，平行测定 2 次。按下式计算 Co 含量：

$$w_{Co}=\frac{c_{Na_2S_2O_3}V_{Na_2S_2O_3}M_{Co}}{m_s}$$

式中 m_s 为试样质量，M_{Co}为 58.93 $g \cdot mol^{-1}$。

(3) 氯含量的测定 由于$[Co(NH_3)_5Cl]Cl_2$ 本身带有颜色，用一般化学分析方法很难判断滴定终点，因此，本实验采用电位滴定法测定氯的含量。

① 外界氯的测定 准确称取 0.2 g 干燥过的试样于 100 mL 烧杯中，加少量

去离子水溶解,用 0.1 $mol\cdot L^{-1}$ $AgNO_3$ 标准溶液滴定①。记录不同 $AgNO_3$ 标准溶液体积 V_{AgNO_3}(mL)及其相应的电位值(mV),以 V_{AgNO_3} 为横坐标,电位值为纵坐标作图。在滴定曲线上作两条与滴定曲线相切的平行线,两平行线的等分点与曲线的交点为曲线的拐点,对应的体积即为滴定至终点时所需的 $AgNO_3$ 标准溶液体积。平行测定 3 次,计算配合物中的外界氯含量。

② 配位氯的测定　准确称取 0.2 g 干燥过的试样于 100 mL 烧杯中,加少量去离子水溶解,加等物质的量的 EDTA 固体,小火加热。用 0.1 $mol\cdot L^{-1}$ $AgNO_3$ 标准溶液滴定。记录不同 $AgNO_3$ 标准溶液体积 V_{AgNO_3}(mL)及其相应的电位值(mV)。同上法计算滴定至终点时所需的 $AgNO_3$ 标准溶液体积。计算配合物中的总氯量。平行测定 3 次,扣除外界氯含量,即为配合物中配位氯的含量。

(4) 化学式的确定　根据组成分析的实验结果,分别计算所测配合物试样中 NH_3,Co,Cl 的含量,确定配合物的实验式。

(5) 摩尔电导率测定　分别在 100 mL 容量瓶中配制稀释度②为128 $L\cdot mol^{-1}$,256 $L\cdot mol^{-1}$,512 $L\cdot mol^{-1}$,1024 $L\cdot mol^{-1}$的 4 份溶液,测定其电导率。将测定得到的电导率代入公式 $\Lambda=\kappa(1000/c)$③,计算溶液的摩尔电导率 Λ 值,确定配合物实验式中所含离子数及其配离子构型。

五、思考题

1. 制备二氯化一氯五氨合钴(Ⅲ)过程中,水浴加热 60 ℃并恒温 15 min 的目的是什么?能否加热至沸?为什么要趁热过滤?为什么在滤液中要加入10 mL浓盐酸?

2. 制备二氯化一氯五氨合钴(Ⅲ)过程中加 H_2O_2 和浓盐酸各起什么作用?

3. 能否用热的稀 HCl 溶液洗涤产品?为什么?

---

① 滴定时,每滴一定体积的 $AgNO_3$ 标准溶液后,搅拌约 1 min,然后按下酸度计的读数开关,读取相对应的电位值(mV)。开始滴定时可取点疏一些,每隔 2 mL 或 1 mL 取 1 个点;接近化学计量点(电位值有较大的突变)时,应取点密一些,每隔 0.2 mL 或 0.1 mL 取 1 个点;过了突跃范围以后(电位值变化不大了),取点又可疏一些。

② 稀释度是物质的量浓度的倒数。

③ 其中 Λ 为摩尔电导率($S\cdot cm^2\cdot mol^{-1}$),$\kappa$ 为电导率($S\cdot cm^{-1}$),c 为溶液浓度($mol\cdot L^{-1}$);用电导率仪测定出电导率单位为 $\mu S\cdot cm^{-1}$,应将其换算成 $S\cdot cm^{-1}$(10^{-6}倍)后代入公式计算。

· 实验四 综合设计实验 ·

1. 锌钝化液分析

锌易溶于酸,也能溶于碱,故称它为两性金属。锌在干燥的空气中几乎不发生变化。在潮湿的空气中,锌表面会生成致密的碱式碳酸锌膜。因此,金属表面镀锌可形成耐腐蚀性能优良的保护层。而镀锌后还须进行钝化处理,使镀层表面生成一层致密的钝化膜,提高耐蚀能力,延长使用寿命,并装饰外观。

钝化液的配方很多,其主要组分是铬酐(或铬盐)、硫酸和硝酸。影响钝化膜质量的因素除时间、温度、钝化后处理等工艺条件外,主要就是钝化液中 Cr^{6+} 和 Cr^{3+} 含量、硫酸和硝酸的浓度等因素。因此,钝化液常需测定其 Cr^{6+},Cr^{3+},Zn^{2+},SO_4^{2-} 和 NO_3^- 等的含量。

试设计具体分析方案,测定锌钝化液中 Cr^{6+},Cr^{3+},H_2SO_4 和 HNO_3 等的含量。

2. 电解精盐水的分析

氯碱工业生产中对供电解用的精盐水各组分含量有相应的规格指标,见表 11-4-1。

表 11-4-1 电解精盐水的规格指标

组分	含量/($g \cdot L^{-1}$)	组分	含量/($g \cdot L^{-1}$)
NaCl	315~320	$Ca^{2+}+Mg^{2+}$	≤0.008
NaOH	0.08~0.2	Fe^{3+}	≤0.006
Na_2CO_3	0.30~0.50	pH:8~11	
SO_4^{2-}	≤5.0		

为保证生产正常进行,要定时对精盐水进行全分析。

试根据上述指标,拟定具体分析方案,测定电解精盐水中 NaCl,NaOH,Na_2CO_3,SO_4^{2-},($Ca^{2+}+Mg^{2+}$)和 Fe^{3+} 的含量及 pH。一般以 $BaCrO_4$ 沉淀转化碘量法间接测定 SO_4^{2-}。

3. 露天水体的水质分析

水是生命之源,也是外界环境的重要组成部分。随着环境恶化、工业污染日益严重,人们越来越重视饮用水的质量以及江河、湖泊、排污口等露天水体的水质状况。各国都制定了严厉的法律和标准来监控测量各种水体中有害健康的元素及其浓度。其中 pH,COD,BOD,Cr(Ⅵ),氨氮含量,磷酸盐含量以及 Cu^{2+},

Zn^{2+},Pb^{2+}等离子的测定为水质分析的常用指标。

试设计具体分析方案,测定实验室自来水或实验楼周围露天水体的 pH,COD,BOD,Cr(Ⅵ),氨氮含量,磷酸盐含量以及 Cu^{2+},Zn^{2+},Pb^{2+}等离子的含量。

4. 黄铜中铜锌含量的测定

黄铜是由铜和锌组成的合金。根据黄铜中所含合金元素种类的不同,黄铜分为普通黄铜和特殊黄铜两种。只由铜、锌组成的黄铜叫普通黄铜。一般普通黄铜中 Cu 含量约为 70%,Zn 约为 30%,Fe,P 微量;特殊黄铜如铅黄铜中 Cu 约为 60%,Zn 约为 40%,Pb 少量,Al,P,Fe 微量;硅黄铜中 Cu 约为 80%,Zn 约为 18%,Si 少量,Mn,Fe,P 微量。可在不使用 KCN 掩蔽剂情况下,以 XO,PAN 或 5-Br-PADAT为指示剂,采用配位滴定法测定黄铜中 Cu 和 Zn 的含量。

试设计具体分析方案,测定黄铜中 Cu 和 Zn 的含量。

附录

附录 1 常用指示剂

(一) 酸碱指示剂(18~25 ℃)

指示剂名称	pH 变色范围	颜色变化	溶液配制方法
甲基紫 (第一变色范围)	0.13~0.5	黄~绿	1 $g\cdot L^{-1}$或 0.5 $g\cdot L^{-1}$水溶液
甲酚红 (第一变色范围)	0.2~1.8	红~黄	0.04 g 指示剂溶于 100 mL 50%乙醇
甲基紫 (第二变色范围)	1.0~1.5	绿~蓝	1 $g\cdot L^{-1}$水溶液
百里酚蓝(麝香草酚蓝) (第一变色范围)	1.2~2.8	红~黄	0.1 g 指示剂溶于 100 mL 20%乙醇
甲基紫 (第三变色范围)	2.0~3.0	蓝~紫	1 $g\cdot L^{-1}$水溶液
甲基橙	3.1~4.4	红~黄	0.5 $g\cdot L^{-1}$水溶液
溴酚蓝	3.0~4.6	黄~蓝	0.1 g 指示剂溶于 100 mL 20%乙醇
刚果红	3.0~5.2	蓝紫~红	1 $g\cdot L^{-1}$水溶液
溴甲酚绿	3.8~5.4	黄~蓝	0.1 g 指示剂溶于 100 mL 20%乙醇
甲基红	4.4~6.2	红~黄	0.1 g 或 0.2 g 指示剂溶于 100 mL 60%乙醇
溴酚红	5.0~6.8	黄~红	0.1 g 或 0.04 g 指示剂溶于 100 mL 20%乙醇
溴百里酚蓝	6.0~7.6	黄~蓝	0.05 g 指示剂溶于 100 mL 20%乙醇
中性红	6.8~8.0	红~亮黄	0.1 g 指示剂溶于 100 mL 60%乙醇
酚红	6.8~8.0	黄~红	0.1 g 指示剂溶于 100 mL 20%乙醇
甲酚红	7.2~8.8	亮黄~紫红	0.1 g 指示剂溶于 100 mL 50%乙醇
百里酚蓝(麝香草酚蓝) (第二变色范围)	8.0~9.6	黄~蓝	0.1 g 指示剂溶于 100 mL 20%乙醇
酚酞	8.2~10.0	无色~紫红	0.1 g 指示剂溶于 100 mL 60%乙醇
百里酚酞	9.3~10.5	无色~蓝	0.1 g 指示剂溶于 100 mL 90%乙醇

（二）酸碱混合指示剂

指示剂溶液的组成	变色点 pH	颜色		备注
		酸色	碱色	
三份 1 $g\cdot L^{-1}$溴甲酚绿乙醇溶液 一份 2 $g\cdot L^{-1}$甲基红乙醇溶液	5.1	酒红	绿	
一份 2 $g\cdot L^{-1}$甲基红乙醇溶液 一份 1 $g\cdot L^{-1}$亚甲基蓝乙醇溶液	5.4	红紫	绿	pH 5.2 红紫 pH 5.4 暗红 pH 5.6 绿
一份 1 $g\cdot L^{-1}$溴甲酚绿钠盐水溶液 一份 1 $g\cdot L^{-1}$氯酚红钠盐水溶液	6.1	黄绿	蓝紫	pH 5.4 蓝绿 pH 5.8 蓝 pH 6.2 蓝紫
一份 1 $g\cdot L^{-1}$中性红酒精溶液 一份 1 $g\cdot L^{-1}$亚甲基蓝酒精溶液	7.0	蓝紫	绿	pH 7.0 蓝紫
一份 1 $g\cdot L^{-1}$溴百里酚蓝钠盐水溶液 一份 1 $g\cdot L^{-1}$酚红钠盐水溶液	7.5	黄	绿	pH 7.2 暗绿 pH 7.4 淡紫 pH 7.6 深紫
一份 1 $g\cdot L^{-1}$甲酚红钠盐水溶液 三份 1 $g\cdot L^{-1}$百里酚蓝钠盐水溶液	8.3	黄	紫	pH 8.2 玫瑰色 pH 8.4 紫

（三）金属离子指示剂

指示剂名称	解离平衡和颜色变化	溶液配制方法
铬黑 T（EBT）	$\underset{\text{紫红}}{H_2In^-} \xrightleftharpoons{pK_{a_2}=6.3} \underset{\text{蓝}}{HIn^{2-}} \xrightleftharpoons{pK_{a_3}=11.55} \underset{\text{橙}}{In^{3-}}$	5 $g\cdot L^{-1}$水溶液
二甲酚橙（XO）	$\underset{\text{黄}}{H_3In^{4-}} \xrightleftharpoons{pK_a=6.3} \underset{\text{红}}{H_2In^{5-}}$	2 $g\cdot L^{-1}$水溶液
K-B 指示剂	$\underset{\text{红}}{H_2In} \xrightleftharpoons{pK_{a_1}=8} \underset{\text{蓝}}{HIn^-} \xrightleftharpoons{pK_{a_2}=13} \underset{\text{紫红}}{In^{2-}}$ （酸性铬蓝K）	0.2 g 酸性铬蓝 K 与 0.4 g 萘酚绿 B 溶于 100 mL 蒸馏水中
钙指示剂	$\underset{\text{酒红}}{H_2In^-} \xrightleftharpoons{pK_{a_2}=7.4} \underset{\text{蓝}}{HIn^{2-}} \xrightleftharpoons{pK_{a_3}=13.5} \underset{\text{酒红}}{In^{3-}}$	5 $g\cdot L^{-1}$乙醇溶液
吡啶偶氮萘酚（PAN）	$\underset{\text{黄绿}}{H_2In^+} \xrightleftharpoons{pK_{a_1}=1.9} \underset{\text{黄}}{HIn} \xrightleftharpoons{pK_{a_2}=12.2} \underset{\text{淡红}}{In^-}$	1 $g\cdot L^{-1}$乙醇溶液

续表

指示剂名称	解离平衡和颜色变化	溶液配制方法
Cu-PAN (CuY-PAN 溶液)	$CuY+PAN+M^{n+} \rightleftharpoons MY+Cu\text{-}PAN$ 浅绿　　　　无色　红色	向 10 mL 0.05 $mol\cdot L^{-1}$ Cu^{2+} 溶液中加 5 mL pH 为 5~6 的 HAc 缓冲液,1 滴 PAN 指示剂,加热至 60 ℃左右,用 EDTA 溶液滴至绿色,得到 0.025 $mol\cdot L^{-1}$ CuY 溶液。使用时取 2~3 mL 于试液中,再加数滴 PAN 溶液
磺基水杨酸	$H_2In \underset{}{\overset{pK_{a_1}=2.7}{\rightleftharpoons}} HIn^- \overset{pK_{a_2}=13.1}{\rightleftharpoons} In^{2-}$ 无色	10 $g\cdot L^{-1}$ 水溶液
钙镁试剂 (calmagite)	$H_2In^- \overset{pK_{a_2}=8.1}{\rightleftharpoons} HIn^{2-} \overset{pK_{a_3}=12.4}{\rightleftharpoons} In^{3-}$ 红　蓝　红橙	5 $g\cdot L^{-1}$ 水溶液

注:EBT、钙指示剂、K-B 指示剂等在水溶液中稳定性较差,可以配成指示剂与 NaCl 质量之比为 1∶100或 1∶200 的固体粉末。

(四)氧化还原指示剂

指示剂名称	E/V $[H^+]=1\ mol\cdot L^{-1}$	颜色		溶液配制方法
		氧化态	还原态	
二苯胺	0.76	紫	无色	10 $g\cdot L^{-1}$浓 H_2SO_4
二苯胺磺酸钠	0.85	紫红	无色	5 $g\cdot L^{-1}$水溶液
N-邻苯氨基苯甲酸	1.08	紫红	无色	0.1 g 指示剂加 20 mL 50 $g\cdot L^{-1}$ Na_2CO_3 溶液,用蒸馏水稀释至100 mL
邻二氮菲-Fe(Ⅱ)	1.06	浅蓝	红	1.485 g 邻二氮菲加0.965 g $FeSO_4$,溶解,稀释至 100 mL(0.025 $mol\cdot L^{-1}$水溶液)
5-硝基邻二氮菲-Fe(Ⅱ)	1.25	浅蓝	紫红	1.608 g 5-硝基邻二氮菲加 0.695 g $FeSO_4$,溶解,稀释至 100 mL (0.025 $mol\cdot L^{-1}$水溶液)

(五)吸附指示剂

指示剂名称	配制	用于测定		
		可测元素(括号内为滴定剂)	颜色变化	测定条件
荧光黄	1%钠盐水溶液	Cl^-,Br^-,I^-,SCN^-(Ag^+)	黄绿~粉红	中性或弱碱性
二氯荧光黄	1%钠盐水溶液	Cl^-,Br^-,I^-(Ag^+)	黄绿~粉红	pH=4.4~7.2
四溴荧光黄(曙红)	1%钠盐水溶液	Br^-,I^-(Ag^+)	橙红~红紫	pH=1~2

附录 2 常用缓冲溶液的配制

缓冲溶液组成	pK_a	pH	缓冲溶液配制方法
氨基乙酸-HCl	2.35 (pK_{a_1})	2.3	取 150 g 氨基乙酸溶于 500 mL 蒸馏水中，加 80 mL 浓盐酸，用蒸馏水稀释至 1 L
H_3PO_4-柠檬酸盐		2.5	取 113 g $Na_2HPO_4 \cdot 12H_2O$ 溶于 200 mL 蒸馏水，加 387 g 柠檬酸，溶解，过滤后，用蒸馏水稀释至1 L
一氯乙酸-NaOH	2.86	2.8	取 200 g 一氯乙酸溶于 200 mL 蒸馏水中，加 40 g NaOH，溶解后，用蒸馏水稀释至 1 L
邻苯二甲酸氢钾-HCl	2.95 (pK_{a_1})	2.9	取 50 g 邻苯二甲酸氢钾溶于 500 mL 蒸馏水中，加 80 mL 浓盐酸，用蒸馏水稀释至 1 L
甲酸-NaOH	3.76	3.7	取 95 g 甲酸和 40 g NaOH 溶于 500 mL 蒸馏水中，溶解，用蒸馏水稀释至 1 L
NaAc-HAc	4.74	4.7	取 83 g 无水 NaAc 溶于蒸馏水中，加 60 mL 冰乙酸，用蒸馏水稀释至 1 L
六亚甲基四胺-HCl	5.15	5.4	取 40 g 六亚甲基四胺溶于 200 mL 蒸馏水中，加 10 mL 浓盐酸，用蒸馏水稀释至 1 L
Tris-HCl[三羟甲基氨基甲烷 $CNH_2(HOCH_3)_3$]	8.21	8.2	取 25 g Tris 试剂溶于蒸馏水中，加 8 mL 浓盐酸，用蒸馏水稀释至 1 L
NH_3-NH_4Cl	9.26	9.2	取 54 g NH_4Cl 溶于蒸馏水中，加 63 mL 浓氨水，用蒸馏水稀释至 1 L

注：(1) 缓冲溶液配制后可用 pH 试纸检查。如 pH 不对，可用共轭酸或碱调节。欲精确调节 pH 时，可用酸度计检测。

(2) 若需增加或减少缓冲溶液的缓冲容量，可相应增加或减少共轭酸碱对物质的量。

附录 3 常用浓酸、浓碱的密度和浓度

试剂名称	密度/($g \cdot mL^{-1}$)	w /%	c/($mol \cdot L^{-1}$)
盐酸	1.18~1.19	36~38	11.6~12.4
硝酸	1.39~1.40	65.0~68.0	14.4~15.2
硫酸	1.83~1.84	95~98	17.8~18.4

续表

试剂名称	密度/($g\cdot mL^{-1}$)	w /%	c/($mol\cdot L^{-1}$)
磷酸	1.69	85	14.6
高氯酸	1.68	70.0~72.0	11.7~12.0
冰乙酸	1.05	99.8(优级纯)~99.0(分析纯、化学纯)	17.4
氢氟酸	1.13	40	22.5
氢溴酸	1.49	47.0	8.6
氨水	0.88~0.90	25.0~28.0	13.3~14.8

附录 4 常用基准物质及其干燥条件与应用

基准物质		干燥后组成	干燥条件 t /℃	标定对象
名称	分子式			
碳酸氢钠 碳酸钠	$NaHCO_3$ $Na_2CO_3\cdot 10H_2O$	Na_2CO_3 Na_2CO_3	270~300 270~300	酸 酸
硼砂	$Na_2B_4O_7\cdot 10H_2O$	$Na_2B_4O_7\cdot 10H_2O$	放在含 NaCl 和蔗糖饱和溶液的干燥器中	酸
碳酸氢钾	$KHCO_3$	K_2CO_3	270~300	酸
草酸	$H_2C_2O_4\cdot 2H_2O$	$H_2C_2O_4\cdot 2H_2O$	室温空气干燥	碱或 $KMnO_4$
邻苯二甲酸氢钾	$KHC_8H_4O_4$	$KHC_8H_4O_4$	110~120	碱
重铬酸钾	$K_2Cr_2O_7$	$K_2Cr_2O_7$	140~150	还原剂
溴酸钾	$KBrO_3$	$KBrO_3$	130	还原剂
碘酸钾	KIO_3	KIO_3	130	还原剂
铜	Cu	Cu	室温干燥器中保存	还原剂
三氧化二砷	As_2O_3	As_2O_3	同上	氧化剂
草酸钠	$Na_2C_2O_4$	$Na_2C_2O_4$	130	氧化剂
碳酸钙	$CaCO_3$	$CaCO_3$	110	EDTA
锌	Zn	Zn	室温干燥器中保存	EDTA
氧化锌	ZnO	ZnO	900~1000	EDTA
氯化钠	NaCl	NaCl	500~600	$AgNO_3$

续表

基准物质 名称	基准物质 分子式	干燥后组成	干燥条件 t/℃	标定对象
氯化钾	KCl	KCl	500~600	$AgNO_3$
硝酸银	$AgNO_3$	$AgNO_3$	280~290	氯化物
氨基磺酸	$HOSO_2NH_2$	$HOSO_2NH_2$	在真空 H_2SO_4 干燥器中保存 48 h	碱
氟化钠	NaF	NaF	铂坩埚中 500~550 ℃下保存 40~50 min 后，H_2SO_4 干燥器中冷却	

附录 5　常用熔剂和坩埚

熔剂(混合熔剂)名称	所用熔剂量(对试样量而言)	熔融用坩埚材料*						熔剂的性质和用途
		铂	铁	镍	磁	石英	银	
Na_2CO_3(无水)	6~8 倍	+	+	+	−	−	−	碱性熔剂，用于分析酸性矿渣黏土、耐火材料、不溶于酸的残渣、难溶硫酸盐等
$NaHCO_3$	12~14 倍	+	+	+	−	−	−	碱性熔剂，用于分析酸性矿渣黏土、耐火材料、不溶于酸的残渣、难溶硫酸盐等
Na_2CO_3-K_2CO_3 (1∶1)	6~8 倍	+	+	+	−	−	−	碱性熔剂，用于分析酸性矿渣黏土、耐火材料、不溶于酸的残渣、难溶硫酸盐等
Na_2CO_3-KNO_3 (6∶0.5)	8~10 倍	+	+	+	−	−	−	碱性氧化熔剂，用于测定矿石中的总 S，As，Cr，V，分离 V，Cr 等物质中的 Ti
$KNaCO_3$-$Na_2B_4O_7$ (3∶2)	10~12 倍	+	−	−	+	+	−	碱性氧化熔剂，用于分析铬铁矿、钛铁矿等

续表

熔剂(混合熔剂)名称	所用熔剂量(对试样量而言)	熔融用坩埚材料*						熔剂的性质和用途
		铂	铁	镍	磁	石英	银	
Na_2CO_3-MgO (2∶1)	10~14 倍	+	+	+	+	+	-	碱性氧化熔剂,用于分解铁合金、铬铁矿等
Na_2CO_3-ZnO (2∶1)	8~10 倍	-	-	-	+	+	-	碱性氧化熔剂,用于测定矿石中的硫
Na_2O_2	6~8 倍	-	+	+	-	-	-	碱性氧化熔剂,用于测定矿石和铁合金中的 S,Cr,V,Mn,Si,P,以及辉钼矿中的 Mo 等
NaOH(KOH)	8~10 倍	-	+	+	-	-	+	碱性熔剂,用于测定锡石中的 Sn,分解硅酸盐等
$KHSO_4$($K_2S_2O_7$)	12~14 (8~12)倍	+	-	-	+	+	-	酸性熔剂,用于分解硅酸盐、钨矿石,熔融 Ti,Al,Fe,Cu 等的氧化物
Na_2CO_3∶粉末结晶硫黄 (1∶1)	8~12 倍	-	-	-	+	+	-	碱性硫化熔剂,用于自铅、铜、银等中分离钼、锑、砷、锡;分解有色矿石焙烧后的产品,分离钛和钒等
硼酸酐(熔融、研细)	5~8 倍	+	-	-	-	-	-	主要用于分解硅酸盐(当测定其中的碱金属时)

* "+"可以进行熔融,"-"不能用以熔融,以免损坏坩埚,近年来采用聚四氟乙烯坩埚代替铂器皿用于氢氟酸溶样。

附录 6 相对原子质量表(2013 年)

原子序数	中文名称	英文名称	符号	相对原子质量
1	氢	Hydrogen	H	1.008
2	氦	Helium	He	4.002602(2)
3	锂	Lithium	Li	6.94
4	铍	Beryllium	Be	9.0121831(5)
5	硼	Boron	B	10.81
6	碳	Carbon	C	12.011

续表

原子序数	中文名称	英文名称	符号	相对原子质量
7	氮	Nitrogen	N	14.007
8	氧	Oxygen	O	15.999
9	氟	Fluorine	F	18.998403163(6)
10	氖	Neon	Ne	20.1797(6)
11	钠	Sodium	Na	22.98976928(2)
12	镁	Magnesium	Mg	24.305
13	铝	Aluminum	Al	26.9815385(7)
14	硅	Silicon	Si	28.085
15	磷	Phosphorus	P	30.973761998(5)
16	硫	Sulfur	S	32.06
17	氯	Chlorine	Cl	35.45
18	氩	Argon	Ar	39.948(1)
19	钾	Potassium	K	39.0983(1)
20	钙	Calcium	Ca	40.078(4)
21	钪	Scandium	Sc	44.955908(5)
22	钛	Titanium	Ti	47.867(1)
23	钒	Vanadium	V	50.9415(1)
24	铬	Chromium	Cr	51.9961(6)
25	锰	Manganese	Mn	54.938044(3)
26	铁	Iron	Fe	55.845(2)
27	钴	Cobalt	Co	58.933194(4)
28	镍	Nickel	Ni	58.6934(4)
29	铜	Copper	Cu	63.546(3)
30	锌	Zinc	Zn	65.38(2)
31	镓	Gallium	Ga	69.723(1)
32	锗	Germanium	Ge	72.630(1)
33	砷	Arsenic	As	74.921595(6)
34	硒	Selenium	Se	78.971(8)
35	溴	Bromine	Br	79.904
36	氪	Krypton	Kr	83.798(2)

续表

原子序数	中文名称	英文名称	符号	相对原子质量
37	铷	Rubidium	Rb	85.4678(3)
38	锶	Strontium	Sr	87.62(1)
39	钇	Yttrium	Y	88.90584(2)
40	锆	Zirconium	Zr	91.224(2)
41	铌	Niobium	Nb	92.90637(2)
42	钼	Molybdenum	Mo	95.95(1)
43	锝	Technetium	Tc	[97.90721]
44	钌	Ruthenium	Ru	101.07(2)
45	铑	Rhodium	Rh	102.90550(2)
46	钯	Palladium	Pd	106.42(1)
47	银	Silver	Ag	107.8682(2)
48	镉	Cadmium	Cd	112.414(4)
49	铟	Indium	In	114.818(1)
50	锡	Tin	Sn	118.710(7)
51	锑	Antimony	Sb	121.760(1)
52	碲	Tellurium	Te	127.60(3)
53	碘	Iodine	I	126.90447(3)
54	氙	Xenon	Xe	131.293(6)
55	铯	Cesium	Cs	132.90545196(6)
56	钡	Barium	Ba	137.327(7)
57	镧	Lanthanum	La	138.90547(7)
58	铈	Cerium	Ce	140.116(1)
59	镨	Praseodymium	Pr	140.90766(2)
60	钕	Neodymium	Nd	144.242(3)
61	钷	Promethium	Pm	[144.91276]
62	钐	Samarium	Sm	150.36(2)
63	铕	Europium	Eu	151.964(1)
64	钆	Gadolinium	Gd	157.25(3)
65	铽	Terbium	Tb	158.92535(2)
66	镝	Dysprosium	Dy	162.500(1)

续表

原子序数	中文名称	英文名称	符号	相对原子质量
67	钬	Holmium	Ho	164.93033(2)
68	铒	Erbium	Er	167.259(3)
69	铥	Thulium	Tm	168.93422(2)
70	镱	Ytterbium	Yb	173.045(10)
71	镥	Lutetium	Lu	174.9668(1)
72	铪	Hafnium	Hf	178.49(2)
73	钽	Tantalum	Ta	180.94788(2)
74	钨	Tungsten	W	183.84(1)
75	铼	Rhenium	Re	186.207(1)
76	锇	Osmium	Os	190.23(3)
77	铱	Iridium	Ir	192.217(3)
78	铂	Platinum	Pt	195.084(9)
79	金	Gold	Au	196.966569(5)
80	汞	Mercury	Hg	200.592(3)
81	铊	Thallium	Tl	204.38
82	铅	Lead	Pb	207.2(1)
83	铋	Bismuth	Bi	208.98040(1)
84	钋	Polonium	Po	[208.98243]
85	砹	Astatine	At	[209.98715]
86	氡	Radon	Rn	[222.01758]
87	钫	Francium	Fr	[223.01974]
88	镭	Radium	Ra	[226.02610]
89	锕	Actinium	Ac	[227.02770]
90	钍	Thorium	Th	232.0377(4)
91	镤	Protactinium	Pa	231.03588(2)
92	铀	Uranium	U	238.02891(3)
93	镎	Neptunium	Np	[237.04817]
94	钚	Plutonium	Pu	[244.06421]
95	镅	Americium	Am	[243.06138]
96	锔	Curium	Cm	[247.07035]

续表

原子序数	中文名称	英文名称	符号	相对原子质量
97	锫	Berkelium	Bk	[247.07031]
98	锎	Californium	Cf	[251.07959]
99	锿	Einsteinium	Es	[252.0830]
100	镄	Fermium	Fm	[257.09511]
101	钔	Mendelevium	Md	[258.09843]
102	锘	Nobelium	No	[259.1029]
103	铹	Lawrencium	Lr	[262.1097]
104	𬬻	Rutherfordium	Rf	[261.1088]
105	𬭊	Dubnium	Db	[262.114]
106	𬭳	Seaborgium	Sg	[266.122]
107	𬭛	Bohrium	Bh	[264.125]
108	𬭶	Hassium	Hs	[277.152]
109	鿏	Meitnerium	Mt	[268.139]
110	𫟼	Darmstadtium	Ds	[281.165]
111	𬬭	Roentgenium	Rg	[272.153]
112	鿔	Copernicium	Cn	[285.177]
114	𫓧	Flerovium	Fl	[289.190]
116	𫟷	Livermorium	Lv	[293.204]

注:本表摘自 W M Haynes.CRC Handbook of Chemistry and Physics. 97th ed.Boca Raton:CRC Press Inc, 2016—2017:1-11~1-12,11-5.元素的中文名称是编者根据有关资料所加。

附录 7　常用化合物的相对分子质量表

化合物	M_r	化合物	M_r
Ag_3AsO_4	462.52	AgI	234.77
AgBr	187.77	$AgNO_3$	169.87
AgCl	143.32	$AlCl_3$	133.34
AgCN	133.89	$AlCl_3 \cdot 6H_2O$	241.43
AgSCN	165.95	$Al(NO_3)_3$	213.00
Ag_2CrO_4	331.73	$Al(NO_3)_3 \cdot 9H_2O$	375.13

续表

化合物	M_r	化合物	M_r
Al_2O_3	101.96	$CdCO_3$	172.42
$Al(OH)_3$	78.00	$CdCl_2$	183.32
$Al_2(SO_4)_3$	342.14	CdS	144.47
$Al_2(SO_4)_3 \cdot 18H_2O$	666.41	$Ce(SO_4)_2$	332.24
As_2O_3	197.84	$Ce(SO_4)_2 \cdot 4H_2O$	404.30
As_2O_5	229.84	$CoCl_2$	129.84
As_2S_3	246.02	$CoCl_2 \cdot 6H_2O$	237.93
$BaCO_3$	197.34	$Co(NO_3)_2$	132.94
BaC_2O_4	225.35	$Co(NO_3)_2 \cdot 6H_2O$	291.03
$BaCl_2$	208.24	CoS	90.99
$BaCl_2 \cdot 2H_2O$	244.27	$CoSO_4$	154.99
$BaCrO_4$	253.32	$CoSO_4 \cdot 7H_2O$	281.10
BaO	153.33	$Co(NH_2)_2$	60.06
$Ba(OH)_2$	171.34	$CrCl_3$	158.35
$BaSO_4$	233.39	$CrCl_3 \cdot 6H_2O$	266.45
$BiCl_3$	315.34	$Cr(NO_3)_3$	238.01
BiOCl	60.43	Cr_2O_3	151.99
CO_2	44.01	CuCl	98.999
CaO	56.08	$CuCl_2$	134.45
$CaCO_3$	100.09	$CuCl_2 \cdot 2H_2O$	170.348
CaC_2O_4	128.10	CuSCN	121.62
$CaCl_2$	110.99	CuI	190.45
$CaCl_2 \cdot 6H_2O$	219.08	$Cu(NO_3)_2$	187.56
$Ca(NO_3)_2 \cdot 4H_2O$	236.15	$Cu(NO_3)_2 \cdot 3H_2O$	241.60
$Ca(OH)_2$	74.09	CuO	79.545
$Ca_3(PO_4)_2$	310.18	Cu_2O	143.09
$CaSO_4$	136.14	CuS	95.61

续表

化合物	M_r	化合物	M_r
$CuSO_4$	159.60	$H_2C_2O_4\cdot 2H_2O$	126.07
$CuSO_4\cdot 5H_2O$	249.68	HCl	36.461
$FeCl_2$	126.75	HF	20.006
$FeCl_2\cdot 4H_2O$	198.81	HI	127.91
$FeCl_3$	162.21	HIO_3	175.91
$FeCl_3\cdot 6H_2O$	270.30	HNO_3	63.013
$FeNH_4(SO_4)_2\cdot 12H_2O$	482.18	HNO_2	47.013
$Fe(NO_3)_3$	241.86	H_2O	18.015
$Fe(NO_3)_3\cdot 9H_2O$	404.00	H_2O_2	34.015
FeO	71.846	H_3PO_4	97.995
Fe_2O_3	159.69	H_2S	34.08
Fe_3O_4	231.54	H_2SO_3	82.07
$Fe(OH)_3$	106.87	H_2SO_4	98.07
FeS	87.91	$Hg(CN)_2$	252.63
Fe_2S_3	207.87	$HgCl_2$	271.50
$FeSO_4$	151.90	Hg_2Cl_2	472.09
$FeSO_4\cdot 7H_2O$	278.01	HgI_2	454.40
$FeSO_4\cdot(NH_4)_2SO_4\cdot 6H_2O$	392.13	$Hg_2(NO_3)_2$	525.19
H_3AsO_3	125.94	$Hg_2(NO_3)_2\cdot 2H_2O$	561.22
H_3AsO_4	141.94	$Hg(NO_3)_2$	324.60
H_3BO_3	61.83	HgO	216.59
HBr	80.912	HgS	232.65
HCN	27.026	$HgSO_4$	296.65
HCOOH	46.026	Hg_2SO_4	497.24
CH_3COOH	60.052	$KAl(SO_4)_2\cdot 12H_2O$	474.38
H_2CO_3	62.025	KBr	119.00
$H_2C_2O_4$	90.035	$KBrO_3$	167.00

续表

化合物	M_r	化合物	M_r
KCl	74.551	$MgCl_2 \cdot 6H_2O$	203.30
$KClO_3$	122.55	MgC_2O_4	112.33
$KClO_4$	138.55	$Mg(NO_3)_2 \cdot 6H_2O$	256.41
KCN	65.116	$MgNH_4PO_4$	137.32
$KSCN$	97.18	MgO	40.304
K_2CO_3	148.21	$Mg(OH)_2$	58.32
K_2CrO_4	194.19	$Mg_2P_2O_7$	222.55
$K_2Cr_2O_7$	294.18	$MgSO_4 \cdot 7H_2O$	246.47
$K_3Fe(CN)_6$	329.25	$MnCO_3$	114.95
$K_4Fe(CN)_6$	368.35	$MnCl_2 \cdot 4H_2O$	197.91
$KFe(SO_4)_2 \cdot 12H_2O$	503.24	$Mn(NO_3)_2 \cdot 6H_2O$	287.04
$KHC_2O_4 \cdot H_2O$	146.14	MnO	70.937
$KHC_2O_4 \cdot H_2C_2O_4 \cdot 2H_2O$	254.19	MnO_2	86.937
$KHC_4H_4O_6$	188.18	$PbCrO_4$	323.20
$KHSO_4$	136.16	MnS	87.00
KI	166.00	$MnSO_4$	151.00
KIO_3	214.00	$MnSO_4 \cdot 4H_2O$	223.06
$KIO_3 \cdot HIO_3$	389.91	NO	30.006
$KMnO_4$	158.03	NO_2	46.006
$KNaC_4H_4O_6 \cdot 4H_2O$	282.22	NH_3	17.03
KNO_3	101.10	NH_4Cl	53.491
KNO_2	85.104	$(NH_4)_2CO_3$	96.086
K_2O	94.196	$(NH_4)_2C_2O_4$	124.10
KOH	56.106	$(NH_4)_2C_2O_4 \cdot H_2O$	142.11
K_2SO_4	174.25	NH_4SCN	76.12
$MgCO_3$	84.314	NH_4HCO_3	79.055
$MgCl_2$	95.211	$(NH_4)_2MoO_4$	196.01

续表

化合物	M_r	化合物	M_r
NH_4NO_3	80.043	Na_3PO_4	163.94
$(NH_4)_2HPO_4$	132.06	Na_2S	78.04
$(NH_4)_2S$	68.14	$Na_2S \cdot 9H_2O$	240.18
$(NH_4)_2SO_4$	132.13	Na_2SO_3	126.04
NH_4VO_3	116.98	Na_2SO_4	142.04
Na_3AsO_3	191.89	$Na_2S_2O_3$	158.10
$Na_2B_4O_7$	201.22	$Na_2S_2O_3 \cdot 5H_2O$	248.17
$Na_2B_4O_7 \cdot 10H_2O$	381.37	$NiCl_2 \cdot 6H_2O$	237.69
$NaBiO_3$	279.97	NiO	74.69
$NaCN$	49.007	$Ni(NO_3)_2 \cdot 6H_2O$	290.79
$NaSCN$	81.07	NiS	90.75
Na_2CO_3	105.99	$NiSO_4 \cdot 7H_2O$	280.85
$Na_2CO_3 \cdot 10H_2O$	286.14	P_2O_5	141.94
$Na_2C_2O_4$	134.00	$PbCO_3$	267.20
CH_3COONa	82.034	PbC_2O_4	295.22
$CH_3COONa \cdot 3H_2O$	136.08	$PbCl_2$	278.10
$NaCl$	58.443	$Pb(CH_3COO)_2$	325.30
$NaClO$	74.442	$Pb(CH_3COO)_2 \cdot 3H_2O$	379.30
$NaHCO_3$	84.007	PbI_2	461.00
SnO_2	150.71	$Pb(NO_3)_2$	331.20
$Na_2HPO_4 \cdot 12H_2O$	358.14	PbO	223.20
$Na_2H_2Y \cdot 2H_2O$	372.24	PbO_2	239.20
$NaNO_2$	68.995	$Pb_3(PO_4)_2$	811.54
$NaNO_3$	84.995	PbS	239.30
Na_2O	61.979	$PbSO_4$	303.30
Na_2O_2	77.978	SO_3	80.06
$NaOH$	39.997	SO_2	64.06

续表

化合物	M_r	化合物	M_r
$SbCl_3$	228.11	$Sr(NO_3)_2 \cdot 4H_2O$	283.69
$SbCl_5$	299.02	$SrSO_4$	183.68
Sb_2O_3	291.50	$UO_2(CH_3COO)_2 \cdot 2H_2O$	424.15
Sb_3S_3	339.68	$ZnCO_3$	125.39
SiF_4	104.08	ZnC_2O_4	153.40
SiO_2	60.084	$ZnCl_2$	136.29
$SnCl_2$	189.62	$Zn(CH_3COO)_2$	183.47
$SnCl_2 \cdot 2H_2O$	225.65	$Zn(CH_3COO)_2 \cdot 2H_2O$	219.50
$SnCl_4$	260.52	$Zn(NO_3)_2$	189.39
$SnCl_4 \cdot 5H_2O$	350.596	$Zn(NO_3)_2 \cdot 6H_2O$	297.48
SnS	150.776	ZnO	81.38
$SrCO_3$	147.63	ZnS	97.44
SrC_2O_4	175.64	$ZnSO_4$	161.44
$SrCrO_4$	203.61	$ZnSO_4 \cdot 7H_2O$	287.54
$Sr(NO_3)_2$	211.63		

附录 8　定量化学分析实验常用仪器清单

（一）发给学生的仪器

名称	规格	数量	名称	规格	数量
试管架		1 个	水浴盖		1 个
离心管	3~5 mL	10 支	毛细吸管*		2 支
	10 mL	2 支	滴管	带橡胶乳头	3 支
	10 mL(刻度)	2 支	滴管架		1 个
小试管	3~5 mL	10 支	量筒	10 或 20 mL	1 个
点滴板	白瓷	1 块		100 mL	1 个
	黑瓷	1 块	酸式滴定管	50 mL	1 支
显微玻片		2 片	碱式滴定管	50 mL	1 支

续表

名称	规格	数量	名称	规格	数量
容量瓶	250 mL	1 个		400 mL	1 个
	100 mL	1 个		250 mL	2 个
	50 mL	7 个		50 或 100 mL	2 个
移液管	25 mL	1 支	试剂瓶	500 mL 或 1 000 mL	2 个(其中一个为棕色)
	10 mL	1 支	洗瓶	500 mL	1 个
吸量管	2,5 或 10 mL	1 支	漏斗	长颈	2 个
滴定台		1 个	坩埚钳		1 把
移液管架		1 个	瓷坩埚	18~25 mL	2 个
表面皿	7~8 cm	4 块	泥三角		2 个
锥形瓶	250 mL	3 个	石棉铁丝网		1 块
碘瓶	250 mL	3 个	洗耳球		1 个
称量瓶	25×25 mm	2 个	干燥器		1 个
玻璃棒		3 支	牛角匙		1 个
烧杯	500 mL	1 个	火柴		1 盒

* 以上为定性分析专用仪器。

(二) 公用仪器

离心机	显微镜	分析天平	酸度计	分光光度计
电磁搅拌器	电动离心机	电热板	马弗炉	计算机
电烘箱	煤气灯	铁支架	铁环	滴定管夹
漏斗架	滤纸	试管刷	pH 试纸	定量滤纸和定性滤纸

附录 9 常用定容玻璃仪器允差

(一) 常用容量瓶的容量允差(20 ℃)

标示容量/mL		5	10	25	50	100	200	250	500	1 000
容量允差/mL(±)	A	0.02	0.02	0.03	0.05	0.10	0.15	0.15	0.25	0.40
	B	0.04	0.04	0.06	0.10	0.20	0.30	0.30	0.50	0.80

（二）常用移液管的容量允差（20 ℃）

标示容量/mL		2	5	10	20	25	50	100
容量允差/mL(±)	A	0.010	0.015	0.020	0.030	0.030	0.050	0.080
	B	0.020	0.030	0.040	0.060	0.060	0.100	0.160

附录 10　国产滤纸的型号与性质

	分类与标志	型号	灰分 mg/张	孔径 μm	过滤物晶形	适应过滤的沉淀	相对应的砂芯坩埚号
定量	快速黑色或白色纸带	201	<0.10	80~120	胶状沉淀物	$Fe(OH)_3$ $Al(OH)_3$ H_2SiO_3	G1 G2 可抽滤 稀胶体
	中速蓝色纸带	202	<0.10	30~50	一般结晶形沉淀	SiO_2 $MgNH_4PO_4$ $ZnCO_3$	G3 可抽滤 粗晶形沉淀
	慢速红色或橙色纸带	203	0.10	1~3	较细结晶形沉淀	$BaSO_4$ CaC_2O_4 $PbSO_4$	G4 G5 可抽滤 细晶形沉淀
定性	快速黑色或白色纸带	101		>80	无机物沉淀的过滤分离及有机物重结晶的过滤		
	中速蓝色纸带	102		>50			
	慢速红色或橙色纸带	103		>3			

附录 11　滴定分析实验操作考查表（以 NaOH 溶液的标定为例）

__________专业__________年级，学号__________姓名__________

项目		分数	评分
电子分析天平	(1) 取下、放好天平罩，检查水平，清扫天平	4	
	(2) 称量（称量瓶+邻苯二甲酸氢钾）		
	① 称量容器拿法（借助滤纸条等拿）	2	
	② 待称物置盘中央	2	

续表

项目		分数	评分
电子分析天平	③ 关天平门读数、记录	2	
	(3) 差减法倒邻苯二甲酸氢钾		
	① 手不直接接触称量瓶	1	
	② 敲瓶动作(距离适中,轻敲瓶上部……逐渐竖直,轻敲瓶口)	2	
	③ 无倒出杯外	1	
	④ 称一份试样,倒样不多于 3 次,多 1 次扣 1 分	3	
	⑤ 称量范围 1.6~2.4 g,超出±0.1 g 扣 1 分	3	
	⑥ 称量时间 5 min,超过 1 min 扣 1 分	3	
	(4) 结束工作(清洁,关天平门,罩好天平罩)	2	
	小计	25	
容量瓶	(1) 清洁(内壁不挂水珠)	1	
	(2) 溶解邻苯二甲酸氢钾(全溶;若加热溶解,溶解后应冷却至室温)	1	
	(3) 定量转移至 100 mL 容量瓶(转移溶液操作,冲洗烧杯、玻璃棒 5 次,不溅失)	4	
	(4) 稀释至标线(最后用滴管加蒸馏水)	2	
	(5) 摇匀(3/4 时初步混匀,最后摇匀 5 次以上)	2	
	小计	10	
移液管	(1) 清洁(内壁和下部外壁不挂水珠,吸干尖端内外水分)	1	
	(2) 25 mL 移液管用待吸液润洗 3 次(每次适量)	2	
	(3) 吸液(手法规范,吸空不给分)	2	
	(4) 调节液面至标线(管垂直,容量瓶倾斜,管尖靠容量瓶内壁,调节自如;不能超过 2 次,超过 1 次扣 1 分)	3	
	(5) 放液(管垂直,锥形瓶倾斜,管尖靠锥形瓶内壁,最后停留 15 s)	2	
	小计	10	

续表

项目					分数	评分
滴定	(1) 清洁				1	
	(2) 用操作液润洗 3 次				2	
	(3) 装液,调初读数,无气泡,不漏水				3	
	(4) 滴定(确保平行滴定 3 份)					
	① 滴定管(手法规范;连续滴加,加 1 滴,加半滴;不漏水)				4	
	② 锥形瓶(位置适中,手法规范,溶液呈圆周运动)				3	
	③ 终点判断(近终点加 1 滴,半滴,颜色适中)				4	
	(5) 读数(手不捏盛液部分,管垂直;眼与液面平,读弯月面下缘实线最低点;读至 0.01 mL,及时记录)				3	
	小计				20	
结果	平均值 $\bar{c}_{NaOH}$ = mol·L^{-1},相对平均偏差 $\bar{d}_r$ = %				25	
	精确度	分数	相对平均偏差	分数		
	±0.2%内	15	≤0.2%	10		
	0.5%内	12	≤0.4%	8		
	±1%内	9	≤0.6%	6		
	±1%以外	6	>0.6%	4		
其他	(1) 数据记录,结果计算(列出计算式),报告格式				6	
	(2) 清洁整齐				4	
	小计				10	
总分					100	
说明	(1) 容量仪器的洗涤、查漏应在考查开始前做好					
	(2) 考查时,此表交给监考教师;学生用实验报告本记录,考查完毕交实验报告					
	(3) 整个实验应在 60 min 内完成(调好天平零点~滴定完毕),超时 2.5 min,扣总分 1 分					
评语	监考教师(签名): 年 月 日					

附录 12 常用分析化学术语(汉英对照)

分析化学	analytical chemistry
定性分析	qualitative analysis
定量分析	quantitative analysis
化学分析	chemical analysis
结构分析	structure analysis
仪器分析	instrumental analysis
常量分析	macro analysis
微量分析	micro analysis
半微量分析	semimicro analysis
痕量分析	trace analysis
超痕量分析	ultratrace analysis
常规分析	routine analysis
仲裁分析	arbitration analysis
裁判分析	umpire analysis
重量分析	gravimetry
滴定分析	titrimetry
容量分析	volumetry
滴定	titration
分步滴定	stepwise titration
滴定剂	titrant
被滴定液	titrand
化学计量点	stoichiometric point
终点	end point
标定	standardization
标准溶液	standard solution
基准物质	primary standard substance
保证试剂	guarantee reagent(GR)
分析试剂	analytical reagent(AR)
化学纯	chemical pure
标准物质	reference material(RM)
误差	error
偏差	deviation
系统误差	systematic error
测定误差	measurement error
随机误差	random error

偶然误差	accident error
绝对误差	absolute error
相对误差	relative error
准确度	accuracy
精密度	precision
置信水平	confidence level
置信区间	confidence interval
频率	frequency
频率密度	frequency density
总体	population
试样(样品)	sample
频率分布	frequency distribution
正态分布	normal distribution
概率	probability
测量值	measured value
真值	true value
平均值	mean, average
中位数	median
全距(极差)	range
标准偏差	standard deviation
平均偏差	mean deviation
变异系数	coefficient of variation
自由度	degree of freedom
离群值	outlier value
显著性检验	significance test
有效数字	significant figure
线性回归	linear regression
相关系数	correlation coefficient
平行测定	parallel determination
空白	blank
校正	correction
校准	calibration
酸碱滴定	acid-base titration
共轭酸碱对	conjugate acid-base pair
解离常数	dissociation constant
酸度常数	acidity constant
中和	neutralization
质子	proton

质子化	protonation
质子化常数	protonation constant
滴定常数	titration constant
活度	activity
pH 玻璃电极	pH glass electrode
活度系数	activity coefficient
离子强度	ionic strength
热力学常数	thermodynamic constant
浓度常数	concentration constant
分析浓度	analytical concentration
平衡浓度	equilibrium concentration
型体(物种)	species
分布图	distribution diagram
参考水平	reference level
零水平	zero level
物料平衡	material balance
质量平衡	mass balance
电荷平衡	charge balance
质子条件	proton condition
一元酸	monoprotic acid
二元酸	diprotic acid
三元酸	tribasic acid
多元酸	polyprotic acid
两性物	amphoteric substance
缓冲溶液	buffer solution
缓冲容量	buffer capacity
滴定曲线	titration curve
滴定突跃	titration jump
指示剂	indicator
变色间隔	transition interval
颜色转变点	color transition point
滴定指数	titration index
甲基橙	methyl orange(MO)
甲基红	methyl red(MR)
酚酞	phenolphthalein(PP)
百里酚酞	thymolphthalein(THPP)
混合指示剂	mixed indicator
终点误差	end point error

滴定误差	titration error
非水滴定	non-aqueous titration
极性溶剂	polar solvent
中性溶剂	neutral solvent
两性溶剂	amphiprotic solvent
惰性溶剂	inert solvent
固有酸度	intrinsic acidity
固有碱度	intrinsic basicity
质子自递常数	autoprotolysis constant
区分效应	differentiating effect
拉平效应	leveling effect
介电常数	dielectric constant
凯氏定氮法	Kjeldahl determination
配位滴定法	complexometry, complexometric titration, coordination
配合物	complex, coordination compound
配位反应	complexation, coordination reaction
配体	ligand
螯合物	chelate
氨羧配位剂	complexone
乙二胺四乙酸	ethylenediamine tetraacetic acid(EDTA)
稳定常数	stability constant
形成常数	formation constant
不稳定常数	instability constant
逐级稳定常数	stepwise stability constant
累积常数	cumulative constant
副反应系数	side reaction coefficient
酸效应系数	acidic effective coefficient
酸效应曲线	acidic effective curve
条件形成常数	conditional formation constant
表观形成常数	apparent formation constant
金属指示剂	metallochromic indicator
二甲酚橙	xylenol orange(XO)
1-(2-吡啶偶氮)-2-萘酚	1-(2-pyridylazo)-2-naphthol(PAN)
铬黑 T	eriochrome black T(EBT)
钙指示剂	calconcarboxylic acid
指示剂的封闭	blocking of indicator
指示剂的僵化	ossification of indicator
掩蔽	masking

解蔽	demasking
掩蔽指数	masking index
氧化还原滴定	redox titration
标准电位	standard potential
条件电位	conditional potential
催化反应	catalytic reaction
诱导反应	induced reaction
氧化还原指示剂	redox indicator
二苯胺磺酸钠	sodium diphenylamine sulfonate
邻二氮菲亚铁离子	ferroin
自身指示剂	self indicator
淀粉	starch
重铬酸钾法	dichromate titration
高锰酸钾法	permanganate titration
碘滴定法	iodimetry
化学需氧量	chemical oxygen demand
滴定碘法	iodometry
铈量法	cerimetry
溴量法	bromometry
放大反应	amplification reaction
卡尔·费歇尔滴定法	Karl Fisher titration
沉淀滴定法	precipitation titration
银量法	argentimetry
汞量法	mercurimetry
莫尔法	Mohr method
福尔哈德法	Volhard method
法扬司法	Fajans method
吸附指示剂	adsorption indicator
荧光黄	fluorescein
二氯荧光黄	dichloro fluorescein
曙红	eosin
固有溶解度	intrinsic solubility
沉淀形	precipitation form
称量形	weighing form
重量因数	gravimetric factor
化学因数	chemical factor
沉淀剂	precipitant
溶度积	solubility product

条件溶度积	conditional solubility product
过饱和	supersaturation
无定形沉淀	amorphous precipitate
晶形沉淀	crystalline precipitate
凝乳状沉淀	curdy precipitate
沾污	contamination
纯度	purity
共沉淀	coprecipitation
混晶	mixed crystal
吸附	adsorption
包藏	oculusion
后沉淀	postprecipitation
分步沉淀	fractional precipitation
均相沉淀	homogeneous precipitation
陈化	aging
过滤	filtration
淀帚	policeman
灰化	ashing
灼烧	ignition
马弗炉	muffle furnace
恒重	constant weight
分离	separation
富集	enrichment
预富集	preconcentration
分离因数	separation factor
回收率	recovery
溶剂萃取	solvent extraction
分配系数	distribution coefficient
分配比	distribution ratio
萃取率	extraction rate
相比	phase ratio
水相	aqueous phase
有机相	organic phase
反萃取	back extraction
连续萃取	continuous extraction
螯合物萃取	chelate extraction
离子缔合萃取	ion association extraction
萃取常数	extraction constant

条件萃取常数	conditional extraction constant
色谱法	chromatography
柱色谱	column chromatography
纸色谱	paper chromatography(PC)
比移值	R_f value
薄层色谱	thin layer chromatography(TLC)
流动相	mobile phase
固定相	stationary phase
吸附剂	adsorbent
淋洗剂	eluant
离子交换	ion exchange
离子交换树脂	ion exchange resin
交联度	extent of crosslinking
交换容量	exchange capacity
亲和力	affinity
离子色谱	ion chromatography(IC)
气相色谱	gas chromatography(GC)
液相色谱	liquid chromatography(LC)
高效液相色谱	high performance liquid chromatography(HPLC)
电泳	electrophoresis
蒸馏	distillation
挥发	volatilization
取样	sampling
[筛]目	mesh
四分法	quartering
试液	test solution
熔融	fusion
熔剂	flux
光谱分析	spectral analysis
比色法	colorimetry
玻璃比色皿	glass cell
分光光度法	spectrophotometry
紫外-可见分光光度法	UV-VIS spectrophotometry
互补色	complementary light
单色光	monochromatic light
朗伯-比尔定律	Lambert-Beer law
吸光度	absorbance
透射比	transmittance

表面活性剂	surfactant, surface active agent
分子光谱	molecular spectrum
原子光谱	atomic spectrum
线状光谱	line spectrum
带状光谱	band spectrum
连续光谱	continuous spectrum
吸收系数	absorption coefficient
摩尔吸收系数	molar absorption coefficient
比消光系数	specific extinction coefficient
光程长	path length
吸收曲线	absorption curve
吸收峰	absorption peak
最大吸收	maximum absorption
参比溶液	reference solution
试剂空白	reagent blank
标准曲线	standard curve
校准曲线	calibrated curve
工作曲线	working curve
等吸光点	isoabsorptive point
红移	red shift
紫移	violet shift
发色团	chromophore
助色团	auxochrome
带宽	bandwidth
色散	chromatic
分辨力	resolution
示差光度法	differential spectrophotometry
标准系列法	standard series method
多组分同时测定	simultaneous determination of multicomponents
导数光谱	derivative spectrum
显色剂	color developing reagent
摩尔比法	mole ratio method
等摩尔系列法	equimolar series method
萃取光度法	extraction spectrophotometric method
双波长分光光度法	dual-wavelength spectrophotometry
分光光度计	spectrophotometer
单光束分光光度计	single beam spectrophotometer
双光束分光光度计	double beam spectrophotometer

自动记录式分光光度计	recording spectrophotometer
比色计	colorimeter
光电比色计	photoelectric colorimeter
光源	light source
氢灯	hydrogen lamp
氘灯	deuterium lamp
钨灯	tungsten lamp
碘钨灯	iodine-tungsten lamp
汞灯	mercury lamp
狭缝	slit
滤光片	filter
单色器	monochromator
光栅	grating
棱镜	prism
光电池	photocell
光电管	phototube
光电倍增管	photomultiplier
分析天平	analytical balance
单盘天平	single-pan balance
双盘天平	dual-pan balance
电子天平	electronic balance
直读天平	direct reading balance
砝码	weights
游码	rider
称量瓶	weighing bottle
保干器	desiccator
干燥剂	desiccant;drying agent
漏斗	filter
滤纸	filter paper
蒸发皿	evaporating dish
水浴	water bath
蒸气浴	steam bath
坩埚	crucible
烘箱	oven
电热板	hot plate
烧杯	beaker
容量瓶	volumetric flask
移液管	pipette

滴管	burette
滴定管	buret
滴定分数	titration fraction
滴定管夹	buret holder
滴定管架	buret support
吸量管	measuring pipette
量筒	measuring cylinder
锥形瓶	conical flask
试剂瓶	reagent bottle
洗瓶	wash bottle
洗液	washings
玻璃棒	glass rod
国际纯粹与应用化学联合会	International Union of Pure and Applied Chemistry(IUPAC)
国际标准化组织	International Standardization Organization(ISO)

主要参考文献